普通高等教育"十一五"规划教材

建设工程监理概论

刘桦 主编
尚梅 陆歆弘 刘学兵 副主编
韦海民 马涛 张从 编
金维兴 主审

化学工业出版社
·北京·

本书是普通高等教育“十一五”规划教材之一，与国内其他同类教材相比，更加注重建设工程监理事业发展的新动向，重视启发学生学习和运用建设工程监理的基本理论与方法。全书共7章，内容包括建设工程监理的基本概念，我国建设监理制度的形成与发展趋势及其相关法律、法规；监理工程师的法律责任、职业道德、资格考试与注册等制度；建设工程监理企业的组织形式及其资质管理制度、经营活动的准则、内容和方式；建设工程监理规划、组织与协调；建设工程目标控制的监理工作内容、方法和程序；国外工程咨询业的概况和发展特点。此外，书中还编写了综合案例，以便帮助学生理解和掌握课程知识，增强专业技能。本书可作为高等学校土木建筑工程类和相关专业的教学用书，也可供从事土木建筑工程技术、经济与管理工作的人员使用。

图书在版编目（CIP）数据

建设工程监理概论/刘桦主编．—北京：化学工业出版社，2008.7 （2017.2重印）
普通高等教育“十一五”规划教材
ISBN 978-7-122-03198-3

Ⅰ．建… Ⅱ．刘… Ⅲ．建筑工程-监督管理-高等学校-教材 Ⅳ．TU712

中国版本图书馆CIP数据核字（2008）第097369号

责任编辑：满悦芝　　文字编辑：周永红
责任校对：陈　静　　装帧设计：尹琳琳

出版发行：化学工业出版社（北京市东城区青年湖南街13号　邮政编码100011）
印　　装：三河市延风印装有限公司
787mm×1092mm　1/16　印张12½　字数314千字　2017年2月北京第1版第4次印刷

购书咨询：010-64518888（传真：010-64519686）　售后服务：010-64518899
网　　址：http://www.cip.com.cn
凡购买本书，如有缺损质量问题，本社销售中心负责调换。

定　　价：25.00元

前　　言

我国建设工程监理是在建筑业经济增长期形成和发展起来的，对于保证建设活动的服务质量发挥了积极的作用。目前，建设监理企业已经成为活跃在建设活动中的一个组织群体，其数量和从业人数还在持续增长，所经营的业务种类逐渐多样化，由单纯为建设单位提供监理服务，转而提供项目管理、招标代理、造价咨询等多种服务。面对我国建设形势对专业人才培养提出的新要求，我们组织编写了这本教材，希望以此对土木建筑类以及相关专业的师生和从事土木建筑工程技术、经济与管理工作的人员有所帮助，为培养社会急需的专业人才做出贡献。

本书是普通高等教育“十一五”规划教材之一，与国内其他同类教材相比，更加注重建设工程监理事业发展的新动向，重视启发学生学习和运用建设工程监理的基本理论与方法。全书共分 7 章。第 1 章绪论，介绍建设工程监理的内涵、性质、中心任务及其基本方法和作用，阐述我国建设工程监理的现状与发展趋势，介绍有关法律、法规。第 2 章监理工程师，介绍监理工程师的概念、法律责任、职业道德以及监理工程师的资格考试和注册等制度。第 3 章建设工程监理企业，介绍建设工程监理企业的概念、组织形式、资质管理制度、经营活动的基本准则、服务内容、经营活动方式以及经营管理的有效途径。第 4 章建设工程目标控制，介绍投资、进度、质量控制的基本概念和原理，我国建设工程质量责任体系，设计、施工阶段质量控制的监理工作内容、方法和程序，建设工程进度控制的计划、监测和调整系统的过程与方法，建设项目不同阶段投资控制的监理工作内容、方法和程序，我国建设工程安全监理的相关概念和工程安全责任体系，施工阶段安全监理的工作内容、方法和程序。第 5 章建设工程监理组织，介绍项目监理机构建立的步骤、组织结构形式、人员配备与岗位职责，工程监理的实施程序，工程监理组织协调的内容与方法。第 6 章建设工程监理规划，明确监理大纲、监理规划和监理实施细则三者之间的区别与联系，重点介绍监理规划编制的内容和要求。第 7 章国外工程咨询相关情况介绍，介绍国外工程咨询业的概况和发展特点，在 FIDIC 合同条件下咨询工程师的地位和作用。除上述各章之外，还根据教学要求精选了综合案例，并对每一个案例所提出的问题给予了分析和解答。读者在学习过程中，可根据自己对知识的需求情况有选择地安排学习内容；教师可针对教学对象，结合每章起始段有关教学内容和要求的提示，在规定的学时内合理地组织、安排教学工作。

参加编写者（按姓氏笔画为序）有石家庄铁道学院马涛（第 5 章、综合案例 1～3），西安建筑科技大学韦海民（第 3 章），青岛农业大学刘学兵（第 6 章），西安建筑科技大学刘桦（第 1 章），青岛农业大学张从（第 4 章 4.5），上海大学陆歆弘（第 2 章、第 7 章），西安科技大学尚梅（第 4 章 4.1～4.4、综合案例 4～6）。由刘桦统稿，西安建筑科技大学金维兴教授主审。

本书的出版得到了许多单位和个人的支持。其中，西安建筑科技大学金维兴教授多次提出宝贵意见，西安建筑科技大学管理学院工程管理教研室主任李芊、副主任张涑贤对本书的出版给予了有力的支持，化学工业出版社为本书的出版提供了热情的支持和帮助，在此深表谢意。九江职业技术学院教师卢丰华、西安建筑科技大学管理学院教师来雨、硕士研究生王博和王娜、西安科技大学硕士研究生于振兴、王娜等参加了书稿校对和教学幻灯片的制作工作。另外，在编写过程中参考了相关文献，谨向参考文献作者表示感谢。同时，向支持本书出版和使用的所有师生、专业人士和友人表示感谢。

参与本书编写的人员较多，统稿工作有一定难度，加之编者水平有限，书中难免有不妥之处，敬请读者提出宝贵意见。

本书配有内容完整的电子教案，使用本教材的读者可免费索取：manyz@cip. com. cn。

编者

2008 年 6 月

目　录

第 1 章　绪论 …… 1

1.1　建设工程监理概述 …… 1

1.1.1　建设工程监理的基本概念 …… 1

1.1.2　建设工程监理的性质 …… 2

1.1.3　建设工程监理的中心任务 …… 3

1.1.4　建设工程监理的基本方法 …… 4

1.1.5　建设工程监理的作用 …… 6

1.2　建设工程监理的产生与发展 …… 7

1.2.1　国外建设工程监理的产生与发展 …… 7

1.2.2　我国建设工程监理制度的形成与演变过程 …… 8

1.2.3　我国建设工程监理的现状与发展趋势 …… 9

1.3　建设监理制度的相关法律法规 …… 11

1.3.1　建设工程法律法规体系 …… 11

1.3.2　建设工程法律法规对工程监理的有关规定 …… 12

复习思考题 …… 14

第 2 章　监理工程师 …… 15

2.1　监理工程师的概念和素质 …… 15

2.1.1　监理工程师的概念 …… 15

2.1.2　监理工程师的素质 …… 16

2.2　监理工程师的法律地位与责任 …… 16

2.2.1　监理工程师的法律地位 …… 16

2.2.2　监理工程师的法律责任 …… 17

2.2.3　监理工程师违规行为的处罚 …… 18

2.3　监理工程师的职业道德与纪律 …… 19

2.3.1　监理工程师的职业道德守则 …… 19

2.3.2　监理工程师的工作纪律 …… 20

2.4　监理工程师的培养、资格考试和注册 …… 20

2.4.1　监理工程师的培养 …… 20

2.4.2　监理工程师的资格考试 …… 23

2.4.3　监理工程师的注册 …… 25

复习思考题 …… 28

第 3 章　建设工程监理企业 …… 29

3.1　建设工程监理企业的概念与组织形式 …… 29

3.1.1　建设工程监理企业的概念 …… 29

3.1.2　建设工程监理企业的组织形式 …… 29

3.2　建设工程监理企业的资质与管理 …… 32

3.2.1　监理企业的资质等级标准和业务范围 …… 32

3.2.2　监理企业的资质申请 …… 34
3.2.3　监理企业的资质管理 …… 35
3.3　建设工程监理企业经营管理 …… 37
3.3.1　监理企业经营活动的基本准则 …… 37
3.3.2　监理企业经营服务的内容 …… 38
3.3.3　监理企业经营活动的方式 …… 40
3.3.4　监理企业经营管理的有效途径 …… 44
复习思考题 …… 45
第 4 章　建设工程目标控制 …… 46
4.1　概述 …… 46
4.1.1　控制流程及其基本环节 …… 46
4.1.2　控制类型 …… 48
4.1.3　目标控制的前提工作 …… 49
4.1.4　建设工程目标系统 …… 50
4.1.5　建设工程目标控制的含义 …… 52
4.1.6　建设工程目标控制的任务和措施 …… 57
4.2　建设工程质量控制 …… 58
4.2.1　建设工程质量控制概述 …… 58
4.2.2　建设工程设计阶段的质量控制 …… 62
4.2.3　建设工程施工阶段的质量控制 …… 64
4.2.4　建设工程质量验收 …… 70
4.2.5　工程质量问题和质量事故的处理 …… 71
4.3　建设工程进度控制 …… 74
4.3.1　建设工程进度控制概述 …… 74
4.3.2　建设工程进度计划系统 …… 75
4.3.3　工程项目进度监测系统 …… 77
4.3.4　工程项目进度调整系统 …… 83
4.3.5　监理规范对进度控制工作的规定 …… 85
4.4　建设工程投资控制 …… 86
4.4.1　建设工程投资控制概述 …… 86
4.4.2　建设工程决策阶段的投资控制 …… 90
4.4.3　建设工程设计阶段的投资控制 …… 94
4.4.4　招标阶段的投资控制 …… 100
4.4.5　工程施工阶段的投资控制 …… 103
4.4.6　竣工决算 …… 115
4.5　建设工程安全监理 …… 116
4.5.1　建设工程安全监理概述 …… 117
4.5.2　建设工程施工安全监理工作内容 …… 120
4.5.3　建设工程安全监理的方法 …… 122
4.5.4　建设工程施工安全监理工作程序 …… 123
复习思考题 …… 125

第 5 章　建设工程监理组织 …… 127
5.1　组织的基本原理 …… 127
5.1.1　组织的含义 …… 127
5.1.2　组织结构 …… 127
5.1.3　组织设计 …… 128
5.1.4　组织活动的基本原理 …… 129
5.2　建设工程组织管理的基本模式与监理模式 …… 130
5.2.1　平行承发包模式与监理模式 …… 130
5.2.2　设计或施工总分包模式与监理模式 …… 132
5.2.3　项目总承包模式与监理模式 …… 134
5.2.4　项目总承包管理模式与监理模式 …… 134
5.3　建设工程监理的实施程序 …… 135
5.3.1　确定项目总监理工程师，成立项目监理机构 …… 135
5.3.2　编制建设工程监理规划 …… 135
5.3.3　制定各专业监理实施细则 …… 135
5.3.4　规范化地开展监理工作 …… 136
5.3.5　参与验收，签署建设工程监理意见 …… 136
5.3.6　向业主提交建设工程监理档案资料 …… 136
5.3.7　监理工作总结 …… 136
5.4　项目监理机构 …… 136
5.4.1　建立项目监理机构的步骤 …… 136
5.4.2　项目监理机构的组织形式 …… 139
5.4.3　项目监理机构的人员配备与职责分工 …… 142
5.5　建设工程监理的组织协调 …… 147
5.5.1　建设工程监理组织协调概述 …… 147
5.5.2　项目监理机构组织协调的工作内容 …… 148
5.5.3　建设工程监理组织协调的方法 …… 152
复习思考题 …… 153
第 6 章　建设工程监理规划 …… 154
6.1　概述 …… 154
6.1.1　建设工程监理工作文件的构成 …… 154
6.1.2　建设工程监理规划的作用 …… 155
6.2　监理规划的编写 …… 156
6.2.1　监理规划编写的依据 …… 156
6.2.2　监理规划编写的要求 …… 157
6.3　监理规划的内容及其审核 …… 158
6.3.1　监理规划的内容 …… 158
6.3.2　监理规划的审核 …… 166
复习思考题 …… 167
第 7 章　国外工程咨询相关情况介绍 …… 168
7.1　国外工程咨询概述 …… 168
7.1.1　国外工程咨询的含义 …… 168

7.1.2　国外工程咨询业概况 …… 169
7.2　咨询工程师 …… 173
7.2.1　咨询工程师的概念 …… 173
7.2.2　咨询工程师的地位和作用 …… 173
7.2.3　咨询工程师的素质和道德准则 …… 174
7.3　工程咨询公司的服务对象和内容 …… 176
7.3.1　工程咨询公司的概念 …… 176
7.3.2　工程咨询公司的服务对象和内容 …… 177
复习思考题 …… 178
第 8 章　综合案例 …… 180
8.1　综合案例使用说明 …… 180
8.2　综合案例与分析 …… 180
参考文献 …… 190

第1章 绪　　论

导读： 我国建设工程监理是在建筑业经济增长期形成和发展起来的，对提高我国建设活动的服务质量发挥了积极作用。本章主要介绍建设工程监理的内涵、性质、中心任务及其基本方法和作用；回顾我国历史上的监理制度，阐述我国建设工程监理的现状及其发展趋势；介绍与建设工程监理相关的主要法律、法规。使学生掌握建设工程监理的基本概念；熟悉我国建设监理制度与相关法律、法规；了解建设工程监理的形成过程、现状及其发展趋势。本章有助于学生对建设工程监理制度形成基本的认识，引导学生观察和思考人类建设活动中的工程监理现象。

1.1 建设工程监理概述

1.1.1 建设工程监理的基本概念

我国建设工程监理是在20世纪80年代后期，借鉴国际咨询工程师参与建设项目管理的模式和经验，逐渐形成的为委托方提供工程监理服务的一种新事业。在中国建筑业快速增长的特殊历史时期，提供工程监理服务的组织（即工程监理企业），在维护业主、承包商的合法权益、促进建筑产品生产过程的质量和水平等方面发挥了积极作用。它们已经成为影响我国建筑业发展的一个组织群体。

什么是建设工程监理？在定义这个概念之前，先来理解“监理”的含义。

1.1.1.1 “监理”的含义

从词义上看，“监”是从旁观察和检查某种行为，以起到约束作用；“理”是协调相互协作或交互进行的行为，以理顺人们的行为和权益关系。两字组合在一起即“监理”，可以理解为有关机构或执行者依据某种行为准则或标准，对行为主体进行监督、检查、评价，并采用组织、协调等方式，促进人们协作、按准则办事，以实现预期的目标。

上述关于“监理”的解释，蕴含着实施监理活动应具备以下基本条件：①有明确的执行者，也就是有监理组织；②有明确的被监理对象，即有被监理的行为和行为主体；③有明确的监理目标；④有明确的行为准则，以此作为监理工作的依据；⑤有科学的理论、方法和手段。

1.1.1.2 什么是建设工程监理

所谓建设工程监理，是指具有相应资质的工程监理企业，接受建设单位的委托，承担其项目管理工作，并代表建设单位对承建单位的建设行为进行监控的专业化服务活动。它包括以下几方面的内涵。

（1）建设工程监理的行为主体是建设工程监理企业　建设单位（或业主）作为建设项目管理的主体，依据有关合同拥有对建设项目实施监督管理的权利。然而，建设单位自行进行项目管理，不能形成除建设单位和承包商之外第三方的监督管理机制，不利于实现项目管理服务的专业化与社会化。建设工程监理企业是专门为委托单位提供建设工程监理服务的法人组织。这类组织能按照独立自主的原则，以公正的第三方身份开展建设工程监理活动。除建设工程监理企业外，其他有关单位或组织如建设单位、建设工程质量监督管理机构等所实施的监督管理活动，不属于建设工程监理的范畴，这些组织也不能作为实施建设工程监理活动的行为主体。

（2）监理企业实施监理的前提条件是接受建设单位的委托和授权　建设工程监理服务是在建筑市场的演变过程中于特定环境条件下产生的一种社会需求。在项目实施阶段，由建设单位、设计单位和施工单位所组成的传统项目管理组织系统，在建设项目复杂性增加、规模增大、投资主体多元化等新的建设环境下，难以保证这类组织系统的运行质量和运行效率。建设单位委托和授权工程监理企业对建设项目实施监督管理，已经成为建设项目组织系统演化的必然结果。这种委托和授权关系表明，监理企业及其监理人员的权利，主要是通过作为项目管理主体的建设单位的委托和授权转移过来，而建设项目的主要决策权和相应的风险仍由建设单位承担。

（3）建设工程监理的对象主要是承建单位的建设行为　在建设项目实施过程中，一般有多种类型的组织参与建设，如勘察设计单位、施工单位、材料和设备供应单位、材料和设备检验与试验机构等。这些组织在项目建设过程中所体现的人的行为、物的状态、工作环境状况以及所采用的技术和方法等，均有可能对实现建设项目的目标产生影响。建设工程监理企业的责任就是在建设单位委托和授权的范围内，对影响项目目标的建设行为实施监理。在工程设计阶段监理委托合同条件下，建设工程监理的对象主要是设计单位的建设行为；在项目施工阶段监理委托合同条件下，建设工程监理的对象则主要是施工单位的建设行为，材料和设备供应单位、材料和设备检验与试验机构等其他有关单位的建设行为，也会被间接地纳入监理对象之内。

（4）建设工程监理有明确的依据　建设工程监理企业以有关法律、法规、标准、规范和项目建设文件、合同文件等为依据，开展监理工作。例如政府批准的建设项目可行性研究报告、建设项目选址意见书、建设用地规划许可证、建设工程规划许可证、批准的设计文件、施工许可证等；依法签订的建设工程监理委托合同、工程勘察合同、工程设计合同、工程施工合同、材料和设备供应合同等，其中工程建设合同（包括监理委托合同）是建设工程监理企业开展监理工作最直接的依据。

1.1.2　建设工程监理的性质

建设工程监理是一种特殊的工程建设活动，它与其他工程建设活动有明显差异，具有自身独特的性质。

1.1.2.1　服务性

建设工程监理是监理企业为建设单位提供的一种高智能的专业化服务。在项目建设过程中，监理企业无需投入大量的资金、材料、设备和劳动力，而是通过利用本企业监理人员所拥有的知识、技能、经验和所获得的信息，在建设单位委托的范围内对承建单位的建设行为实施监控。这是一种高智能的服务，这种服务是按照建设单位与监理企业签订的委托监理合同进行的，是受法律约束和保护的，它不能完全取代建设单位的建设管理活动。在监理服务过程中，监理企业不具有建设工程重大问题的决策权，只能在合同约定的范围内代表建设单位进行建设工程监理。此外，监理企业不同于承包商，通过从事建筑产品生产活动获得收入；也不同于业主，通过建设项目投资获得固定资产或收益；监理企业是通过为委托方提供专业化的技术与管理服务而获得监理酬金。

1.1.2.2　科学性

建筑产品的规划、设计、建造和运营等每一个阶段或过程，都存在其固有的规律性，都包含相应学科（如建筑学、土木工程学、建筑经济学、项目管理学等）的科学原理和方法。工程监理企业在建设单位委托和授权下，在项目规划、设计、建造等不同阶段对建设行为实施监控，就必须以科学的思想、理论、方法和手段发现和解决实际问题，才有可能协助委托方实现其项目建设或投资的目标。

建设工程监理的科学性可以通过监理企业和监理人员的素质得到体现。监理企业的主要管理人员应由组织与管理能力强、实践经验丰富者担任。企业有系统、科学的管理制度，有结构合理、数量充足、知识与经验丰富的监理工程师队伍。这些监理工程师具有科学的工作态度，有较高的学历和复合型的知识结构，他们精通技术与管理，通晓经济与法律，在工作中能灵活运用专业知识，并以科学的方法和手段实事求是、创造性地开展工作。我国现代建设工程技术日趋复杂，建设项目规模更加庞大，建筑产品的功能和标准不断提高，各种新技术、新工艺、新材料、新设备等不断涌现，建设项目组织系统更加复杂，建筑业市场竞争更加激烈，建设风险逐渐增大。在此背景下，充分理解和实践建设工程监理的科学性，对于监理企业的生存与发展以及监理工程师个人职业发展都至关重要。

1.1.2.3 独立性

建设工程监理的独立性是国内外监理企业和监理工程师执业的惯例。国际咨询工程师联合会（FIDIC）明确规定，监理企业是“一个独立的专业公司”，是“受业主委托而履行服务的一方”；监理工程师［在FIDIC合同条件下称为咨询工程师（Consulting Engineer）］应“作为一名独立的专业人员进行工作”。咨询工程师作为FIDIC合同框架中业主和承包商之外的第三方，为实现建设项目的目标，有权根据合同条款基于事实独立做出自己的客观判断。

我国2001年5月颁布的《建设工程监理规范》（GB 50319—2000）中规定，监理单位应公正、独立、自主地开展工作。从事工程建设监理活动的监理单位是直接参与工程建设的“第三方”，它与项目的建设单位、施工单位之间是一种平等的合同关系。监理单位与监理工程师不得与承建单位有隶属关系和其他利害关系。当委托监理合同签订后，建设单位不得干涉监理单位的正常工作。监理单位应依法独立地以自己的名义成立自己的组织，并根据自己的工作准则行使合同中所确认的职权，履行合同约定的义务，并承担相应的责任。

1.1.2.4 公正性

公正性是社会公认的监理工程师执业准则。FIDIC合同中规定，当采取可能影响业主或承包商权利和义务的行动时，咨询工程师“应在合同条款范围内，并兼顾所有条件的情况下，做到公正行事”。我国《建筑法》明确指出，工程监理企业应当根据建设单位的委托，客观、公正地执行监理任务。在实施监理的过程中，监理工程师应当排除各种干扰，客观、公正地对待监理委托单位和承建单位。特别是当双方发生利益冲突或者矛盾时，监理工程师应以事实为依据，以法律和有关合同为准绳，既要维护委托单位的利益，又不能损害建设单位的合法权益；既要监督承建单位的建设行为，又要提醒建设单位遵守合同和法律、法规。监理工程师只有公正地行使合同、法律赋予的权力，才能有效地促进项目参与各方积极协作，相互支持和配合，共同努力实现预期的项目目标。

1.1.3 建设工程监理的中心任务

工程建设监理的中心任务是进行建设项目的目标控制。具体来说，就是对经过科学规划所确定的建设项目投资、进度、质量和安全目标进行有效地控制。这四类目标中，每种目标都可以按照项目结构逐层分解，成为包含不同层次、互为因果的各个分目标所构成的目标子系统。每个目标子系统彼此间相互关联、互相制约，它们共同构成了建设项目的目标系统。因此也可以说，建设工程监理的中心任务就是在特定的建设环境下，有效地控制这四类目标所构成的项目目标系统。

任何一个建设项目的质量目标（包括其功能要求、使用需要和其他有关质量标准），都是在一定的投资额度内和一定的投资限制下、在限定的时间范围内实现的。单纯控制建设项目的一个目标子系统如质量目标并不难，而要在限定的投资额度和工期内安全地实现项目的质量目标则是有一定难度的。这也是社会对监理企业所提供的专业化服务产生需求的根本原因。建设监理企业正是在特定的历史环境下，为解决质量、投资和进度三大目标的控制问题而出现的一种组织形态。这种以建设项目的质量、投资和进度目标控制为中心任务的服务性组织，在20多年的成长过程中已经逐渐成熟。

在我国建设事业快速发展的同时，建设活动中的安全问题越来越引起政府和社会各界的关注。我国《劳动法》、《建筑法》、《安全生产法》和《建筑工程安全管理条例》共同组成了对建筑业安全进行监督和管理的最基本的法律、法规依据。其中，《建筑工程安全管理条例》明确规定，工程监理单位和监理工程师应当按照法律、法规和工程建设强制性标准实施监理，并对建设工程安全生产承担监理责任。为了贯彻《建筑工程安全管理条例》，2006年10月建设部发布了“关于落实建设工程安全生产监理责任的若干意见”。“意见”要求监理单位健全安全监理责任制，完善安全生产管理制度，建立监理人员安全生产教育培训制度；通过落实以上制度，促使监理单位做好安全监理工作。在这个制度环境下，建设项目安全目标控制正在成为建设工程监理的一项重要任务。

1.1.4 建设工程监理的基本方法

工程建设监理的基本方法是一个由目标规划、动态控制、组织协调、合同管理、信息管理等构成的方法体系，其中每一个部分自成一个子系统，它们彼此间又相互影响、相互联系，在监理过程中共同发挥作用。

1.1.4.1 目标规划

所谓目标规划是以实现投资、进度、质量和安全控制目标为前提的规划或计划，它是紧紧围绕工程项目投资、进度、质量和安全目标进行目标论证、目标分解、动态计划、风险分析和采取控制措施等一系列工作的集合。目标规划工作如下。

（1）目标论证　即正确地确定投资、进度、质量和安全目标或对已经初步确定的目标进行论证；

（2）目标分解　将各目标进行分解，使每个目标都形成一个既能分解又能综合地满足控制要求的目标划分系统，以便实施有效的控制；

（3）动态计划　编制目标实施计划，并根据项目实际情况动态地做出必要的调整，为实现预期的建设项目目标奠定基础。

（4）风险分析　对计划目标的实施进行风险分析，以便采取有针对性的措施，进行主动控制。

（5）综合控制　制定各分目标的综合控制措施，例如组织措施、技术措施、经济措施、合同措施等，以保证计划目标的实现。

目标规划并不是一成不变的，而是随着项目的进展，根据项目输出的信息和实际状况，不断地进行细化、补充、修改和完善。目标规划是目标控制的基础和前提，只有做好目标规划的各项工作，才能有效地实施目标控制。

1.1.4.2　动态控制

所谓动态控制就是在实施监理的过程中，通过对过程、目标和活动的跟踪，全面、及时、准确地掌握建设项目的信息，将实际目标值与相应的计划目标值进行分析对比，如果实际值偏离了计划和标准的要求，则采取纠正措施以减小甚至消除存在的偏差，或者修改已不能适合项目情况的计划目标值，力求实现整个目标系统的优化。

动态控制是监理企业和监理工程师在开展建设监理活动中采用的基本方法，它始终贯穿于建设项目的监理过程之中，是一个不断循环的过程，并且与建设项目实施的动态性相一致。建设项目在实施过程中总会受到外部环境和内部因素的干扰，监理工程师必须采取相应的控制措施，才有可能实现预期的目标。在有些情况下，需要适时调整计划目标，此时就要采纳与调整过的计划相应的控制措施，才有可能取得良好的控制效果。

1.1.4.3　组织协调

组织协调是实现项目目标不可缺少的方法和手段。在我国的建设工程监理活动中，监理工程师往往要耗费大量的精力进行组织协调。

组织协调发生在不同的层次上，主要有项目监理组织内部协调、项目监理组织与外部环境之间的协调。监理组织内部协调包括人与人、机构与机构之间关系的协调。例如总监理工程师与专业监理工程师之间、各专业监理工程师之间人际关系的协调；项目监理组织内部各子项目监理组之间关系的协调等。

监理组织与外部环境之间的协调，可以按照组织之间相互联系的密切程度进一步分为“近外层”协调和“远外层”协调。“近外层”协调是指项目监理组织与参与项目建设的各方（包括建设单位、勘察设计单位、施工单位、材料和设备供应单位等）之间关系的协调；“远外层”协调是指项目监理组织与政府有关部门、社会团体、咨询机构、科研院所、项目毗邻单位甚至项目所在地居民等之间关系的协调。

组织协调就是要使项目组织系统内不同层次的单元之间或处于同一层次的不同单元之间相互配合得适当，使项目组织系统内的每一个单元（包括个人和机构）能够相互协作、步调一致地朝着建设项目的总目标迈进。

1.1.4.4　信息管理

信息管理是指监理人员在实施监理过程中，对所需要的信息进行收集、整理、处理、存储、传递、应用等一系列工作的总称。信息管理的目的是通过有组织的信息流，使决策者能及时、准确地获得相应的信息，以便做出科学的决策。建设工程监理的主要任务是进行投资、进度、质量和安全目标控制。控制的基础是信息，只有在信息的支持下才能实施有效的控制。

监理工程师在监理过程中需要哪些信息以及对信息有何要求，与监理工作任务有直接联系。对于不同的项目，监理工程师所需要的信息也有所不同。例如，对于实行固定单价合同的建设项目，监理工程师及时获取承包商完成工程量方面的信息会有助于投资控制工作；而对于实行固定总价合同的建设项目，掌握有关工程进度款和工程变更的相关信息则更为重要。及时获得准确、完整的信息，可以使监理工程师耳聪目明，从而能够卓有成效地完成监理任务。

1.1.4.5　合同管理

监理工程师在项目建设过程中进行合同管理主要是对工程建设承包合同（如勘察设计合同、施工合同、材料设备供应合同等）的签订、履行、变更和解除进行监督、检查，对合同双方的争议进行调解和处理，以保证合同被依法签订并获得全面履行。

合同管理主要包括合同分析、合同履行的监督与检查、合同变更与索赔管理、建立合同目录、编码和档案等工作内容。其中，合同分析是指对合同各项条款进行深入、细致地分析和研究，找出合同的缺陷和弱点，发现和提出需要解决的问题。合同分析对于促进合同各方履行义务和正确行使合同赋予的权利、对于解决合同争议、预防索赔和处理索赔等都是十分必要的。索赔管理是关系合同双方切身利益的一项重要工作，监理企业应协助业主制定和实施索赔预防方案与措施，并处理好已发生的索赔事件，最大限度地减少不必要的索赔。

合同管理对于监理企业完成监理任务是非常重要的。合同管理所产生的经济效益甚至会大于采取技术优化所带来的经济效益。

1.1.5 建设工程监理的作用

工程建设监理的作用主要体现在以下几方面。

1.1.5.1 有利于提高建设项目投资决策科学化水平

建设单位可以委托监理企业对项目建设的全过程（包括投资决策）实施监理。在建设单位或业主有初步的项目投资意向后，监理企业可以接受建设单位的委托，协助其选择工程咨询单位，监督、检查工程咨询合同的履行情况，并对咨询结果（如项目建议书、可行性研究报告）进行评估，提出有价值的意见和建议。有相应咨询资质的监理企业也可以直接接受建设单位的委托开展工程咨询业务，帮助建设单位增加项目的价值。工程监理企业参与项目决策阶段的工作，不仅有利于提高项目投资决策的科学化水平，避免项目投资决策失误以实现良好的项目投资综合效益，而且可以促使项目投资符合国家经济发展规划和产业政策以满足社会需求。当然，监理企业拥有高素质的建设项目投资策划专业人才，是提高建设项目投资决策科学化水平的先决条件。

1.1.5.2 有利于规范建设项目参与各方的建设行为

建设项目参与各方的建设行为都应符合法律、法规和市场准则。在特定的建设环境下，建设项目参与各方的自律机制难以对建设项目组织系统起到整体约束与控制的作用，因此必须在不同的层面上建立约束和控制项目参与各方建设行为的监督管理机制。政府对建设项目参与各方的建设行为进行宏观地监督与管理，这也是政府的一项职能。但是这种宏观的监督与管理难以深入到每一个建设项目实施过程当中。因此需要建立一种能够在建设项目实施过程中控制建设项目参与各方建设行为的微观约束机制。建设监理制度就是这样一种约束机制。

在建设项目实施过程中，工程监理企业依据法律、法规、标准、规范、批准的工程建设文件和有关工程建设合同包括监理委托合同等，对承建单位的建设行为进行监督管理。利用科学的理论、方法和手段规范各承建单位以及建设单位的建设行为，最大限度地避免发生不利于实现建设项目目标的建设行为。

1.1.5.3 有利于促使承建单位保证建设工程的质量和使用安全

建筑产品具有价值大、使用寿命长、涉及社会公众利益包括人民的生命财产安全等技术经济与社会性特点，适用、耐久、安全、经济、美观、环保等是这类产品质量特性的内涵。因此，保证建设工程质量和使用安全就显得尤为重要。

工程监理企业对承建单位建设行为的监督管理，与产品生产者自身的管理有很大不同。按照国际惯例，监理工程师是既懂工程技术又懂经济、法律和管理的专业人士，凭借丰富的工程建设经验，有能力及时发现建设项目实施过程中出现的质量问题，并督促质量责任人及时采取有效措施，从而最大限度地避免工程质量事故或留下工程质量隐患。因此工程监理企业对建筑产品的生产过程实施监督管理，对于保证建设工程质量和使用安全有重要作用。

1.1.5.4　有利于实现建设工程投资效益最大化

建设工程投资效益最大化主要表现为：①在满足建设工程预定功能和质量标准的前提下，建设投资额最少；②在满足建设工程预定功能和质量标准的前提下，建设工程寿命周期费用（或全寿命费用）最少；③建设工程本身的投资效益与环境、社会效益的综合效益最大化。

实行建设工程监理制后，工程监理企业一般能协助建设单位实现上述第一方面的投资效益最大化，也可以在一定程度上从建设项目全寿命周期成本控制和社会公众利益的角度，在实现建设工程投资效益最大化方面发挥积极的作用。随着建设项目全寿命周期成本控制理论与方法和建设项目的综合效益理念越来越为参与项目建设的各方所接受，上述第二和第三方面建设工程投资效益最大化将受到更加广泛地关注，监理企业也会在这些方面更好地发挥促进作用。

1.2　建设工程监理的产生与发展

建设工程监理组织是一种具有特殊社会功能的组织群体，它们在不同的时间产生于不同的空间，并随着社会政治、经济、文化、技术等方面的制度变迁而不断地发生演化。了解这类组织产生与发展的过程，有助于理解它们存在的理由，认识它们从何处而来，思考它们往何处而去。

1.2.1　国外建设工程监理的产生与发展

国外建设工程监理制度的起源，可以追溯到产业革命以前的 16 世纪。它的产生和演变过程，与商品经济的发展、建设领域的专业化分工以及社会化生产紧密相连。

16 世纪以前，欧洲的建筑师（即总营造师）受雇于业主，负责设计、购买材料、雇佣工匠，并组织施工。16 世纪以后，随着社会对房屋建造技术要求的提高，建筑师队伍出现了专业分工，设计和施工逐渐分离。社会对建设工程监理的需求也逐渐形成。一部分建筑师专门从事工程设计、为业主提供技术咨询或受聘监督管理施工。建设工程监理制度应运而生。但其业务范围还仅限于施工过程的质量监督、替项目业主计算工程量和验方。

18 世纪 60 年代，英国产业革命推动了欧洲大陆城市化和工业化进程，社会大兴土木带来了建筑行业的空前繁荣。产业革命使社会进入了机器时代，相应要求采取高效、精准的专业化工作方式和建立一种新的雇佣关系来达到建设工程的高质量要求。项目业主越来越意识到单纯依靠自己的力量监理管理建设项目难以满足新形势下建设工程的质量要求。这使业主对以“独立者”姿态出现在建筑市场上的建设工程监理服务有了更加强烈的需求。

19 世纪初，建设领域商品经济关系日益复杂。为维护各方的经济利益，并加快工程进度，明确建设项目业主、设计者、施工者之间的责任界线，英国政府于 1830 年推出总承包合同制度，要求每个建设项目由一个承包商总包。总包制度的实行，导致了招投标交易方式的出现，也促使建设工程监理业务范围得到进一步扩展。监理机构帮助业主计算标底、组织招标、控制费用、进度和质量，进行合同管理以及项目的组织协调等。

从 20 世纪 60 年代开始，由于科学技术的发展，工业和国防建设以及人民生活水平的不断提高，大量大型、巨型的工程，如航天工程、大型水利水电工程、核电站、大型钢铁企业、石油化工企业和新城市群等相继开发、建设。这些建设项目具有规模大、投资多、技术复杂、风险大等特点，迫使业主更加重视项目建设的科学管理。项目业主需要聘请有经验的监理工程师进行投资机会论证，对建设项目进行可行性研究，在此基础上进行项目投资决策。这使建设工程监理服务的范围从设计、施工阶段向前延伸到投资决策阶段的咨询服务。这样一来，监理工程师的工作就逐步贯穿于工程建设的全过程。

目前，欧洲各国、美国、日本等发达国家有关法律、法规对监理的内容、方法以及从事监理服务的组织都做了详尽规定。监理制度逐步成为建设项目组织体系的一个重要组成部分。世界银行、亚洲银行等国际金融机构把实行建设监理制度作为提供建设贷款的条件之一。国际上一些发展中国家效仿发达国家的做法，并结合本国实际确立了建设工程监理组织的合法地位。我国改革开放之后，国家经济建设快速发展，建筑业逐渐成为国民经济的支柱产业，推行建设监理制度就成为我国建筑业组织系统演变的必然结果。

1.2.2 我国建设工程监理制度的形成与演变过程

1.2.2.1 我国历史上的监理制度

在封建社会，建设活动可以按照投资主体分为两大类型。一类是官府主持的建设活动。这类建设活动多为宫殿和防御工程，实行奴役式监督，重点保证工程质量。另一类是民间的建设活动。这类建设工程规模较小，施工简单，施工监督一般由项目业主自己负责。封建社会后期，出现了具有商品经济色彩的“包工制度”，即业主将工程作价包给建筑工匠出身的工头。这种“包工头”的生产组织形式促使业主更加重视监督施工过程。

19世纪末，资本主义生产方式进入中国。在上海出现了“营造厂”，它们逐步发展并形成了土木建筑工程承包业。后来，工程设计与施工逐渐分离，出现了专营设计的建筑师事务所，俗称“打样间”。业主一般先请“打样间”进行工程设计，设计完成后通过招标与投标选定“营造厂”。在施工过程中，参与项目建设的各方均在现场派驻监工，俗称“看工”。业主方的监工称为“东家看工”；建筑师事务所派出的监工称为“打样间看工”；营造厂不仅派出“工地看工”，而且派出“厂部看工”；政府部门（如工部局）也派驻监工，称为“马路官”。其中，“打样间看工”权力较大，如果营造厂未能按期完成规定的工程任务，“打样间看工”则不予签发领款证书。如果需要增加工程费用，必须由业主、“打样间”和“营造厂”三方会签“工程更改书”。

监工制度与包工制度是长期共存于我国封建社会建筑产品生产活动中的两种主要管理模式。其中，监工制度对控制工程进度、质量和费用起到了一定的作用。

1.2.2.2 建国后我国建设工程监理制度的演变

从20世纪40年代末至70年代末，我国建设工程的监督方式主要包括政府部门行政监督和施工单位自我监督两种形式。这期间，我国实行高度集权的计划经济体制，基本建设项目主要由政府投资。勘察、设计单位和施工单位的生产任务均由政府部门直接下达，生产所需要的物资也随项目建设资金由政府部门按需向各项目调拨。政府对建设活动采取单向的行政监督。建设工程质量则主要依靠勘察、设计单位和施工单位的自我监督来保证。由于当时建设单位的项目组织形式多为临时组建的工程指挥部或筹建处，其成员缺少建设项目管理经验，并且相当一部分人员并非以其工作作为长期从事的职业，或者说这些工作本身未得到职业化，因而建设单位自行监督管理建设项目的整体水平难以提高，对项目目标的监控也就难以取得明显的成效。

从20世纪80年代开始，我国进入了经济体制改革时期。施工单位开始摆脱行政附属地位，向相对独立的商品生产者转变。随着建设项目参与各方之间的经济利益日益强化，原有的建筑产品生产组织形式和管理体制越来越暴露出不适应环境变化的各种弱点。其中，比较突出的问题是工程质量严重下降。因此迫切需要建立严格的质量监督机制。为此，1983 年我国开始实行政府对建设工程质量监督制度，通过各地方工程质量监督站和国家专业质量监督站履行政府对工程质量的专业质量监督职能。这种由政府履行的质量监督职能在促进建筑企业保证工程质量等方面发挥了一定作用。

20 世纪 80 年代中后期，建设项目的投资主体更加多元化。国际金融机构向我国贷款的建设项目要求实行建设监理制。1982 年世行贷款项目“鲁布革水电站引水工程”按照贷款要求按照国际惯例实行了监理工程师代表业主对项目实施监督管理。随后，“西安至三原高等级公路”等世行贷款项目也参照这个先例实施了监理，并取得了良好的效果。

1988 年 7 月，建设部发布了《关于开展监理工作的通知》，随后在一些行业部门和城市开展了建设工程监理试点工作。1992 年国家物价局、建设部发布联合发布了《工程建设监理费有关规定》、《监理工程师资格考试和注册试行办法》、《工程建设监理单位资质管理试行办法》等系列文件，为稳步推进建设监理事业奠定了制度基础。1995 年 12 月国家建设部、国家计委联合颁布 737 号文件《工程建设监理规定》。此后，建设监理事业逐步进入全面推行阶段。1997 年建设部和人事部举行第一次全国监理工程师执业资格考试。1997 年 12 月全国人大通过了《中华人民共和国建筑法》，由此正式确立了我国建设监理制度的法律地位。

1.2.3　我国建设工程监理的现状与发展趋势

1.2.3.1　我国建设工程监理的现状

我国建设监理企业经过 20 多年的成长历程，已经成为活跃在建设活动中的一个组织群体。目前，这个群体的数量规模和从业人数还在持续增长。据国家统计局的统计数据显示，2006 年度全国建设工程监理企业数量上升到 6170 个；从业人员增加到 483412 人，其中专业技术人员占全部从业人数的比例为 91.74%。监理企业的营业规模也显著增长。2006 年度工程监理企业全年营业收入增加到 376.45 亿元，比 2005 年增长了 34.6%。

近年来，监理企业承揽的业务种类更加多样化。例如 2006 年度工程监理企业承揽合同额为 457.41 亿元，其中监理合同额为 291.90 亿元，占全部合同额的 63.8%，比 2005 年下降了 13.4%；项目管理与咨询服务合同额为 44.39 亿元，占全部合同额的 9.7%，比 2005 年上升了 2.8%；招标代理合同额为 11.37 亿元，占全部合同额的 2.5%；工程造价咨询合同额为 9.03 亿元，占全部合同额的 2.0%；其他业务合同额为 100.71 亿元，占部合同额的 22.0%，比 2005 年上升了 10.8%。工程监理企业的业务活动逐渐由单纯为建设单位提供监理服务，转而提供项目管理、招标代理、造价咨询等多种服务内容。

我国的建设工程监理与发达国家的工程咨询服务相比有明显的差异，主要包括以下几个方面：

(1) 我国建设工程监理服务的对象单一　发达国家工程咨询公司的服务对象广泛，既包括业主（各种组织和个人），也包括承包商和贷款方等各种组织；而按照我国现有的监理制度，工程监理企业的服务对象一般是建设单位，并不包括施工单位，也很少服务于金融机构和其他类型的组织。

(2) 我国建设工程监理服务的内容相对贫乏　为业主提供各种工程咨询服务，是发达国家工程咨询公司最基本、最广泛的业务。这些业务既有全过程或全方位服务，也有阶段性或某一方面的服务。工程咨询公司也为承包商提供工程设计、技术咨询、合同咨询和索赔服务，还可以接受金融机构和国际援助机构（如联合国开发计划署、粮农组织等）的委托，审查和评估贷款项目的可行性研究报告，检查和监督已贷款项目的执行情况。一些大型工程咨询公司通常与土木工程承包商和设备制造商组成联合体，共同承担项目建设的全部任务。我国工程监理企业虽然也接受建设单位的委托，提供工程监理服务以外的其他咨询服务，如造价咨询、招标代理、项目管理等，但其服务内容远没有发达国家工程咨询公司所提供的服务内容丰富。

(3) 我国建设工程监理服务的层次相对微观　发达国家的工程咨询企业既提供项目决策管理层次的咨询服务，例如研究地区或行业的发展目标、投资规划、投资政策、产业结构、规模和布局等；也进行项目执行层次的各种咨询服务，例如在投资决策阶段进行可行性研究，在设计阶段进行规划设计、初步设计，在项目实施阶段进行工程施工招标、材料和设备采购等，在施工阶段进行施工管理，在项目竣工阶段进行生产准备、调试验收，项目投入使用后进行项目评价等。除了提供项目实施过程的一般性服务外，发达国家的工程咨询企业还在项目周期各个阶段根据委托方的需要进行一些专题研究，如市场调查、厂址选择、技术论证、融资研究、概算调整、项目诊断等。我国工程监理企业所提供的服务大多集中于微观的层次，目前主营业务仍为施工阶段的监理服务，设计监理服务相对较少，而在宏观层次为管理者提供专门的咨询服务更加有限。

(4) 我国建设工程监理企业结构尚未实现合理的均衡状态　按照原有的《工程监理企业资质管理规定》(2001 年 8 月颁布的建设部令第 102 号)，工程监理企业的资质被分为甲级、乙级和丙级 3 个等级，14 个专业工程类别。不同资质等级、专业类别的企业有被限定的业务范围。经过多年的市场运行，工程监理企业的数量、规模及其分布等结构要素尚未实现合理的均衡状态。由于监理服务的局限性，很难培育出提供综合服务的大型工程监理企业；由于缺乏小型工程监理企业的生存空间，致使有专业特长的小型企业难以生存。实践表明，只有按照工程监理企业群体运行的内在规律，改进原有的资质管理制度和相应的管理体制，才能促进工程监理企业群体朝着结构合理的均衡状态演进，提高我国工程监理企业的整体竞争力水平。

(5) 我国建设工程监理从业人员素质有待提高　我国在建设工程监理从业人员中 90% 以上为专业技术人员，他们大多来自施工企业、设计单位、建设单位和学校。监理人员在数量、知识水平和实践经验等方面整体上难以满足建筑业市场现有的需求，也难以适应建筑业市场的需求变化。因而，通过工程监理人员自身的不断学习和社会对人才培养所付出的努力，提高我国建设工程监理从业人员的整体素质以满足新形势下的建设需求，是目前我国建筑业经济增长过程中所面临的一个问题。

1.2.3.2　我国建设工程监理的发展趋势

我国的建设工程监理制度诞生于经济转型与建设活动频繁的特殊历史时期，它在一开始并非自然而然地来源于建筑业市场对这种服务的需求，而是被作为对计划经济条件下形成的建设工程管理体制改革的一项新制度，依靠行政和法律手段在全国范围强制推行。这项制度为工程监理企业的创建与生存提供了机会和条件。随着我国建筑业市场逐渐走向成熟，对监理服务的需求将朝着多元化与专业化方向发展，具体表现如下。

(1) 建设工程监理服务对象多元化　我国建设工程监理制度先天带有浓重的行政强制性色彩，这种强制性对促进工程监理服务在我国建设领域的形成起到了积极的作用。然而，随着建筑业服务市场的日益成熟，先前促进建筑业组织变革的强制性色彩将逐渐褪去。建筑业市场运行机制越来越发挥主导作用，它追求效率，并倡导充分利用有限的建设资源包括人力资源，满足各种顾客对相关服务的需求。随着这种市场机制的不断得到强化与完善，工程监理的服务对象将朝着多元化方向发展。

（2）建设工程监理服务内容和层次重新组合　在现有的监理制度框架下，建设工程监理服务的内容主要局限于施工阶段的监理，其服务内容贫乏，并限于微观的层次。这种服务的格局会随着环境变化而演变。在我国建筑业市场运行过程中，效率机制将发挥重要作用。它会促使监理服务重新组合，使其服务内容逐渐变得丰富，并向宏观层次上扩展。

（3）建设工程监理企业结构趋于合理　竞争机制已经成为建筑业市场运行的重要机制之一。建设工程监理企业之间的竞争将产生两种组织趋势。一种趋势是生成少数综合型企业，这类企业规模大，活动空间广阔，服务对象广泛，服务内容丰富，并且在局部市场占据了控制地位；另一种趋势是形成众多的专业型企业，这类企业规模小，活动空间有限，服务对象和内容专一。竞争机制使工程监理企业所产生的两种趋势，既能满足各种建设服务需求，又使工程监理企业获得各自的生存和发展空间，其结果使工程监理企业结构趋于合理。现行的《工程监理企业资质管理规定》（2007 年 6 月颁布的建设部令第 158 号）在促进工程监理企业合理化方面做出了一定的努力。

（4）从业人员素质逐步得到提高　建设工程监理服务对象多元化、服务内容日趋丰富、服务层次逐渐扩展，是建立在具备高素质从业人员的基础之上。只有吸纳和培养高素质的职业者，才能在新技术、新工艺、新材料、新设备不断出现，工程技术标准、规范、规程时有更新的建设环境下，满足各类服务对象的有关需求，包括潜在的新需求。

（5）建设工程监理企业的功能边界逐渐模糊　成熟的建筑业倾向于实现各种建设资源的有效配置。在竞争机制和效率机制的作用下，建筑业服务市场不断出现新的业务组合方式。这些业务的重新组合使得工程监理企业的功能边界变得模糊，新的企业形态很可能在此过程中出现。

总之，我国建设工程监理事业正面临新的机遇和挑战。工程监理的服务对象、服务内容与服务层次将按照建筑业市场运行的内在规律发生演变。在这个过程中，建设工程监理企业的功能边界逐渐模糊，企业结构逐步走向合理化的均衡状态，从业人员素质也将逐步得到提高。

1.3　建设监理制度的相关法律法规

1.3.1　建设工程法律法规体系

建设工程法律法规体系是指根据《中华人民共和国立法法》的规定，制定和公布施行的有关建设工程的各项法律、行政法规、地方性法规、自治条例、单行条例、部门规章和地方政府规章的总称。目前，我国建设工程法律法规体系已经基本形成，但仍需进一步完善。

建设工程法律是指由全国人民代表大会及其常务委员会通过的规范工程建设活动的法律规范，由国家主席签署主席令予以公布。与建设工程监理有关的法律包括《建筑法》、《合同法》、《招标投标法》、《安全生产法》、《土地管理法》、《城市规划法》、《城市房地产管理法》、《环境保护法》、《环境影响评价法》等。

工程建设行政法规是根据宪法和法律由国务院制定的规范工程建设活动的各项法规，由总理签署国务院令予以公布。与建设工程监理有关的行政法规包括《建设工程质量管理条例》、《建设工程安全生产管理条例》、《建设工程勘察设计管理条例》、《土地管理法实施条例》、《建设项目环境保护管理条例》等。

工程建设部门规章是根据法律和国务院的行政法规、决定或命令，由建设部按照国务院规定的职权范围，独立或同国务院有关部门联合制定的规范工程建设活动的各项规章，属于建设部制定的由部长签署建设部令予以公布。与建设工程监理有关的部门规章有《工程监理企业资质管理规定》、《监理工程师资格考试和注册试行办法》、《建设工程监理范围和规模标准规定》、《建筑工程设计招标投标管理办法》、《房屋建筑和市政基础设施工程施工招标投标管理办法》、《评标委员会和评标方法暂行规定》、《建筑工程施工发包与承包计价管理办法》、《建筑工程施工许可管理办法》、《实施工程建设强制性标准监督规定》、《房屋建筑工程质量保修办法》、《房屋建筑工程和市政基础设施工程竣工验收备案管理暂行办法》、《建设工程施工现场管理规定》、《建筑安全生产监督管理规定》、《工程建设重大事故报告和调查程序规定》、《城市建设档案管理规定》等。

学习建设工程监理，应当了解我国建设工程法律法规体系，熟悉与工程监理有密切联系的法律、法规和规章。

1.3.2 建设工程法律法规对工程监理的有关规定

1.3.2.1 《建筑法》对工程监理的有关规定

《建筑法》是我国建设工程监理活动的基本法律，它对建设工程监理的从业资格、监理范围、监理行为及其法律责任等都做出了明确的原则性规定。

(1) 建设工程监理从业资格的规定　《建筑法》明确，从事建筑活动的工程监理单位应有符合国家规定的注册资本；有与其从事的建筑活动相适应的具有法定执业资格的专业技术人员；有从事相关建筑活动所应有的技术装备；以及法律、行政法规规定的其他条件。从事建筑活动的工程监理单位，按照其拥有注册资本、专业技术人员、技术装备和已完成的建筑工程业绩等资质条件，划分为不同的资质等级，经资质审查合格，取得相应的资质等级证书后，方可在其资质等级许可的范围内从事建筑活动。从事建筑活动的专业技术人员，应当依法取得相应的执业资格证书，并在执业资格证书许可的范围内从事建筑活动。

(2) 建设工程监理制度与监理行为的规定　《建筑法》明确了国家推行工程建设监理制度，国务院可以规定实行强制性监理的工程范围。对于实行监理的建设项目，由建设单位委托具有相应资质条件的工程监理单位监理。建设单位与其委托的工程监理单位应当订立书面委托监理合同，明确监理的内容及监理权限，并书面通知被监理的建筑施工企业。建设工程监理单位应当依据法律、行政法规及有关的技术标准、设计文件和建设工程承包合同，在施工质量、建设工期和建设资金使用等方面，代表建设单位对承包单位实施监督。在实施监理过程中，监理人员认为工程施工不符合工程设计要求、施工技术标准和合同约定的，有权要求建筑施工企业改正；监理人员发现工程设计不符合工程建设质量标准或者合同约定的质量要求的，应当报告建设单位要求设计单位改正。

工程监理单位应当在其资质等级许可的监理范围内承担工程监理业务。根据建设单位的委托，客观、公正地执行监理任务。工程监理单位与被监理工程的承包单位以及建筑材料、建筑构配件和设备供应单位，不得有隶属关系或者其他利害关系。工程监理单位不得转让工程监理业务。工程监理单位不按照委托监理合同的约定履行监理义务，对应当监督检查的项目不检查或者不按照规定检查，给建设单位造成损失的，应当承担相应的赔偿责任。工程监理单位与承包单位串通，为承包单位谋取非法利益，给建设单位造成损失的，应当与承包单位承担连带赔偿责任。

(3) 有关法律责任的规定　《建筑法》对工程监理单位的法律责任做了规定。工程监理单位与建设单位或者建筑施工企业串通，弄虚作假、降低工程质量的，责令改正，处以罚款，降低资质等级或者吊销资质证书；有违法所得的，予以没收；造成损失的，承担连带赔偿责任；构成犯罪的，依法追究刑事责任。工程监理单位转让监理业务的，责令改正，没收违法所得，可以责令停业整顿，降低资质等级；情节严重的，吊销资质证书。

1.3.2.2　《建设工程质量管理条例》对工程监理的有关规定

《建设工程质量管理条例》明确了工程监理单位的质量责任和义务，并对工程监理单位和监理工程师违法违规行为的处罚作了原则性规定。

（1）关于监理单位的质量责任和义务　《建设工程质量管理条例》规定，禁止工程监理单位超越本单位资质等级许可的范围或者以其他工程监理单位的名义承担工程监理业务；禁止工程监理单位允许其他单位或者个人以本单位的名义承担工程监理业务。工程监理单位应当依照法律、法规以及有关技术标准、设计文件和工程建设承包合同，代表建设单位对施工质量实施监理，并对施工质量承担监理责任。

工程监理单位应当选派具备相应资格的总监理工程师和专业监理工程师进驻施工现场；未经监理工程师签字，建筑材料、建筑构配件和设备不得在工程上使用或安装，施工单位不得进行下一道工序的施工；未经总监理工程师签字，建设单位不得拨付工程款，不得进行竣工验收。监理工程师应当按照工程监理规范的要求，采用旁站、巡视和平行检验等形式，对建设工程实施监理。

（2）关于监理单位和监理工程师违法违规行为处罚的规定　《建设工程质量管理条例》对监理单位和监理工程师违法违规行为处罚做了以下规定。

a. 工程监理单位超越本单位资质等级承揽业务的，责令停止违法行为，处委托监理合同约定的监理酬金 1 倍以上 2 倍以下的罚款；可责令停业整顿，降低资质等级；情节严重的，吊销资质证书；有违法所得的，予以没收。

b. 工程监理单位允许其他单位或者个人以本单位名义承揽业务的，责令改正，没收违法所得，处委托监理合同约定的监理酬金 1 倍以上 2 倍以下的罚款；可责令停业整顿，降低资质等级；情节严重的，吊销资质证书。

c. 工程监理单位转让监理业务的，责令改正，没收违法所得，处合同约定的监理酬金 25％以上 50％以下的罚款；可责令停业整顿，降低资质等级；情节严重的，吊销资质证书。

d. 工程监理单位与建设单位或者施工单位串通，弄虚作假、降低工程质量，或者将不合格的建设工程、建筑材料、建筑构配件和设备按照合格签字的，责令改正，处 50 万元以上 100 万元以下的罚款，降低资质等级或者吊销资质证书；有违法所得的，予以没收；造成损失的，承担连带赔偿责任。

e. 工程监理单位与被监理工程的施工承包单位以及建筑材料、建筑构配件和设备供应单位有隶属关系或者其他利害关系承担该项建设工程的监理业务的，责令改正，处 5 万元以上 10 万元以下的罚款，降低资质等级或吊销资质证书；有违法所得的，予以没收。

f. 工程监理单位违反国家规定，降低工程质量标准，造成重大质量事故，构成犯罪的，对直接责任人员依法追究刑事责任，处 5 年以下有期徒刑或者拘役，并处罚金；后果特别严重的，处 5 年以上 10 年以下有期徒刑，并处罚金。

g. 监理工程师因过错造成质量事故的，责令停止执业 1 年；造成重大质量事故的，吊销执业资格证书，5 年以内不予注册；情节特别恶劣的，终身不予注册。

h. 工程监理单位的工作人员因调动工作、退休等原因离开该单位后，被发现在该单位工作期间违反国家有关建设工程质量管理规定，造成重大工程质量事故的，仍应当依法追究刑事责任。

与建设工程监理有关的法律、法规和规章，内容十分丰富，并且相互存在联系。在此难以一一列举，因此需要学生在日常的学习和工作中注意收集和整理这方面的信息，并在实践中观察和思考与建设工程法律法规相关的各种社会现象，以拓宽自己的知识范围，提高自身的知识水平。

复习思考题

1. 何谓建设工程监理？它有哪些性质？它的中心任务是什么？
2. 简述建设工程监理的基本方法。
3. 在现阶段，我国建设工程监理有哪些作用？
4. 简述我国建设工程监理的现状及其发展趋势。
5. 《建筑法》对建设工程监理做了哪些规定？
6. 《建设工程质量管理条例》如何规定监理单位的质量责任和义务？
7. 学习《建设工程安全生产管理条例》。该条例对建设工程监理单位（监理工程师）的安全责任做了哪些规定？
8. 学习《建设工程监理规范》。讨论该规范有何特点，在哪些方面需要改进和完善？

第2章　监理工程师

导读：监理工程师是指在工程建设监理岗位上工作，经全国监理工程师执业资格统一考试合格，并经政府注册的建设工程监理人员。本章主要介绍监理工程师的概念、法律责任、职业道德以及监理工程师的资格考试和注册等制度。本章有助于学生了解监理工程师的分类、业务素质、身体与心理素质和职业道德水准。另外，学生还应掌握监理工程师在执行监理业务时必须遵守的国家规范、规程和有关政策法规及监理工作纪律。

2.1　监理工程师的概念和素质

2.1.1　监理工程师的概念

监理工程师是指经考试取得中华人民共和国监理工程师资格证书，并经注册，取得中华人民共和国注册监理工程师注册执业证书和执业印章，从事工程监理及相关专业活动的专业人员。

监理工程师是一种岗位职务。它的概念包括三层含义：①应是从事工程建设监理工作的现职人员；②已通过全国监理工程师资格考试并取得《中华人民共和国监理工程师执业资格证书》；③经政府建设行政主管部门核准、注册，取得《中华人民共和国注册监理工程师注册执业证书》。所以，如果监理工程师转入其他工作岗位，则不应再称其为监理工程师。

从事建设工程监理工作，但尚未取得《中华人民共和国注册监理工程师注册执业证书》的人员统称为监理员。在工作中，监理员与监理工程师的区别主要在于监理工程师具有相应岗位责任的签字权，而监理员没有相应岗位责任的签字权。

凡取得监理岗位资质的人员统称为监理人员。关于监理人员的称谓，不同国家的叫法各不相同。我国把监理人员分为四类，即总监理工程师、总监理工程师代表、专业监理工程师、监理员。

所谓总监理工程师（简称总监），是指由监理单位法定代表人书面授权，全面负责委托监理合同的履行、主持项目监理机构工作的监理工程师。总监理工程师应由具有三年以上同类工程监理工作经验的监理工程师担任。

总监理工程师代表（简称总监代表），是指经监理单位法定代表人同意，由总监理工程师书面授权，代表总监行使其部分职责和权力的项目监理机构中的监理工程师。总监代表应由具有两年以上同类工程监理工作经验的人员担任。

专业监理工程师是指根据项目监理岗位职责分工和总监理工程师的指令，负责实施某一专业或某一方面的监理工作，具有相应监理文件签发权的监理工程师。专业监理工程师应由具有一年以上同类工程监理工作经验的人员担任。

监理员是指经过监理业务培训，具有同类工程相关专业知识，从事具体监理工作的监理人员。

总监、总监代表、专业监理工程师等，都是临时聘任的岗位职务，也就是说这些人员一旦未被聘用，就不再有相应的头衔。

2.1.2 监理工程师的素质

具体从事监理工作的监理人员，不仅要有一定的工程技术或工程经济方面的专业知识、较强的专业技术能力，能够对建设项目进行监督管理，提出指导性的意见；而且要有一定的组织协调能力，能够组织、协调建设项目有关各方共同完成工程建设任务。因此，监理工程师应具备以下素质。

2.1.2.1 较高的专业学历和复合型的知识结构

建设工程涉及的学科很多，其中主要学科就有几十种。作为一名监理工程师，当然不可能掌握这么多的专业理论知识，但至少应掌握一种专业理论知识。没有专业理论知识的人员无法承担监理工程师岗位工作。所以，要成为一名监理工程师，至少应具有工程类大专以上学历，并应了解或掌握一定的建设工程经济、法律和组织管理等方面的理论知识，不断了解新技术、新设备、新材料、新工艺，熟悉与建设工程相关的现行法律法规、政策规定，成为一专多能的复合型人才，持续保持较高的知识水准。

2.1.2.2 丰富的建设工程实践经验

监理工程师的业务内容体现的是工程技术理论与工程管理理论的应用，具有很强的实践性特点。因此，实践经验是监理工程师的重要素质之一。据有关资料统计分析，建设工程中出现的失误，少数原因是责任心不强，多数原因是缺乏实践经验。实践经验丰富则可以避免或减少工作失误。建设项目中的实践经验主要包括立项评估、地质勘测、规划设计、工程招标投标、工程设计与设计管理、工程施工与施工管理、工程监理、设备制造等方面的工作实践经验。

2.1.2.3 良好的品德

监理工程师的良好品德主要体现在以下几个方面：

① 热爱本职工作；

② 具有科学的工作态度；

③ 具有廉洁奉公、为人正直、办事公道的高尚情操；

④ 能够听取不同方面的意见，冷静分析问题。

2.1.2.4 健康的体魄和充沛的精力

尽管建设工程监理是一种高智能的管理服务，以脑力劳动为主，但是也必须具有健康的身体和充沛的精力，才能胜任繁忙、严谨的监理工作。尤其在建设工程施工阶段，由于露天作业，工作条件艰苦，工期往往紧迫，工作任务繁重，更需要有健康的身体，否则难以胜任工作。我国对年满65周岁的监理工程师不再进行注册，主要就是考虑监理从业人员身体健康状况的适应能力而设定的条件。

2.2 监理工程师的法律地位与责任

2.2.1 监理工程师的法律地位

监理工程师的主要业务是受聘于工程监理企业从事监理工作，受建设单位委托，代表工程监理企业完成委托监理合同约定的委托事项。因此，监理工程师的法律地位主要表现为受托人的权利和义务。监理工程师一般享有下列权利：

① 使用注册监理工程师称谓；

② 在规定范围内从事执业活动；

③ 依据本人能力从事相应的执业活动；

④ 保管和使用本人的注册证书和执业印章；
⑤ 对本人执业活动进行解释和辩护；
⑥ 接受继续教育；
⑦ 获得相应的劳动报酬；
⑧ 对侵犯本人权利的行为进行申诉。

同时，监理工程师还应当履行下列义务：

① 遵守法律、法规和有关管理规定；
② 履行管理职责，执行技术标准、规范和规程；
③ 保证执业活动成果的质量，并承担相应责任；
④ 接受继续教育，努力提高执业水准；
⑤ 在本人执业活动所形成的工程监理文件上签字、加盖执业印章；
⑥ 保守在执业中知悉的国家秘密和他人的商业、技术秘密；
⑦ 不得涂改、倒卖、出租、出借或者以其他形式非法转让注册证书或者执业印章；
⑧ 不得同时在两个或者两个以上单位受聘或者执业；
⑨ 在规定的执业范围和聘用单位业务范围内从事执业活动；
⑩ 协助注册管理机构完成相关工作。

2.2.2 监理工程师的法律责任

监理工程师的法律责任与其法律地位密切相关，同样建立在法律法规和委托监理合同的基础之上。因而，监理工程师法律责任的表现行为主要有两方面，一是违反法律法规的行为，二是违反合同约定的行为。

2.2.2.1 违法行为

现行法律法规对监理工程师的法律责任专门做出了具体规定。例如，《建筑法》第35条规定："工程监理单位不按照委托监理合同的约定履行监理义务，对应当监督检查的项目不检查或者不按照规定检查，给建设单位造成损失的，应当承担相应的赔偿责任。"

《中华人民共和国刑法》第一百三十九条规定："建设单位、设计单位、施工单位、工程监理单位违反国家规定，降低工程质量标准，造成重大安全事故的，对直接责任人员，处五年以下有期徒刑或者拘役，并处罚金；后果特别严重的，处五年以上十年以下有期徒刑，并处罚金。"

《建设工程质量管理条例》第三十六条规定："工程监理单位应当依照法律、法规以及有关技术标准、设计文件和建设工程承包合同，代表建设单位对施工质量实施监理并对施工质量承担监理责任。"

2.2.2.2 违约行为

监理工程师一般主要受聘于工程监理企业，从事工程监理业务。工程监理企业是订立委托监理合同的当事人，是法定意义的合同主体。但委托监理合同在具体履行时，是由监理工程师代表监理企业来实现的。因此，如果监理工程师出现工作过失，违反了合同约定，其行为将被视为监理企业违约，由监理企业承担相应的违约责任。当然，监理企业在承担违约赔偿责任后，有权在企业内部向有相应过失行为的监理工程师追偿部分损失。所以，由监理工程师个人过失引发的合同违约行为，监理工程师应当与监理企业承担一定的连带责任。其连带责任的基础是监理企业与监理工程师签订的聘用协议或责任保证书，或监理企业法定代表人对监理工程师签发的授权委托书。一般来说，授权委托书应包含职权范围和相应责任条款。

2.2.2.3 安全生产责任

安全生产责任是法律责任的一部分，来源于法律法规和委托监理合同。《建设工程安全生产管理条例》对监理工程师和工程监理单位是否承担安全责任已经做出明确规定。条例第四条规定："建设单位、勘察单位、设计单位、施工单位、工程监理单位及其他与建设工程安全生产有关的单位，必须遵守安全生产法律、法规的规定，保证建设工程安全生产，依法承担建设工程安全生产责任"。条例第十四条规定："工程监理单位和监理工程师应当按照法律、法规和工程建设强制性标准实施监理，并对建设工程安全生产承担监理责任"。条例第五十七条规定：工程监理单位有下列行为之一的，责令限期改正；逾期未改正的，责令停业整顿，并处10万元以上30万元以下的罚款；情节严重的，降低资质等级，直至吊销资质证书；造成重大安全事故，构成犯罪的，对直接责任人员，依照刑法有关规定追究刑事责任；造成损失的，依法承担赔偿责任：

① 未对施工组织设计中的安全技术措施或者专项施工方案进行审查的；

② 发现安全事故隐患未及时要求施工单位整改或者暂时停止施工的；

③ 施工单位拒不整改或者不停止施工，未及时向有关主管部门报告的；

④ 未依照法律、法规和工程建设强制性标准实施监理的。

导致建设工程安全事故或问题的原因很多，有自然灾害、不可抗力等客观原因，也有建设单位、设计单位、施工企业、材料与设备供应单位等主观原因。监理工程师在项目实施过程中开展必要的安全监理工作，有利于实现建设项目的安全目标。当然，要求工程监理单位和监理工程师对建设工程安全生产承担监理责任，必然加重监理工程师的工作任务。

2.2.3 监理工程师违规行为的处罚

监理工程师在执业过程中必须严格遵纪守法。政府建设行政主管部门对于监理工程师的违法违规行为，将追究其责任，并根据不同情节给予必要的行政处罚。监理工程师的违规行为及相应的处罚办法，一般包括以下几个方面。

a. 对于未取得《监理工程师执业资格证书》、《监理工程师注册执业证书》和执业印章、以监理工程师名义执行业务的人员，政府建设行政主管部门将予以取缔，并处以罚款；有违法所得的，予以没收。

b. 对于以欺骗手段取得《监理工程师执业资格证书》、《监理工程师注册执业证书》和执业印章的人员，政府建设行政主管部门将吊销其证书，收回执业印章，并处以罚款；情节严重的，3年之内不允许考试和注册。

c. 如果监理工程师出借《监理工程师执业资格证书》、《监理工程师注册执业证书》和执业印章，情节严重的，将被吊销证书，收回执业印章，3年之内不允许考试和注册。

d. 监理工程师注册内容发生变更，未按照规定办理变更手续的，将被责令改正，并可能受到罚款的处罚。

e. 同时受聘于两个及以上单位执业的，将被注销其《监理工程师注册执业证书》，收回执业印章，并将受到罚款处理；有违法所得的，将被没收。

f. 对于监理工程师在执业中出现的行为过失，产生不良后果的，《建设工程质量管理条例》有明确规定：监理工程师因过错造成质量事故的，责令停止执业1年；造成重大质量事故的，吊销执业资格证书，5年以内不予注册；情节特别恶劣的，终身不予注册。

对于监理工程师在安全生产监理工作中出现的行为过失，《建设工程安全生产管理条例》

中明确规定：未执行法律、法规和建设工程强制性标准的，责令停止执业3个月以上1年以下；情节严重的，吊销执业资格证书，5年内不予注册；造成重大安全事故的，终身不予注册；构成犯罪的，依照刑法有关规定追究刑事责任。

2.3　监理工程师的职业道德与纪律

2.3.1　监理工程师的职业道德守则

工程监理工作的特点之一是要体现公正原则。监理工程师在执业过程中不能损害建设项目任何一方的利益，因此，为了确保建设监理事业的健康发展，对监理工程师的职业道德和工作纪律都有严格的要求，在有关法规里也作了具体的规定。在我国监理行业中，监理工程师应严格遵守如下通用职业道德守则。

① 维护国家的荣誉和利益，按照“守法、诚信、公正、科学”的准则执业。

② 按合同条件的约定开展工作，遵守当地政府的法律法规。

③ 执行有关建设工程的法律、法规、规范、标准和制度，履行监理合同规定的责任和义务，完成所承诺的全部任务。

④ 努力学习专业技术和建设监理知识，不断提高业务能力和监理水平，主动积极、勤奋刻苦、虚心谨慎地工作。

⑤ 不以个人名义承揽监理业务。

⑥ 不同时在两个或两个以上监理单位注册和从事监理活动，不在政府部门和施工、材料设备生产供应等单位兼职。

⑦ 不为所监理项目指定承建商、建筑构配件、设备和材料；不得从事与监理项目的设计、施工、材料和设备供应等业务有关的中间人活动。

⑧ 除监理费之外，不收受与合同业务有关单位的任何礼金。

⑨ 不泄漏所监理工程各方认为需要保密的事项。

⑩ 坚持独立自主地开展工作。

⑪ 分包监理业务，或聘请专家协助监理时，应得到业主的同意。

⑫ 监理工程师应成为业主的忠诚顾问，在处理业主和承包商的矛盾时，要依据法规和合同条款，公正、客观地促成问题的解决。

⑬ 当需要发表与所监理项目有关的文章时，应经业主认可，否则会被视为侵权。

在国外，工程师的职业道德准则，由其协会组织制定并监督实施。国际咨询工程师联合会（FIDIC）于1991年在慕尼黑召开的全体成员大会上，讨论批准了FIDIC通用道德准则。该准则分别从对社会和职业的责任、能力、正直性、公正性、对他人的公正5个问题计14个方面规定了工程师的道德行为准则。目前，国际咨询工程师协会的会员国家都在认真地执行这一准则。

为使工程师的工作充分有效，不仅要求工程师必须不断增长他们的知识和技能，而且要求社会尊重他们的道德公正性，信赖他们作出的评审，同时给予公正的报酬。

FIDIC的全体会员协会同意并且相信，要想使社会对其专业顾问具有必要的信赖，其成员行为的基本准则包括以下几个方面。

——对社会和职业的责任：

① 接受对社会的职业责任。

② 寻求与确认的发展原则相适应的解决办法。

③ 在任何时候，维护职业的尊严、名誉和荣誉。

——能力：

④ 保持其知识和技能与技术、法规、管理的发展相一致的水平，对于委托人要求的服务采用相应的技能，并尽心尽力。

⑤ 仅在有能力从事服务时方才进行。

——正直性：

⑥ 在任何时候均为委托人的合法权益行使其职责，并且正直和忠诚地进行职业服务。

——公正性：

⑦ 在提供职业咨询、评审或决策时不偏不倚。

⑧ 通知委托人在行使其委托权时可能引起的任何潜在的利益冲突。

⑨ 不接受可能导致判断不公的报酬。

——对他人的公正：

⑩ 加强“按照能力进行选择”的观念。

⑪ 不得故意或无意地做出损害他人名誉或事务的事情。

⑫ 不得直接或间接取代某一特定工作中已经任命的其他咨询工程师的位置。

⑬ 通知该咨询工程师并且接到委托人终止其先前任命的建议前，不得取代该咨询工程师的工作。

⑭ 在被要求对其他咨询工程师的工作进行审查的情况下，要以适当的职业行为和礼节进行。

2.3.2 监理工程师的工作纪律

① 遵守国家的法律和政府的有关条例、规定和办法等。

② 认真履行建设工程监理合同所承诺的义务和承担约定的责任。

③ 坚持公正的立场，公平地处理有关各方的争议。

④ 坚持科学的态度和实事求是的原则。

⑤ 在坚持按监理合同的规定向业主提供技术服务的同时，促进被监理者完成其担负的建设任务。

⑥ 不以个人的名义在报刊上刊登承揽监理业务的广告。

⑦ 不得损害他人名誉。

⑧ 不泄漏所监理工程需保密的事项。

⑨ 不在任何承建商或材料和设备供应商中兼职。

⑩ 不擅自接受业主额外的津贴，也不接受被监理单位的任何津贴，不接受可能导致判断不公的报酬。

监理工程师违背职业道德或违反工作纪律，由政府部门没收非法所得，收缴《监理工程师注册执业证书》，并处以罚款。监理单位还要根据企业内部的规章制度对其给予处罚。

2.4 监理工程师的培养、资格考试和注册

2.4.1 监理工程师的培养

2.4.1.1 监理工程师的人才来源渠道

我国从1988年开始试行建设工程监理制，1996年这项制度全面展开。因此，关于监理

工程师的培养就成为一个突出的问题。为适应建设工程监理的需要，监理人员要具有较高的学历、丰富的理论知识和实践经验以及良好的品德和强健的身体素质。我国现行的教育体制下，很难培养出这样的应届毕业生。

目前，我国监理工程师队伍主要是大量吸收工程设计、施工、科研和建设管理部门的工程技术与管理人员。然而，我国大多数工程技术人员虽有技术专业知识基础，但却缺少经济、管理和法律方面的知识与经验，这是我国以往的历史环境造成的。改革开放前，我国建设人才的培养，忽视经济、管理和法律方面的教育，有关的技术专业也很少设有这方面的课程，培养出来的工程技术人员自然缺少这方面的知识。我国传统的工程项目建设，主要是靠行政手段支配，建设单位和施工单位都没有严格的经济责任制，单位与单位之间不是经济合同关系，工程项目建设不讲究市场经济，广大工程技术人员自然缺少市场经济和管理方面的实践经验。

鉴于上述情况，1989 年开始，我国采取再教育的方式，吸收从事过工程设计、工程施工和建设项目管理工作的工程技术人员和工程经济人员，参加建设工程监理知识的培训。主要是从监理的角度学习有关建设工程的合同管理、质量控制、进度控制、投资控制以及计算机的初步应用等方面的知识。这种培训一般为期三个月，方式单一且不规范，只是一种应急措施。随着建设监理事业的发展，监理业务的内容和难度逐渐增加，对监理人员的素质要求逐步提高，势必要建立比较规范化和常规化的建设监理培训体系。

(1) 高校培养机制　建设监理理论在我国已日趋成熟，过去十几年，监理工程师是在大学毕业后，甚至工作若干年后才来学习这套理论。近年来，一些工科高等院校为建筑类专业学生开设了建设工程监理的基础课程，使学生了解工程监理的有关法规、监理方法和手段等。正规教育将为监理工程师人才的储备提供必要的条件。

(2) 走双学位培养道路　总结十几年来我国建设监理培训工作的经验，参考国外主要是开展监理工作比较早的经济发达国家的做法，走双学位的培养道路，是一种比较适宜的途径。一些工程技术、工程经济专业的大学本科毕业生，以及具有工程类中级专业职称的人员，再在高等院校建设工程监理专修科进修学习，学习结业后进入监理工作岗位。这使他们完成从理论到实践又回到理论这样一种完整的学习提高的过程，使其达到监理工程师所要求的理论与实践的结合。

(3) 开展建设工程监理函授教育　在全国各院校中，选择部分有能力的院校，对工程类专业技术人员进行函授教育。这部分院校的能力应由国家教育部门进行严格审批，保证其教学质量，并控制总量不宜太多。参加函授教育学习的学员要具备工程类中级专业职称，以确保学员的学习质量。接受此类教育的学员毕业后可从事建设工程监理工作。

(4) 培养部分硕士研究生　在有条件的部分高等院校，可以适当地招收部分工程监理专业硕士研究生。硕士研究生的培养，主要是从监理理论着手，研究工程监理新方法、新手段。同时，也使我国的监理人员素质在跨度和层次上相互协调，以改善人员结构。

2.4.1.2　注册监理工程师的继续教育

(1) 继续教育目的　通过开展继续教育，使注册监理工程师及时掌握与工程监理有关的法律法规、标准规范和政策，熟悉工程监理与工程项目管理的新理论、新方法，了解建设工程新技术、新材料、新设备及新工艺，适时更新业务知识，不断提高注册监理工程师业务素质和执业水平，以适应开展工程监理业务和工程监理事业发展的需要。

(2) 继续教育学时　注册监理工程师在每一注册有效期（3 年）内应接受 96 学时的继续教育，其中必修课和选修课各为 48 学时。必修课 48 学时每年可安排 16 学时。选修课 48

学时按注册专业安排学时，只注册一个专业的，每年接受该注册专业选修课16学时的继续教育；注册两个专业的，每年接受相应两个注册专业选修课各8学时的继续教育。

在一个注册有效期内，注册监理工程师根据工作需要可集中安排或分年度安排继续教育的学时。

注册监理工程师申请变更注册专业时，在提出申请之前，应接受申请变更注册专业24学时选修课的继续教育。注册监理工程师申请跨省、自治区、直辖市变更执业单位时，在提出申请之前，应接受新聘用单位所在地8学时选修课的继续教育。

经全国性行业协会监理委员会或分会和省、自治区、直辖市监理协会报中国建设监理协会同意，从事以下工作所取得的学时可充抵继续教育选修课的部分学时：注册监理工程师在公开发行的期刊上发表有关工程监理的学术论文（3000字以上），每篇限一人计4学时；从事注册监理工程师继续教育授课工作和考试命题工作，每年次每人计8学时。

（3）继续教育内容　继续教育分为必修课和选修课。

a. 必修课　国家近期颁布的与工程监理有关的法律法规、标准规范和政策；工程监理与工程项目管理的新理论、新方法；工程监理案例分析；注册监理工程师职业道德。

b. 选修课　地方及行业近期颁布的与工程监理有关的法规、标准规范和政策；建设工程新技术、新材料、新设备及新工艺；专业工程监理案例分析；需要补充的其他与工程监理业务有关的知识。

中国建设监理协会于每年12月底向社会公布下一年度继续教育的具体内容。其中继续教育必修课的具体内容由建设部有关司局、中国建设监理协会和行业专家共同制定，必修课的培训教材由中国建设监理协会负责编写和推荐。继续教育选修课的具体内容由专业监理协会和地方监理协会负责提出，并于每年的11月底前报送中国建设监理协会确认，选修课培训教材由专业监理协会和地方监理协会负责编写和推荐。

（4）继续教育方式　注册监理工程师继续教育采取集中面授和网络教学的方式进行。集中面授由经过中国建设监理协会公布的培训单位实施。注册监理工程师可根据注册专业就近选择培训单位接受继续教育。各培训单位负责将注册监理工程师参加集中面授学习情况记录在由中国建设监理协会统一印制的《注册监理工程师继续教育手册》上，加盖培训单位印章，并及时将继续教育培训班学员名单、培训内容、学时、考试成绩及师资情况等资料报送相应的专业监理协会或地方监理协会认可。网络教学由中国建设监理协会会同专业监理协会和地方监理协会共同组织实施。参加网络学习的注册监理工程师，应当登陆中国工程监理与咨询服务网，提出学习申请，在网上完成规定的继续教育必修课和相应注册专业选修课的学时（接受变更注册继续教育的要完成规定的选修课学时）后，打印网络学习证明，凭该证明参加由专业监理协会或地方监理协会组织的测试。

注册监理工程师选择上述任何方式接受继续教育达到96学时或完成申请变更规定的学时后，其《注册监理工程师继续教育手册》可作为申请逾期初始注册、延续注册、变更注册和重新注册时达到继续教育要求的证明材料。

（5）继续教育培训单位　凡具有办学许可证的建设行业培训机构和有工程管理专业或相关工程专业的高等院校，有固定的教学场所、专职管理人员且有实践经验的专家（甲级监理公司的总监等）占师资队伍三分之一以上的，均可申请作为注册监理工程师继续教育培训单位。注册监理工程师继续教育培训单位由全国性行业协会监理委员会或分会和省、自治区、直辖市监理协会或省级注册管理机构分别向中国建设监理协会推荐。中国建设监理协会根据继续教育需求和培训单位的情况，确定并公布注册监理工程师继续教育培训单位。推荐单位应加强对培训单位的管理和监督。

注册监理工程师继续教育培训班由培训单位按工程专业举办，继续教育培训单位必须保证培训质量，每期培训班均要有满足教学要求的师资队伍，并配备专职管理人员。

(6) 继续教育监督管理　中国建设监理协会在建设部的监督指导下负责组织开展全国注册监理工程师继续教育工作，各专业监理协会负责本专业注册监理工程师继续教育相关工作，地方监理协会在当地建设行政主管部门的监督指导下，负责本行政区域内注册监理工程师继续教育相关工作。

工程监理企业应督促本单位注册监理工程师按期接受继续教育，有责任为本单位注册监理工程师接受继续教育提供时间和经费保证。注册监理工程师有义务接受继续教育，提高执业水平，在参加继续教育期间享有国家规定的工资、保险、福利待遇。

2.4.2　监理工程师的资格考试

监理工程师是一种执业资格。执业资格是政府对某些责任较大、社会通用性强、关系公共利益的专业技术工作实行的市场准入制度，是专业技术人员依法独立开业或独立从事某种专业技术工作所必备的学识、技术和能力标准。所以，经过培训学习了建设工程监理的有关知识，并取得了合格结业证书后，并不意味着已具有监理工程师的执业资格。还要参加侧重于建设工程监理实践知识的全国统考，考试合格者才能取得《监理工程师执业资格证书》。执业资格一般要通过考试方式取得，体现出执业资格制度公开、公平、公正的原则。只有当某一专业技术执业资格刚刚设立，为了确保该项专业技术工作启动实施，才有可能对首批专业技术人员的执业资格采用考核方式确认。监理工程师是我国建国以来在建设工程领域第一个设立的执业资格。

2.4.2.1　实行监理工程师资格考试制度的重要意义

(1) 实行监理工程师资格考试制度是保障监理工程师队伍的素质和监理工作水平的需要　监理工程师执业资格考试制度的实行，有利于公正地确定监理人员是否具备监理工程师的资格，有利于统一监理工程师的基本标准，有助于保证全国各地方、各部门监理队伍的素质。更重要的是，它可以促进广大监理人员努力钻研监理业务，向监理工程师的标准奋进，早日具备国家认可的监理工程师资格。

(2) 实行监理工程师资格考试制度是政府建设行政主管部门加强对监理企业监督管理的需要，也便于业主择优选择监理单位　我国政府建设行政主管部门在对监理企业进行资质年检、资质审批时，对其注册监理工程师的数量有明确的规定。因此，监理工程师执业资格考试制度的实行将便于政府建设行政主管部门对监理企业的监督管理。同时，业主通过招投标方式或直接委托方式选择监理单位时，主要看重的是监理企业监理工程师的数量、素质与能力。

(3) 有助于建立建设工程监理人才库　监理工程师执业资格考试制度的实行，不仅把监理单位以内的监理人员资格确定下来，而且把监理单位以外已经掌握监理知识的人员的监理资格确认下来，形成蕴含于社会的监理人才库。

(4) 通过考试确认相关资格的做法，是国际上通行的方式　我国实行监理工程师执业资格考试制度，既符合国际惯例，又有助于开拓国际建设工程监理市场，并使我国的监理水平逐步向国际咨询工程师水平靠近。

2.4.2.2　报考监理工程师的条件

凡中华人民共和国公民，具有工程技术或工程经济专业大专（含）以上学历，遵纪守法并符合以下条件之一者，均可报名参加监理工程师执业资格考试。

① 具有按照国家有关规定评聘的工程技术或工程经济专业中级专业技术职务，并任职满三年。

② 具有按照国家有关规定评聘的工程技术或工程经济专业高级专业技术职务。

根据《关于同意香港、澳门居民参加内地统一组织的专业技术人员资格考试有关问题的通知》（国人部发［2005］9号），凡符合注册监理工程师执业资格考试相应规定的香港、澳门居民均可按照文件规定的程序和要求报名参加考试。

2.4.2.3　考试时间、科目及考场设置

开展建设监理培训工作以来，根据监理工作的实际业务内容，建设部组织出版了6本培训教材，即《建设工程监理概论》、《建设工程合同管理》、《建设工程质量控制》、《建设工程进度控制》、《建设工程投资控制》和《建设工程信息管理》。目前，我国监理工程师的培训和考试主要参考上述教材。

(1) 考试时间　监理工程师执业资格考试实行全国统一大纲、统一命题、统一组织的办法，每年举行一次，一般在每年的5月份进行。

(2) 考试科目　监理工程师资格考试是对考生监理理论和监理实务技能水平的考察，是一种水平考试。因而，采取统一命题、闭卷考试、分科记分、统一标准、择优录取的方式。

考试科目共分四科，即《建设工程监理基本理论和相关法规》、《建设工程合同管理》、《建设工程质量、投资、进度控制》、《建设工程监理案例分析》。

对从事建设工程监理工作并同时具备下列四项条件的报考人员，可免试《建设工程合同管理》和《建设工程质量、投资、进度控制》两科，即：

① 1970年以前（含1970年）工程技术或工程经济专业大专以上（含大专）毕业。

② 具有按照国家有关规定评聘的工程技术或工程经济专业高级专业技术职务。

③ 从事工程设计或工程施工管理工作15年以上（含15年）。

④ 从事监理工作1年以上（含1年）。

考试以两年为一个周期。参加全部科目考试的人员，必须在连续两个考试年度内通过全部科目的考试。免试部分科目的人员必须在一个考试年度内通过应试科目。

(3) 考场设置　考场原则上设在省会城市，如确需在其他城市设置，必须经人事部、住宅和城乡建设部批准。

2.4.2.4　考试组织管理

根据我国的国情，对监理工程师资格考试工作，实行政府统一管理的原则。建设部和人事部共同负责全国监理工程师执业资格考试制度的政策制定、组织协调、资格考试和监督管理工作；住宅和城乡建设部负责组织拟定考试科目，编写考试大纲、培训教材和命题工作，统一规划和组织考前培训；人事部负责审定考试科目、考试大纲和试题，组织实施各项考务工作，并会同住宅和城乡建设部对考试进行检查、监督、指导和确定考试合格标准。

在考试前，成立由住宅和城乡建设部、人事部和有关方面的专家组成的“全国监理工程师资格考试委员会”；省、自治区、直辖市或各部门成立“地方或部门监理工程师资格考试委员会”。

全国监理工程师资格考试委员会是全国监理工程师资格考试工作的最高管理机构，其主要职责是：

① 制定监理工程师资格考试大纲和有关要求。

② 确定考试命题，提出考试合格标准。

③ 监督、指导地方、部门监理工程师资格考试工作，审查确认其考试是否有效。

④ 向全国监理工程师注册管理机关书面报告监理工程师的考试情况。

地方或部门监理工程师资格考试委员会的职责是：

① 根据监理工程师资格考试大纲和有关要求，发布本地区或本部门监理工程师考试公告。

② 受理考试申请，审查参加考试者的资格。

③ 组织考试、阅卷评分和确认考试合格者。

④ 向本地区或本部门监理工程师注册机关书面报告考试情况。

⑤ 向全国监理工程师资格考试委员会汇报工作情况。

2.4.3　监理工程师的注册

对专业执业资格实行注册制度，这是国际上通行的做法。自改革开放以来，我国相继实行了律师注册制度、经济师注册制度、建筑师注册制度和监理工程师注册制度等。

监理工程师是一种岗位职务，经注册的监理工程师具有相应的责任和权力。仅取得《监理工程师执业资格证书》，没有取得《监理工程师注册执业证书》的人员，则不具备这些权力，也不承担相应的责任。因为仅取得监理工程师资格，若不在监理单位工作；或者刚取得监理工程师资格，是否能完全胜任监理工程师岗位的工作，还需要经过一段时间的锻炼和考验；或者为了控制监理工程师的队伍规模和建立合理的监理工程师专业结构，也可能对部分已取得监理工程师资格的人员不予注册。总之，实行监理工程师注册制度，是为了建立一支适应建设工程监理工作需要的、高素质的监理队伍，是为了建立和维护监理工程师岗位的严肃性。

监理工程师的注册，根据注册内容的不同分为 3 种形式，即初始注册、延续注册和变更注册。按照我国有关法规规定：监理工程师依据其所学专业、工作经历、工程业绩，按专业注册，每人最多可以申请两个专业注册，并且只能在一家建设工程勘察、设计、施工、监理、招标代理、造价咨询等企业注册。

2.4.3.1　初始注册

经考试合格，取得《监理工程师执业资格证书》的，可以申请监理工程师初始注册。

（1）申请初始注册，应当具备的条件

① 经全国注册监理工程师执业资格统一考试合格，取得资格证书；

② 受聘于一个相关单位；

③ 达到继续教育要求。

（2）申请监理工程师初始注册，一般要提供的材料

① 监理工程师注册申请表；

② 申请人的资格证书和身份证复印件；

③ 申请人与聘用单位签订的聘用劳动合同复印件及社会保险机构出具的参加社会保险的清单复印件；

④ 学历或学位证书、职称证书复印件、与申请注册相关的工程技术、工程管理工作经历和工程业绩证明；

⑤ 逾期初始注册的，应提交达到继续教育要求的证明材料。

（3）申请初始注册的程序

① 申请人向聘用单位提出申请；

② 聘用单位同意后，连同上述材料由聘用企业向所在省、自治区、直辖市人民政府建设行政主管部门提出申请；

③ 省、自治区、直辖市人民政府建设行政主管部门初审合格后，报国务院建设行政主管部门；

④ 国务院建设行政主管部门对初审意见进行审核，对符合条件者准予注册，并颁发由国务院建设行政主管部门统一印制的《监理工程师注册执业证书》和执业印章。执业印章由监理工程师本人保管。

国务院建设行政主管部门对监理工程师初始注册随时受理审批，并实行公示、公告制度，对符合注册条件的进行网上公示，经公示未提出异议的予以批准确认。

2.4.3.2 延续注册

监理工程师初始注册有效期为 3 年，注册有效期满要求继续执业的，需要办理延续注册。延续注册应提交下列材料：

① 申请人延续注册申请表；

② 申请人与聘用单位签订的聘用劳动合同复印件及社会保险机构出具的参加社会保险的清单复印件；

③ 申请人注册有效期内达到继续教育要求的证明材料。

延续注册的有效期同样为 3 年，从准予延续注册之日起计算。国务院建设行政主管部门定期向社会公告准予延续注册的人员名单。

2.4.3.3 变更注册

监理工程师注册后，如果注册内容发生变更，如变更执业单位、注册专业等，应当向原注册管理机构办理变更注册。

变更注册需要提交下列材料：

① 申请人变更注册申请表；

② 申请人与新聘用单位签订的聘用劳动合同复印件及社会保险机构出具的参加社会保险的清单复印件；

③ 申请人的工作调动证明（与原聘用单位解除聘用劳动合同或者聘用劳动合同到期的证明文件、退休人员的退休证明）；

④ 在注册有效期内或有效期届满，变更注册专业的，应提供与申请注册专业相关的工程技术、工程管理工作经历和工程业绩证明，以及满足相应专业继续教育要求的证明材料；

⑤ 在注册有效期内，因所在聘用单位名称发生变更的，应提供聘用单位新名称的营业执照复印件。

需要注意的是，监理工程师办理变更注册后，一年内不能再次进行变更注册。

2.4.3.4 不予初始注册、延续注册或者变更注册的特殊情况

如果注册申请人有下列情形之一的，将不予初始注册、延续注册或者变更注册：

① 不具有完全民事行为能力；

② 刑事处罚尚未执行完毕或者因从事工程监理或者相关业务受到刑事处罚，自刑事处罚执行完毕之日起至申请注册之日止不满 2 年；

③ 未达到监理工程师继续教育要求；

④ 在两个或者两个以上单位申请注册；

⑤ 以虚假的职称证书参加考试并取得资格证书；

⑥ 年龄超过 65 周岁；

⑦ 法律、法规规定不予注册的其他情形。

注册监理工程师如果有下列情形之一的，其注册证书和执业印章将自动失效：

① 聘用单位破产；

② 聘用单位被吊销营业执照；

③ 聘用单位被吊销相应资质证书；

④ 已与聘用单位解除劳动关系；

⑤ 注册有效期满且未延续注册；

⑥ 年龄超过 65 周岁；

⑦ 死亡或者丧失行为能力；

⑧ 其他导致注册失效的情形。

2.4.3.5　注销注册

注册监理工程师如果有下列情形之一的，应当办理注销注册，交回注册证书和执业印章，注册管理机构将公告其注册证书和执业印章作废：

① 不具有完全民事行为能力；

② 申请注销注册；

③ 注册证书和执业印章已失效；

④ 依法被撤销注册；

⑤ 依法被吊销注册证书；

⑥ 受到刑事处罚；

⑦ 法律、法规规定应当注销注册的其他情形。

2.4.3.6　监理工程师的注册管理

监理工程师的注册工作实行分级管理。

国务院建设行政主管部门（住宅和城乡建设部）为全国监理工程师注册机关，其主要职责是：

① 制定监理工程师注册的法规、政策和计划等。

② 制定《监理工程师注册执业证书》式样并监制。

③ 受理各地方、各部门监理工程师注册机关上报的监理工程师注册备案。

④ 监督、检查各地方、各部门监理工程师注册工作。

⑤ 受理对监理工程师处罚不服的上诉。

省、自治区、直辖市人民政府建设行政主管部门为本行政区域内地方建设工程监理单位监理工程师的注册机关。国务院有关部门的建设监理主管机构为本部门直属建设工程监理单位监理工程师的注册机构。两者的职责基本相同，即

① 贯彻执行国家有关监理工程师注册的法规、政策和计划，制定相应的实施细则。

② 受理所属监理单位关于监理工程师注册的申请。

③ 审批监理工程师注册，并上报全国监理工程师注册管理机关备案。

④ 颁发《监理工程师注册执业证书》。

⑤ 负责对违反有关规定的监理工程师的处罚。

⑥ 负责对注册监理工程师的日常考核和管理。

监理工程师注册机关每 5 年对持《监理工程师注册执业证书》者复查一次，对不符合条件的，注销注册，并收回《监理工程师注册执业证书》。监理工程师退出、调出所在的建设工程监理单位或被解聘，须向原注册机关交回其《监理工程师注册执业证书》，核销注册。

核销注册不满5年再从事监理业务的，需由拟聘用的建设工程监理单位向本地区或本部门监理工程师注册机关重新申请注册。

注册监理工程师按专业设置岗位，并在《监理工程师注册执业证书》中注明专业。

总之，监理工程师是具备建设工程专业知识和经验的一个特殊群体，这个职业群体的知识结构、执业内容及其在建设项目全寿命周期中的作用和地位，会随着建筑市场需求环境的变化而演变。这种现象值得人们观察和思考。然而，无论这个群体发生怎样的变化，其执业行为仍然是有组织的。在我国现阶段，这个执业群体所归属的组织主要是工程监理企业。

复习思考题

1. 何谓监理工程师？
2. 监理工程师应具备哪些素质？应掌握什么知识结构？
3. 监理工程师的职业道德守则有哪些？工作纪律是什么？
4. 监理工程师的法律责任是什么？
5. 监理工程师违规违法应如何处罚？
6. 为什么要实行监理工程师资格考试？
7. 报考监理工程师的条件是什么？
8. 监理工程师的考试科目是什么？
9. 为什么要进行监理工程师注册？
10. 对监理工程师注册有什么要求？注册分为几种？在什么情况下进行哪种注册？
11. 为什么要对监理工程师进行继续教育？应如何进行继续教育？
12. 北方房地产公司在市区改造过程中新建住宅楼。业主与某监理公司签订了委托监理合同，由监理公司对新建住宅楼进行施工阶段监理，在施工监理过程中出现以下情况：

施工塔吊设在一马路旁边的施工围墙内，塔吊回转半径有一部分伸出在围墙外马路上方高空。有一次塔吊正在吊运红砖，当吊臂回转至马路上方高空时，一块红砖从空中吊框掉落，正好落在马路旁一牛奶销售点，一位正在购买牛奶的老人被击中头部，当场死亡。

在该死亡事故处理时，发现该监理公司任命的总监理工程师虽有《监理工程师执业资格证书》和《监理工程师注册执业证书》，却不在该监理公司工作、而在另××公司（非监理企业）就职。

住宅楼采暖外网施工期间，开挖暖沟时，因碰到地下原有建筑物，需要修改原施工图绕开施工。施工方为了不影响工期，遂自行修改了图纸进行施工。施工后，监理工程师在验收单上签了字并给施工方增加了工程量。可在工程竣工结算中，业主方发现施工方提交的竣工图与实际不符，导致工程量比实际有所增加。

问题：上述情况中，有哪些不遵守监理工程师职业道德和纪律的行为？对这些违规违纪行为应该如何处罚？

第3章　建设工程监理企业

导读：建设工程监理企业是工程监理的行为主体，也是监理工程师的执业机构。本章主要介绍建设工程监理企业的概念、组织形式及其资质管理制度；明确工程监理企业经营活动的基本准则；介绍其服务内容与经营活动方式；阐述工程监理企业经营管理的有效途径。要求学生掌握工程监理企业的概念及其经营活动的基本准则，熟悉工程监理企业的组织形式、资质等级标准和业务范围，了解工程监理企业的服务内容与经营活动方式。本章有助于学生认识工程监理企业的基本特征，进而关注这类企业的生存状态和未来的命运。

3.1　建设工程监理企业的概念与组织形式

3.1.1　建设工程监理企业的概念

建设工程监理企业是指具有建设工程监理企业资质证书，从事工程监理业务的经济组织，它是监理工程师的执业机构。建设工程监理企业为业主提供技术咨询服务，属于从事第三产业的企业。

工程监理企业是建筑市场的主体之一，接受建设单位的委托与授权，从事高智能的有偿技术服务。监理企业与建设单位应当在实施建设工程监理前以书面形式签订委托监理合同。合同条款中应当明确合同履行期限，工作范围和内容，双方的责任、权利和义务，监理酬金及其支付方式，合同争议的解决办法等。

监理企业从事建设工程监理活动，应当遵守国家有关法律、行政法规，严格遵守工程建设程序、国家工程建设强制性标准和有关标准、规范，遵循守法、诚信、公正、科学的原则，认真履行委托监理合同。

3.1.2　建设工程监理企业的组织形式

建设工程监理企业的组织形式是指其组织经营的形态和方式。在市场经济条件下，监理企业作为一种经济组织，必须是一个营利的经济单位。因此建设工程监理企业只有选择了合理的组织形式，才有可能充分地调动各方面的积极性，使之充满生机和活力。

3.1.2.1　建设工程监理企业组织形式的种类

根据我国现行法律法规的规定，监理企业的组织形式大致有以下几种，即个人独资监理企业、合伙制监理企业、公司制监理企业、中外合资经营监理企业和中外合作经营监理企业。

（1）个人独资监理企业　个人独资监理企业是指依法设立，由一个自然人投资，财产为投资人个人所有，投资人以其个人财产对监理企业债务承担无限责任的经营实体。

个人独资监理企业的特点有：①只有一个出资者；②出资人对企业债务承担无限责任；③目前相关文件规定，对于个人独资监理企业不征收企业所得税，企业经营所得纳入所有者的其他收益一并计算交纳个人所得税，通常易于组建。

（2）合伙监理企业　合伙监理企业是依法设立，由各合伙人订立合伙协议，共同出资，合伙经营，共享收益，共担风险，并对监理企业债务承担无限连带责任的营利组织。

合伙监理企业的特点有：①有两个以上所有者（出资者）；②合伙人对企业债务承担连带无限责任，包括对其他无限责任合伙人集体采取的行为负无限责任；③合伙人通常按照其出资比例分享利润或分担亏损；④目前相关文件规定，对于合伙监理企业不征收企业所得税，其收益直接分配给合伙人。

（3）公司制监理企业　我国公司制监理企业，又可分为有限责任公司和股份有限公司。

工程监理有限责任公司是依法设立，股东以其出资额为限对公司承担责任，公司以其全部资产对公司的债务承担责任的企业法人。

监理有限责任公司的特征是：

① 由五十个以下股东出资设立；

② 在公司名称中必须标明有限责任公司或者有限公司字样；

③ 公司具有企业法人地位，有独立的法人财产，享有法人财产权；

④ 公司股东以其认缴的出资额为限对公司承担责任，公司以其全部财产对公司的债务承担责任；

⑤ 公司不对外发行股票，股东的出资额由股东协商确定；

⑥ 股东交付股金后，公司出具股权证书，作为股东在公司中拥有的权益凭证，这种凭证不同于股票，不能自由流通，必须在其他股东同意的条件下才能转让，且要优先转让给公司原有股东；

⑦ 公司股东可以作为雇员参与公司经营管理，通常公司管理者也是公司的所有者；

⑧ 股东可以要求查阅公司会计账簿；

⑨ 监理公司交纳企业所得税。

工程监理股份有限公司是依法设立，其全部股本分为等额股份，股东以其所持股份为限对公司承担责任，公司以其全部资产对其债务承担责任的企业法人。工程监理股份有限公司是与其所有者即股东相独立和相区别的法人。

监理股份有限公司的主要特征是：

① 公司股东的数量有最低限制，应当有二人以上二百人以下为发起人，其中须有半数以上的发起人在中国境内有住所；

② 在公司名称中必须标明股份有限公司或者股份公司字样；

③ 公司资本总额分为金额相等的股份，公司股东以其认购的股份为限对公司承担责任；

④ 公司可以公开向社会发行股票；

⑤ 股东以其所持有的股份享受权利和承担义务；

⑥ 公司账目必须公开，便于股东全面掌握公司情况；

⑦ 公司管理实行所有权与经营权分离，董事会接受股东大会委托，监督公司财产的保值增值，行使公司财产所有者职权，经理由董事会聘任，掌握公司经营权。

建设工程监理股份有限公司与独资监理企业和合伙监理企业相比，具有以下特点。

a. 有限责任　工程监理股份有限公司的股东对公司债务承担有限责任，倘若公司破产清算，股东的损失以其对公司的投资额为限。而独资或合伙监理企业的所有者可能损失更多，甚至个人的全部财产。

b. 寿命较长　工程监理股份有限公司的法人地位不受某些股东死亡或转让股份的影响，因此，其寿命一般较独资或合伙监理企业的寿命长。

c. 股份易转让　一般而言，工程监理股份有限公司的股份转让比独资或合伙监理企业的权益转让更为容易。

d. 易于筹资　工程监理股份有限公司永续存在以及举债和增股的空间大，因此就筹集资本的角度而言，是最有效的企业组织形式。

e. 对公司的收益重复纳税　作为一种企业组织形式，工程监理股份有限公司也有不足，最大的缺点是公司的收益先要交纳公司所得税；税后收益以现金股利分配给股东后，股东还要交纳个人所得税。

（4）中外合资经营监理企业与中外合作经营监理企业　中外合资经营监理企业是指以中国的企业或其他经济组织为一方，以外国的公司、企业、其他经济组织或个人为另一方，在平等互利的基础上，根据《中华人民共和国中外合资经营企业法》，签订合同、制定章程，经中国政府批准，在中国境内共同投资、共同经营、共同管理、共同分享利润、共同承担风险，主要从事工程监理业务的监理企业。其组织形式为有限责任公司。在合营企业的注册资本中，外国合营者的投资比例一般不得低于25%。

中外合作经营监理企业是指中国的企业或其他经济组织同外国的企业、其他经济组织或者个人，按照平等互利的原则以及我国的法律规定，用合同约定双方的权利义务，在中国境内共同举办的、主要从事工程监理业务的经济实体。

中外合资经营监理企业与中外合作经营监理企业的主要区别有如下几点。

a. 组织形式不同　合营企业的组织形式为有限责任公司，具有法人资格；合作企业可以是法人型企业，也可以是不具有法人资格的合伙企业，法人型企业独立对外承担责任，合作企业由合作各方对外承担连带责任。

b. 组织机构不同　合营企业实行单一的董事会领导下的总经理负责制；合作企业可以采取董事会负责制，也可以采取联合管理制，既可由双方组成联合管理机构管理，也可以由一方管理，还可以委托第三方管理，通常设管理委员会负责管理。

c. 合作期限不同　合营企业一般吸引外资数额较大，经营期限较长而且比较固定；合作企业经营期限一般较短，方式较灵活，便于双方选择合作范围。

d. 分配收益依据不同　合营企业的投资折算成股份，各方按股权比重分配收益；合作企业中各方的投入不折算成股份，按合同约定投资方式和规定比例来分配收益或产品。

e. 回收投资的期限不同　合营企业各方在合营期内不得减少其注册资本；合作企业则允许外国合作者在合作期限内先行收回投资，合作期满时，企业的全部固定资产归中国合作者所有。

上述监理企业组织形式都属于现代企业的范畴，都具有明晰的产权，体现了不同层次的生产力发展水平和行业的特点。

3.1.2.2　建设工程监理企业组织形式选择的影响因素

监理企业组织形式的确定，与许多因素有关，主要有以下几个方面。

（1）监理企业的出资者及产权　监理企业的出资者及产权决定了监理企业的财产关系、责任关系和组织关系，是决定监理企业组织形式的最根本因素。在我国，由于工程监理制实行之初，许多工程监理企业是由国有企业或教学、科研、勘察设计单位按照传统的国有企业模式设立的，普遍存在产权不明确、政企不分等一系列阻碍监理企业和监理行业发展的问题。因此，在考虑监理企业的组织形式时，重要的一点就应该是理顺关系，明晰产权。

（2）建设监理行业自身的特点　每个行业都有自身的经营特点，企业的组织形式必须适应行业的特点，否则就会制约企业的发展。工程监理行业的特点可概括为：人员高素质、小企业为主、责任和任务重。因此，选择监理单位的组织形式应能适应这种特点。目前在监理行业，存在企业组织形式和行业特点不相适应的问题，使得该行业的某些问题长期难以解决，从而也在一定程度上制约了我国工程监理行业的发展。

（3）监理企业的权责及风险　监理企业的利润如何分配、责任和风险由谁来承担，与企业的产权息息相关，是企业组织形式的本质内容。目前在我国大多数监理企业中，监理工程师在工作中承担的社会责任和风险与不拥有企业的产权、无法享受企业的利润不对称。因此监理企业的利润如何分配、风险如何分担，是选择组织形式时应考虑的问题。

总之，建设工程监理企业组织形式的选择，一方面要符合我国的社会性质，适应社会主义市场经济的要求；另一方面要能充分体现工程监理行业特点，同时使监理企业组织形式多元化，适应顾客的不同需求。

3.2　建设工程监理企业的资质与管理

3.2.1　监理企业的资质等级标准和业务范围

建设工程监理企业资质是反映监理企业技术能力、管理水平、业务经验、经营规模、社会信誉等综合性实力的指标。监理企业应当按照其资质相应的业务范围承接监理业务。根据工程性质和技术特点，工程监理企业的专业资质可分为房屋建筑工程、冶炼工程、矿山工程、化工与石油工程、水利水电工程、电力工程、林业及生态工程、铁路工程、公路工程、港口与航道工程、航天航空工程、通信工程、市政公用工程、机电安装工程 14 个工程类别。每个工程类别又可按照工程规模或技术复杂程度将其分为一、二、三等。按照《工程监理企业资质管理规定》的要求，工程监理企业资质相应地分为 14 个工程类别。工程监理企业可以申请一项或者多项工程类别资质。申请多项资质的工程监理企业，应当选择一项为主项资质，其余为增项资质，并且工程监理企业的增项资质级别不得高于主项资质级别。此外，工程监理企业申请多项工程类别资质的，其注册资金应达到主项资质标准，并且从事其增项专业工程监理业务的注册监理工程师人数应当符合有关要求。

3.2.1.1　工程监理企业的资质等级标准

为了适应工程监理企业的健康发展，引导大型监理企业做大做强，同时促使中小监理企业做精做专。目前将监理企业资质分为综合类资质、专业类资质和事务所三个序列。综合资质、事务所资质不分级别。专业类资质按照工程性质和技术特点划分为若干工程类别，分为甲级、乙级；其中，房屋建筑、水利水电、公路和市政公用专业资质可设立丙级。

工程监理企业的资质等级标准具体如下。

（1）综合资质标准

① 具有独立法人资格，且注册资本不少于 600 万元。

② 企业技术负责人应为注册监理工程师，并具有 15 年以上从事工程建设工作的经历或者具有工程类高级职称。

③ 具有 5 个以上工程类别的专业甲级工程监理资质。

④ 注册监理工程师不少于 60 人，注册造价工程师不少于 5 人，一级注册建造师、一级注册建筑师、一级注册结构工程师或者其他勘察设计注册工程师合计不少于 15 人次。

⑤ 企业具有完善的组织结构和质量管理体系，有健全的技术、档案等管理制度。

⑥ 企业具有必要的工程试验检测设备。

⑦ 申请工程监理资质之日前一年内，没有因本企业监理责任造成重大质量事故。

⑧ 申请工程监理资质之日前一年内，没有因本企业监理责任发生三级以上工程建设重大安全事故或者发生两起以上四级工程建设安全事故。

(2) 专业资质标准

a. 甲级

① 具有独立法人资格且注册资本不少于300万元。

② 企业技术负责人应为注册监理工程师，并具有15年以上从事工程建设工作的经历或者具有工程类高级职称。

③ 注册监理工程师、注册造价工程师、一级注册建造师、一级注册建筑师、一级注册结构工程师或者其他勘察设计注册工程师合计不少于25人次；其中，相应专业注册监理工程师不少于要求配备的人数（如表3-1所示），注册造价工程师不少于2人。

④ 企业近2年内独立监理过3个以上相应专业的二级工程项目，但是，具有甲级设计资质或一级及以上施工总承包资质的企业申请本专业工程类别甲级资质的除外。

⑤ 企业具有完善的组织结构和质量管理体系，有健全的技术、档案等管理制度。

⑥ 企业具有必要的工程试验检测设备。

⑦ 申请工程监理资质之日前一年内没有因本企业监理责任造成重大质量事故。

⑧ 申请工程监理资质之日前一年内没有因本企业监理责任发生三级以上工程建设重大安全事故或者发生两起以上四级工程建设安全事故。

b. 乙级

① 具有独立法人资格且注册资本不少于100万元。

② 企业技术负责人应为注册监理工程师，并具有10年以上从事工程建设工作的经历。

③ 注册监理工程师、注册造价工程师、一级注册建造师、一级注册建筑师、一级注册结构工程师或者其他勘察设计注册工程师合计不少于15人次。其中，相应专业注册监理工程师不少于要求配备的人数（如表3-1所示），注册造价工程师不少于1人。

④ 有较完善的组织结构和质量管理体系，有技术、档案等管理制度。

⑤ 有必要的工程试验检测设备。

⑥ 申请工程监理资质之日前一年内没有因本企业监理责任造成重大质量事故。

⑦ 申请工程监理资质之日前一年内没有因本企业监理责任发生三级以上工程建设重大安全事故或者发生两起以上四级工程建设安全事故。

c. 丙级

① 具有独立法人资格且注册资本不少于50万元。

② 企业技术负责人应为注册监理工程师，并具有8年以上从事工程建设工作的经历。

③ 相应专业的注册监理工程师不少于要求配备的人数（如表3-1所示）。

④ 有必要的质量管理体系和规章制度。

⑤ 有必要的工程试验检测设备。

(3) 事务所资质标准

① 取得合伙企业营业执照，具有书面合作协议书。

② 合伙人中有3名以上注册监理工程师，合伙人均有5年以上从事建设工程监理的工作经历。

③ 有固定的工作场所。

④ 有必要的质量管理体系和规章制度。

⑤ 有必要的工程试验检测设备。

3.2.1.2 工程监理企业资质相应许可的业务范围

a. 具有综合资质的工程监理企业，可以承担所有专业工程类别建设工程项目的工程监理业务。

b. 具有专业资质的监理企业，其业务范围分为以下三种情况。

① 专业甲级资质企业，可承担相应专业工程类别建设工程项目的工程监理业务。

② 专业乙级资质企业，可承担相应专业工程类别二级以下（含二级）建设工程项目的工程监理业务。

③ 专业丙级资质企业，可承担相应专业工程类别三级建设工程项目的工程监理业务。

c. 具有事务所资质的监理企业，可承担三级建设工程项目的工程监理业务，但国家规定必须实行强制监理的工程除外。

工程监理企业可以开展相应类别建设工程的项目管理、技术咨询等业务。

表 3-1　专业资质注册监理工程师人数配备表　　（单位：人）

序号	工程类别	甲级	乙级	丙级
1	房屋建筑工程	15	10	5
2	冶炼工程	15	10	
3	矿山工程	20	12	
4	化工石油工程	15	10	
5	水利水电工程	20	12	5
6	电力工程	15	10	
7	农林工程	15	10	
8	铁路工程	23	14	
9	公路工程	20	12	5
10	港口与航道工程	20	12	
11	航天航空工程	20	12	
12	通信工程	20	12	
13	市政公用工程	15	10	5
14	机电安装工程	15	10	

3.2.2 监理企业的资质申请

工程监理企业申请资质，一般应当向企业注册所在地的县级（含县级）以上地方人民政府建设行政主管部门申请。

新设立的工程监理企业，应先到工商行政管理部门登记注册，取得营业执照后，办理完相应的执业人员注册手续后，方可到建设行政主管部门办理资质申请手续。取得《企业法人营业执照》的监理企业，只可申请综合资质和专业资质，取得《合伙企业营业执照》的监理企业，只可申请事务所资质。申请建设工程监理企业资质，应当提交以下材料：

① 工程监理企业资质申请表（一式三份）及相应电子文档；

② 企业法人、合伙企业营业执照；

③ 企业章程或合伙人协议；

④ 企业法定代表人、企业负责人和技术负责人的身份证明、工作简历及任命（聘用）文件；

⑤ 工程监理企业资质申请表中所列注册监理工程师及其他注册执业人员的注册执业证书；

⑥ 有关企业质量管理体系、技术和档案等管理制度的证明材料；

⑦ 有关工程试验检测设备的证明材料。

取得专业资质的企业申请晋升专业资质等级或者取得专业甲级资质的企业申请综合资质

的，除向建设行政主管部门提供上述七方面规定的材料外，还应当提交以下资料：

① 企业原工程监理企业资质证书正、副本复印件；

② 企业《监理业务手册》及近两年已完成代表工程的监理合同、监理规划、工程竣工验收报告及监理工作总结。

3.2.3　监理企业的资质管理

对建设工程监理企业实行资质管理，是我国政府为了维护建筑市场秩序，保证建设工程的质量、工期、安全和投资效益的发挥，实行市场准入控制的有效手段。监理企业应当按照其拥有的注册资本、专业技术人员和工程监理业绩等资质条件申请资质。经相关部门审查合格，并取得相应的资质证书后，方可在其资质等级许可的范围内从事工程监理活动。

3.2.3.1　建设工程监理企业资质管理的机构

我国工程监理企业资质管理的原则是“分级管理，统分结合”，按中央和地方两个层次进行管理。国务院建设行政主管部门负责全国工程监理企业资质的统一监督管理工作；国务院铁道、交通运输、水利、信息产业、民航等有关部门配合国务院建设行政主管部门实施相关资质类别工程监理企业资质的监督管理工作。省、自治区、直辖市人民政府建设行政主管部门，负责本行政区域内工程监理企业资质的统一监督管理工作；省、自治区、直辖市人民政府交通运输、水利、信息产业等有关部门，配合同级建设行政主管部门实施相关资质类别工程监理企业资质的监督管理工作。

3.2.3.2　建设工程监理企业资质管理内容

我国对工程监理企业的资质管理，主要指对监理企业的设立、定级、升级、降级、变更和终止等的资质审查、批准、证书管理工作。

（1）资质审批制度　对于工程监理企业资质条件符合相应资质等级标准，并且在申请工程监理资质之日前一年未发生下列行为的，建设行政主管部门将向其颁发相应资质等级的《工程监理企业资质证书》：

① 与建设单位串通投标或者与其他工程监理企业串通投标，以行贿手段谋取中标；

② 与建设单位或者施工单位串通弄虚作假、降低工程质量；

③ 将不合格的建设工程、建筑材料、建筑构配件和设备按照合格签字；

④ 超越本企业资质等级或以其他企业名义承揽监理业务；

⑤ 允许其他单位或个人以本企业的名义承揽工程；

⑥ 将承揽的监理业务转包；

⑦ 在监理过程中实施商业贿赂；

⑧ 涂改、伪造、出借、转让工程监理企业资质证书；

⑨ 其他违反法律法规的行为。

工程监理企业资质证书分为正本和副本，每套资质证书包括一本正本，四本副本。正、副本具有同等法律效力。工程监理企业资质证书由国务院建设主管部门统一印制并发放，有效期为 5 年，有效期的计算时间以资质证书最后的核定日期为准。

（2）资质审批程序

a. 申请综合资质、专业甲级资质的，应当向企业工商注册所在地的省、自治区、直辖市人民政府建设主管部门提出申请，自受理申请之日起 20 日内初审完毕，并将初审意见和申请材料报国务院建设主管部门。

国务院建设主管部门应当自省、自治区、直辖市人民政府建设主管部门受理申请材料之日起60日内完成审查，公示审查意见，公示时间为10日。其中，涉及铁路、交通、水利、通信、民航等专业工程监理资质的，由国务院建设主管部门送国务院有关部门审核。国务院有关部门应当在20日内审核完毕，并将审核意见报国务院建设主管部门。国务院建设主管部门根据初审意见审批。

b. 申请专业乙级、丙级资质和事务所资质，由企业所在地省、自治区、直辖市人民政府建设主管部门审批。省、自治区、直辖市人民政府建设主管部门应当自作出决定之日起10日内，将准予资质许可的决定报国务院建设主管部门备案。

(3) 资质延续程序　资质有效期届满，建设工程监理企业需要继续从事工程监理活动的，应当在资质证书有效期届满60日前，向原资质许可机关申请办理延续手续。

对在资质有效期内遵守有关法律、法规、规章、技术标准，信用档案中无不良记录，且专业技术人员满足资质标准要求的企业，经资质许可机关同意，有效期延续5年。

(4) 资质变更程序　工程监理企业在资质证书有效期内名称、地址、注册资本、法定代表人等发生变更的，应当在工商行政管理部门办理变更手续后30日内办理资质证书变更手续。申请资质证书变更，应当提交以下材料：

① 资质证书变更的申请报告；

② 企业法人营业执照副本原件；

③ 工程监理企业资质证书正、副本原件。

工程监理企业改制的，还应当提交企业职工代表大会或股东大会关于企业改制或股权变更的决议、企业上级主管部门关于企业申请改制的批复文件。

涉及综合资质、专业甲级资质证书中企业名称变更的，由国务院建设主管部门负责办理，并自受理申请之日起3日内办理变更手续。

其他的资质证书变更手续，由省、自治区、直辖市人民政府建设主管部门负责办理。省、自治区、直辖市人民政府建设主管部门应当自受理申请之日起3日内办理变更手续，并在办理资质证书变更手续后15日内将变更结果报国务院建设主管部门备案。

(5) 监理企业合并、分立后的资质　工程监理企业合并的，合并后存续或者新设立的工程监理企业可以承继合并前各方中较高的资质等级，但应当符合相应的资质等级条件。

工程监理企业分立的，分立后企业的资质等级，根据实际达到的资质条件，按照本规定的审批程序核定。

(6) 增补资质证书　企业需增加、更换、遗失补办工程监理企业资质证书的，应当持资质证书增补申请及电子文档等材料向资质许可机关申请办理。遗失资质证书的，在申请补办前应当在公众媒体刊登遗失声明。资质许可机关应当自受理申请之日起3日内予以办理。

(7) 资质撤销规定　有下列情形之一的，资质许可机关或者其上级机关，根据利害关系人的请求或者依据职权，可以撤销工程监理企业资质：

① 资质许可机关工作人员滥用职权、玩忽职守作出准予工程监理企业资质许可的；

② 超越法定职权作出准予工程监理企业资质许可的；

③ 违反资质审批程序作出准予工程监理企业资质许可的；

④ 对不符合许可条件的申请人作出准予工程监理企业资质许可的；

⑤ 依法可以撤销资质证书的其他情形。

(8) 资质注销规定　有下列情形之一的，工程监理企业应当及时向资质许可机关提出注销资质的申请，交回资质证书，国务院建设主管部门应当办理注销手续，公告其资质证书作废：

① 资质证书有效期届满，未依法申请延续的；

② 工程监理企业依法终止的；

③ 工程监理企业资质依法被撤销、撤回或吊销的；

④ 法律、法规规定的应当注销资质的其他情形。

3.3 建设工程监理企业经营管理

3.3.1 监理企业经营活动的基本准则

监理企业从事建设工程监理活动，应当遵循“守法、诚信、公正、科学”的准则。

3.3.1.1 守法

守法是监理企业必须遵守的最起码的行为准则。对于工程监理企业来说，守法就是要依法经营，依法开展工作。主要包括以下几个方面。

a. 监理企业可以从事建设工程项目的工程监理业务和建设工程的项目管理、技术咨询等业务。但不得从事或变相地从事工程承建活动，也不得开展建筑材料等经销业务。

b. 监理企业只能在核定的监理业务范围和核定资质等级内开展经营活动，也就是不得超越资质证书中所填写的工程类别和工程等级承揽工程监理业务。例如，建设主管部门核定为房屋建筑工程专业乙级资质的监理企业，则不能承接市政公用工程建设的监理业务；同样，也不能承接工程类别为一级的房屋建筑工程建设的监理业务，而只能承揽相应工程类别和相应等级的工程监理业务。

c. 监理企业承担工程监理任务时，应自觉遵守当地人民政府颁发的监理法规和有关规定，向监理工程所在地的省、自治区、直辖市建设行政主管部门备案登记，接受其指导和监督管理。

d. 不论出自什么原因，都不能发生伪造、涂改、出租、出借、转让、出卖《工程监理企业资质证书》等破坏市场秩序的行为。

e. 认真履行监理委托合同和有关的义务，不损害委托单位和承建单位的合法利益，不损害其他人合法的人身权利，不得无故或故意违背自己的承诺。

f. 监理企业应遵守国家关于企业法人的其他法律、法规，包括行政的、经济的和技术的相关规定。必须认真按照国家法规、规范、标准行使监理职能。

3.3.1.2 诚信

诚信即诚实、讲信用。这是道德规范在市场经济中的体现，也是建设工程监理企业从事经营活动的基本要求。诚信原则要求一切市场参加者在不损害他人利益和社会公共利益的前提下，追求自己的利益，目的是在当事人之间的利益关系和当事人与社会之间的利益关系中实现平衡，并维护市场道德秩序。

加强企业信用管理，提高企业信用水平，是完善我国工程监理制度的重要保证。监理企业向社会提供的是技术服务，技术服务水平的高低，有一定的弹性变化，在通常的情况下，很难做出全面的合理的合同约定，所以诚信准则对实施监理活动具有重要意义。诚信也是考核监理单位信誉的核心内容。诚信准则要求监理单位在经营活动中，应当做到忠诚老实、重信誉、竭诚地为业主服务，协助业主实现预定的目标。

按照《行政许可法》的要求，建设行政主管部门取消了企业资质年检，加强了对企业资质的日常监管和动态管理，需要监理企业注重信用制度建设。工程监理企业应当建立健全的信用管理制度主要有：①建立健全合同管理制度；②建立健全与业主的合作制度，及时进行信息沟通，增强相互间的信任感；③建立健全监理服务需求调查制度，这也是企业进行有效竞争和防范经营风险的重要手段之一；④建立企业内部信用管理责任制度，及时检查和评估企业信用的实施情况，不断提高企业信用管理水平；⑤健全向资质许可机关提供真实、准确、完整的企业信用档案信息。

3.3.1.3　**公正**

公正性是社会公认的职业准则，也是从事建设工程监理活动应当遵循的重要准则。公正是指建设工程监理企业在实施监理过程中既要维护业主的利益，又不能损害承包商的合法权益，并依据合同公平合理地处理业主与承包商之间的矛盾和纠纷。

建设工程监理企业要做到公正，必须做到以下几点：

① 培养监理工程师良好的职业道德，使其不为私利而违心地处理问题；

② 坚持实事求是的原则，不唯上级或业主的意见是从；

③ 提高监理工程师综合分析和判断问题的能力，使其不为局部问题或表面现象所迷惑；

④ 不断提高监理工程师的专业技术能力，尤其要提高其综合理解和熟练运用建设项目有关合同条款的能力，以便以合同条款为依据，恰当地协调、处理问题。

3.3.1.4　**科学**

“科学”行为是反映监理企业水平、树立监理企业形象的重要方面。开展监理活动要依据科学的方案，运用科学的手段，采取科学的方法。建设项目监理结束后，还要进行科学的总结。

科学的方案主要体现在具有预控功能的规划和计划，如监理规划和监理实施细则（在本教材第 6 章介绍）。对于工程监理的组织计划、监理工作的程序、各专业和各阶段监理工作内容、工程关键部位或可能出现的重大问题的监理措施等内容，都在监理规划中予以明确。在实施监理前，要尽可能准确地预测出各种可能的问题，有针对性地拟定解决办法，制定出切实可行、行之有效的监理实施细则，使各项监理活动都纳入计划管理的轨道。

科学的手段体现在借助先进的科学仪器和设备实施监理工作，如各种检测、试验、化验仪器、摄录像设备及计算机等。

科学的方法主要体现在监理人员在掌握大量确凿的有关监理对象及其外部环境信息的基础上，适时、妥当、高效地处理实际问题，解决问题要用事实说话、用书面文字说话、用数据说话；充分开发和利用计算机软件辅助工程监理。

工程监理企业只有依据科学的方案、运用科学的手段、采取科学的方法，才能提供高智能、科学的服务，才能促进建设监理事业的发展，满足建筑市场的现有的和潜在的需求。

3.3.2　监理企业经营服务的内容

按照建设项目全寿命周期的不同阶段，监理企业经营服务的内容包括：建设项目决策阶段监理、工程勘察设计阶段监理、施工招标阶段监理、施工阶段监理。

3.3.2.1　**建设项目决策阶段监理**

建设项目决策阶段的主要工作包括：投资机会研究、初步可行性研究、可行性研究、项目评估及决策。投资决策是投资者最为重视的工作，因为它对工程项目的长远经济效益和战略方向起着决定性的作用。为保证工程项目决策的科学性、客观性，监理单位应做好以下工作：

① 协助建设单位选择高水平的咨询公司进行可行性研究工作。

② 对工程项目建设的重大问题向建设单位提供决策建议。

③ 委托不同的咨询公司独立进行项目评估，并做好过程控制。

④ 协助建设单位进行科学论证和多方案比较，并为项目投资决策提供正确的依据。

3.3.2.2 建设工程勘察设计监理

勘察设计监理工作分为勘察阶段、设计准备阶段和设计阶段三部分监理工作。勘察阶段是指从工程项目立项之后到设计准备阶段之前的时间段；设计准备阶段是指正式设计（初步设计或扩大初步设计）开始之前进行必要的设计准备工作所需要占用的时间区间；设计阶段是指从初步设计或扩大初步设计开始至施工图设计结束的时间段。

(1) 勘察阶段监理内容

① 协助业主选择工程勘察单位。

② 审核满足相应设计阶段要求的勘察实施方案（勘察纲要），提出审核意见。

③ 定期检查勘察工作的实施情况，按照勘察实施方案的程序和深度进行过程控制。

④ 控制勘察工作进度以满足合同约定的期限。

⑤ 按照规范性有关文件的要求，审查勘察报告，对其进行验收，提出书面验收报告。

⑥ 组织勘察成果技术交底。

⑦ 编制勘察阶段监理工作总结。

(2) 设计招标与设计准备阶段监理内容

① 拟订“设计大纲”或“设计纲要”。

② 协助业主进行设计招标，审查和评选设计方案。

③ 协助业主选择设计单位，签订设计承包合同。

④ 落实外部条件，收集工程设计的有关基础资料。

⑤ 组织设计前的交底工作。

(3) 设计阶段监理内容

① 正确贯彻建设单位的建设意图，预防和纠正设计中可能出现和已经出现的偏差；

② 审核设计方案，特别注意项目各部分之间的协调及项目设计质量的整体水平；

③ 控制设计进度；

④ 组织或协助设计单位开展方案技术经济分析，推行优化设计；

⑤ 协调设计单位与外部有关部门之间的工作。

(4) 设计成果的监理

① 审核设计文件（图纸、设计概算等）；

② 组织有关专家对设计成果进行评审和验收。

3.3.2.3 施工招标阶段监理

① 拟订工程建设项目施工招标方案，并征得项目业主同意；

② 准备工程建设项目施工招标条件；

③ 向当地招标管理部门办理施工招标申请；

④ 编制招标公告或投标邀请函、资格预审文件、施工招标文件等；

⑤ 组织工程建设项目施工招标工作；

⑥ 组织现场踏勘与答疑会，回答投标人提出的问题；

⑦ 组织开标、评标、决标工作；

⑧ 协助项目业主与中标单位商签承包合同。

3.3.2.4 施工阶段监理

施工阶段监理包括施工准备、施工过程、竣工验收及保修阶段的监理。

(1) 施工准备阶段监理　施工准备是指承包单位进驻施工现场，进行施工前的各项准备工作。项目监理机构在承包商施工准备期间，从进驻现场开始，到工程正式开工所进行的监理工作，即为施工准备阶段的监理工作。其监理内容包括：

① 熟悉和审核施工图；

② 组织设计交底与图纸会审；

③ 审查施工组织设计；

④ 审查分包单位资格；

⑤ 查验桩、线，审核测量成果；

⑥ 审核工程开工报告；

⑦ 参加建设单位主持召开的第一次工地会议。

(2) 施工过程监理　建设项目一经批准开工，就进入了施工过程。施工过程是实施业主决策、保证项目发挥效益的一个关键环节；是实现设计意图并形成工程实体的阶段；也是最终确定建筑产品质量和形成建筑产品使用价值的阶段。

施工过程监理是项目全过程监理的重要组成部分，其主要任务是运用目标规划、动态控制、组织协调、合同管理和信息管理等方法，督促施工单位确保建设项目的质量、进度、费用和安全达到目标规划和计划的要求，使施工单位以合同约定的价格，按时向业主交付符合质量要求的建筑产品，以实现建设项目预期的目标。关于施工质量、进度、费用和安全控制的监理工作内容，在本教材第 4 章详细介绍。

(3) 竣工验收及保修阶段监理　工程项目竣工，是指施工单位按照承包合同和设计文件，已完成工程的全部施工活动，并达到建设单位对项目的使用要求，工程可交付业主使用；工程项目竣工是工程建设的最后阶段，标志着项目的施工任务已经全部完成。

监理企业在工程竣工验收阶段要充分利用自身优势和经验，当好建设单位的参谋和助手，协助建设单位完成项目竣工阶段的各项工作，具体包括：①协助建设单位制订项目验收方案；②协助建设单位整理项目竣工验收备案所规定的有关文件；③协助建设单位按合同规定支付工程款；④协助建设单位组织召开项目竣工验收会议；⑤协助建设单位实地查验工程质量；⑥协助建设单位签署项目竣工意见；⑦协助建设单位审核竣工决算；⑧协助建设单位在规定期限内，向当地建设行政主管部门上报项目竣工验收备案资料。

在工程质量保修期，监理企业应依据委托监理合同约定的工程质量保修期监理工作的时间、范围和内容开展工作，主要的工作内容有：①承担质量保修期监理工作时，监理企业应安排监理人员对建设单位提出的工程质量缺陷进行检查和记录，对承包单位进行修复的工程质量进行验收，合格后予以签认；②监理人员应对工程质量缺陷原因进行调查分析并确定责任归属，对非承包单位原因造成的工程质量缺陷，监理人员应核实修复工程的费用和签署工程款支付证书，并报建设单位。

3.3.3　监理企业经营活动的方式

3.3.3.1　工程监理企业承接监理业务的基本方式

工程监理企业承揽监理业务的方式有两种：一是由业主直接委托取得监理业务；二是通过投标竞争取得监理业务。其中，工程监理企业通过投标取得监理业务，是市场经济体制下比较普遍的形式。

(1) 业主直接委托监理的情况　通常在下列情况下，业主直接委托工程监理企业提供监理服务：

① 不宜公开招标的机密工程；

② 没有投标竞争对手的工程；

③ 规模比较小、监理业务比较单一的工程；

④ 可续用原工程监理企业。

上述每一种情况，均无需工程监理企业通过投标竞争的方式承接监理业务，而是由建设单位或其委托代理人直接委托工程监理企业提供监理服务，经过双方协商一致，达成协议。因此工程监理企业要想获得直接委托监理的业务，一是靠自身雄厚的监理实力和优异的监理业绩；二是靠与建设单位长期合作中赢得信誉和彼此信赖的良好关系。在竞争激烈的建筑市场中，能获得直接委托监理业务的企业，必须珍惜这种机遇，把所承担的监理业务做好，才有可能取得更多的监理业务。

（2）通过投标竞争取得监理业务　2000年4月，国家发展计划委员会发布的《工程建设项目招标范围和规模标准规定》明确，达到下列标准之一的建设项目，监理服务采购必须进行招标：

① 单项合同估算价在50万元人民币以上的；

② 单项合同估算价虽低于50万元，但项目总投资额在3000万元人民币以上的。

目前，建设单位（业主）采用招标方式选择工程监理单位的情况越来越普遍。招标投标是一种带有明显竞争性的经济活动。工程监理服务采购的招标与投标方式，在选择满足建设项目要求的优秀监理企业，提高监理服务质量，保证建设项目质量，保护国家利益和社会公共利益以及业主合法权益等方面发挥了作用。然而，目前社会上出现的“围标”现象（即某一工程监理企业为承揽监理业务，与某建设单位达成默契，由该监理企业私下联络其他几家监理企业同时参加由该建设单位发起的监理服务采购招标投标活动，以确保该监理企业中标的行为）令人担忧，值得人们深入思考。

3.3.3.2　监理服务采购招标的特性

由于工程监理是一种高智能的技术服务，监理企业不承担物质生产任务，只是受业主委托对生产建设过程提供监督、管理、协调、咨询等服务。通过招标选取监理企业具有特殊性，它与工程建设中的其他各类招标活动有很大的区别，其标的是“监理服务”。因此，工程监理招标选择中标人的基本原则是“基于能力的选择”，侧重于投标人履行监理合同的能力，这也是监理行业的特点所决定的。

（1）监理招标以投标人的技术能力为中标的主要考虑因素　监理服务是监理单位的高智能投入，其服务工作完成的质量依赖于监理单位对项目的管理水平和技术水平，取决于参与监理工作的人员的业务专长、经验、对问题的判断能力和处理能力，以及对合同的履约意识和风险意识。监理服务的水平和质量，直接影响整个工程管理水平，影响到工程的质量、进度和投资。因此，在通过招标方式选择监理企业时，应注重监理企业的资信程度、监理方案优劣、技术能力强弱等因素。工程监理企业的投标活动，也应以制定出科学、合理、公正、务实，能最大限度地满足业主需求的监理大纲为主。

（2）监理招标以投标人的报价为辅助因素　由于监理服务采购招标是基于能力的选择，如果监理酬金过低，监理企业就很难派出高素质的监理人员，甚至无法保证监理服务所需要的最基本的监理人员数量，挫伤监理人员的工作积极性和创造性，以至于难以为业主提供满意的监理服务。因此，对于投标人的投标报价，应该在满足国家取费标准范围内来进行评价。另外，监理服务质量与监理收费之间存在内在的因果关系，所以招标人应在能力相当的投标人之间再进行价格比较。投标人的报价应作为监理评标所考虑的次要因素。

3.3.3.3　工程监理费的计算方法

（1）工程监理费的构成　建设工程监理费是指业主依照委托监理合同所支付给监理企业的监理酬金。它是构成建设工程投资估算、投资概（预）算的一部分，在工程概（预）算中单独列支。建设工程监理费由监理直接成本、监理间接成本、税金和利润四部分构成。

直接成本是指监理企业履行委托监理合同时所发生的成本。主要包括以下费用：

① 监理人员和监理辅助人员的工资、奖金、津贴、补助、附加工资等；

② 监理工作的常规检测工器具、计算机等办公设施的购置费和其他仪器、机械的租赁费；

③ 监理人员和辅助人员的其他专项开支，包括办公费、通信费、差旅费、书报费、文印费、会议费、医疗费、劳保费、保险费、休假探亲费等；

④ 其他费用。

间接成本是指全部业务经营开支及非工程监理的特定开支，具体内容包括：

① 管理人员、行政人员以及后勤人员的工资、奖金、补助和津贴；

② 经营性业务开支，包括为招揽监理业务而发生的广告费、宣传费、有关合同的公证费等；

③ 办公费，包括办公用品、报刊、会议、文印、上下班交通费等；

④ 办公设施使用费，包括办公使用的水、电、气、环卫、保安等费用；

⑤ 业务培训费、图书和资料购置费；

⑥ 附加费，包括劳动统筹、医疗统筹、福利基金、工会经费、人身保险、住房公积金、特殊补助等；

⑦ 其他费用。

税金是指按照国家规定，工程监理企业应交纳的各种税金总额，如营业税、所得税、印花税等。

利润是指工程监理企业的监理活动收入扣除直接成本、间接成本和各种税金之后的金额。

（2）工程监理与相关服务收费计取办法　自 2007 年 5 月 1 日起执行的《建设工程监理与相关服务收费管理规定》，界定监理服务范围分为勘察、设计、施工和保修等四个阶段，根据监理委托范围及工作内容分别按相应收费标准计取服务费用。依法必须实行监理的建设工程施工阶段的监理收费实行政府指导价；其他建设工程施工阶段的监理收费和其他阶段的监理与相关服务收费实行市场调节价，由发包人与监理人参考政府指导价协商确定。

a. 施工监理服务费用计取　实行政府指导价的建设工程施工阶段监理收费，其基准价根据《建设工程监理与相关服务收费标准》计算，浮动幅度为上下 20%，发包人和监理人应当根据建设工程的实际情况在规定的浮动幅度内协商确定收费额。监理收费基准价是在监理收费基价的基础上考虑监理专业、工程复杂程度、所监理工程的海拔高程等因素而确定。施工监理服务收费基价是完成国家法律法规、规范规定的施工阶段监理基本服务内容的价格。施工监理服务收费基价如表 3-2 所示，对于计费额处于两个数值区间的，采用直线内插法确定施工监理服务收费基价。计费额 500 万元以下的工程项目均按 3.3%的费率计算收费基价。施工监理服务收费可以按照下列公式计算：

$$\text{施工监理服务收费}=\text{施工监理服务收费基准价}\times(1\pm\text{浮动幅度值})$$

$$\text{施工监理服务收费基准价}=\text{施工监理服务收费基价}\times\text{专业调整系数}\times\text{工程复杂程度调整系数}\times\text{高程调整系数}$$

表 3-2　施工监理服务收费基价

序号	计费额/万元	收费基价/万元
1	500	16.5
2	1000	30.1
3	3000	78.1
4	5000	120.8
5	8000	181.0
6	10000	218.6
7	20000	393.4
8	40000	708.2
9	60000	991.4
10	80000	1255.8
11	100000	1507.0
12	200000	2712.5
13	400000	4882.6
14	600000	6835.6
15	800000	8658.4
16	1000000	10390.1

注：计费额大于 1000000 万元的，以计费额乘以 1.039%的收费率计算收费基价。

b. 其他阶段的相关服务收费　其他阶段的相关服务收费一般按相关服务工作所需工日和工日费用标准进行确定。建设工程监理与相关服务人员人工日费用标准如表 3-3 所示。

表 3-3　建设工程监理与相关服务人员人工日费用标准

建设工程监理与相关服务人员职级	工日费用标准/元
高级专家	1000～1200
高级专业技术职称的监理与相关服务人员	800～1000
中级专业技术职称的监理与相关服务人员	600～800
初级及以下专业技术职称监理与相关服务人员	300～600

3.3.3.4　监理企业投标文件的编制

监理企业的投标文件一般由两部分组成：一部分为技术标，另一部分为商务标。

（1）工程监理投标技术文件　监理投标技术文件要根据招标文件的内容、附件及建设单位提供的图纸等资料来编制，它是反映监理企业对工程理解深度和对策水平的重要材料。编制投标技术文件既要有针对性，也要有概括性，明确如何完成质量、进度和投资控制任务；提出科学、合理、可行、务实同时又合乎业主需求的方案，以充分表明监理企业的经验、能力和水平。由于业主十分关注进驻现场的项目监理机构，因此工程监理企业应该根据工程规模、工程技术复杂程度和业主提出的监理人员素质要求，选派符合业主需求的总监理工程师，并配置专业监理工程师和监理员，组成配套的项目监理机构。实践证明，选派业务水平高、经验丰富、认真负责又符合业主需求的总监理工程师及其所领导的结构合理的监理班子，是投标成功的关键因素之一。

（2）工程监理投标报价　在工程监理商务标中，监理费的报价是投标能否成功的又一重要环节，其依据之一是本节已介绍的监理费计取办法。此外，必须考虑市场因素，包括竞争对手可能的报价等。值得关注的是，有些工程监理企业在投标报价过程中，为承揽业务，不考虑工程具体情况，一律采取低价策略，试图以过低的价格中标。采取过低投标报价的行为是不可取的，它不利于建设工程监理行业的健康发展。

(3) 监理投标书的主要内容

① 投标综合说明；

② 监理大纲；

③ 拟组建项目监理机构及监理人员一览表。其中应明确项目总监理工程师及主要专业监理工程师；

④ 监理人员应持有的岗位证书、职称证书复印件；

⑤ 用于工程监理的工程检测设备、仪器一览表，或委托有关单位进行检测的协议书；

⑥ 近三年来的监理工程一览表及奖惩情况；

⑦ 监理费报价。

其中，监理大纲是监理企业为通过投标承接监理业务而编写的方案性文件，它有两个主要作用，一是使建设单位认可大纲中的监理方案能实现其建设意图，以便承接监理业务；二是为了在承接工程监理业务后，开展项目监理工作而制订基本的方案。监理大纲编制的内容将在本教材第 6 章详细介绍。

3.3.4 监理企业经营管理的有效途径

当今国内外建筑市场环境，迫切需要增强和提高我国工程监理企业的经营能力和管理水平。规范的管理制度和灵活、有效的行动，是工程监理企业提高市场竞争力、进行有效经营管理的重要途径。

3.3.4.1 提高监理企业经营管理水平的主要工作

(1) 准确进行市场定位　随着我国建设工程监理市场竞争日益激烈，监理企业需要加强自身发展战略研究，主动适应市场。根据本企业实际情况，确定未来发展成为提供多种综合服务项目的大型建设项目管理企业，还是以建设项目实施过程中的某一个或几个方面作为其主要服务内容，成为小型专业化工程监理企业。工程监理企业要生存和发展，就必须合理地确定企业的市场地位。

(2) 采用现代化的管理方法　监理企业要积极采用现代管理技术、方法和手段，学习先进企业的管理经验，借鉴国内外现代企业的管理方法，不断提升企业经营管理水平。

(3) 建立和完善市场信息系统　工程监理企业要加强现代信息技术的运用，建立和完善准确、灵敏的市场信息系统，及时掌握市场动态，为企业经营活动和经营与管理决策提供第一手资料，不断寻求和开发新市场。

(4) 贯彻国际标准，开展认证工作　监理企业要积极推行 ISO 9000 质量管理体系、ISO 14001 环境管理体系认证和 OHSAS 18001 职业健康安全管理体系的认证工作，严格按照标准的要求开展各项工作。通过体系认证，不但可以消除技术性贸易壁垒的影响，取得进入国际市场的通行证，还能够促进企业规范管理，避免或减少工作失误，树立企业形象，提高自身的综合竞争能力。

(5) 按照《建设工程监理规范》的要求开展工作　《建设工程监理规范》是为了提高建设工程监理水平，规范建设工程监理行为，编制的国家标准。监理企业应根据实际情况，制定相应的细则，组织全员学习，在签订委托监理合同、实施监理工作、检查考核监理业绩、制定企业规章制度等方面，都应以《建设工程监理规范》为依据。

3.3.4.2 完善企业内部各项管理规章制度

工程监理企业规章制度一般包括以下几个方面。

（1）组织管理制度　合理设置企业内部机构和各机构职能，建立严格的岗位责任制度，加强考核、督促和检查，有效配置企业资源，提高企业运行效率，健全企业内部监督体系，完善制约机制。

（2）人力资源管理制度　健全人力资源规划与计划管理、员工招聘、录用与管理、专业技术人员管理、薪金管理等有关制度，完善绩效考核办法，建立有效的激励机制，加强对员工的业务素质培养和职业道德教育。

（3）劳动合同管理制度　推行职工全员竞争上岗，严格劳动纪律，严明奖惩，充分调动职工的工作热情、发挥职工的主动性和创造性。

（4）计划财务管理制度　加强资产管理、财务计划管理、投资管理、资金管理、成本核算管理、财务审计管理等。及时编制资产负债表、损益表和现金流量表，真实反映企业经营状况，改进和加强经济核算。

（5）经营管理制度　制订企业的经营规划、市场开发计划，完善投标合同（协议）签约管理、监理项目投标费用管理、经营奖励办法、企业证照管理办法等制度。

（6）项目监理机构管理制度　制定项目监理机构的运行办法、各项监理工作标准及检查与评定办法等。

（7）设备管理制度　完善设备管理的基础工作，制定设备购置办法、设备资产的验收及其转固定资产制度、设备折旧与调配程序、设备使用、保养与维修管理规定等，建立设备的磨合期规定及程序、设备的事故处理、设备的报废、设备租赁等管理程序。

（8）科技管理制度　制订科技开发规划、技术创新成果评审办法及奖励办法、科技成果应用推广办法等。

（9）档案文书管理制度　制定档案的分类、整理、归档范围和保管制度，文件和资料的使用、归档管理办法等。

有效的经营与管理，是我国工程监理企业在国内建筑业成长期迫切需要努力追寻的方向。在现实社会中，每一个工程监理企业都有它们各自的成长经历，它们在经营与管理方面既存在个性，也存在许多共性。由这些个体所组成的企业群体未来将如何演变，是一个值得关注的问题。但无论如何，这个企业群体仍将在相当一段时期内继续承担建设项目目标控制的中心任务。

复习思考题

1. 建设工程监理企业有哪些组织形式？其有何特点？
2. 建设工程监理企业资质分为哪几个序列？其具体标准是怎样规定的？
3. 我国建设工程监理企业资质管理的主要内容涉及哪些方面？
4. 建设工程监理企业经营活动的基本准则是什么？
5. 取得工程监理业务的方式有哪些？
6. 工程监理费如何构成？如何计算施工阶段监理服务收费？
7. 监理投标书的主要内容有哪些？
8. 调查我国工程监理企业的经营与管理现状，讨论工程监理企业如何增强自身的经营能力，提高其管理水平。

第 4 章　建设工程目标控制

导读：控制建设项目质量、进度、投资、安全目标是建设工程监理的中心任务。本章重点介绍投资、进度、质量控制的基本概念和原理；我国建设工程质量责任体系，设计、施工阶段质量控制的监理工作内容、方法和程序；建设工程进度控制的计划、监测和调整系统的过程与方法；在建设项目决策、设计、招标、施工及竣工决算等不同阶段，投资控制的监理工作内容、方法和程序。本章还介绍我国建设工程安全监理的相关概念和工程安全责任体系，建设工程施工阶段安全监理的工作内容、方法和程序。使学生掌握建设工程质量、进度和投资控制的基本理论与主要方法，熟悉其工作内容和程序；掌握建设工程安全监理的基本概念，熟悉安全监理的工作内容，了解其工作程序。本章有助于学生深入理解建设工程监理目标控制的理论与方法，增强学生的专业技能。

4.1　概述

控制是建设工程监理的重要管理活动。在管理学中，控制通常指管理人员按计划标准来衡量所取得的成果，预防和纠正可能发生和已经发生的偏差，使目标和计划能得以实现的管理活动。为了能够进行有效的目标控制，需要了解控制流程及其基本环节、控制类型、控制的前提工作、建设工程目标系统及目标控制的任务和措施等相关知识。

4.1.1　控制流程及其基本环节

4.1.1.1　控制流程

建设工程目标控制的流程是一个如图 4-1 所示的有限循环过程，从工程开始直至建成交付使用。

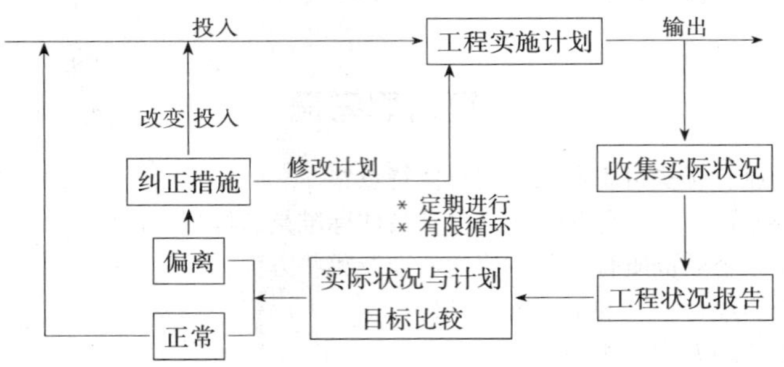

图 4-1　建设工程目标控制流程

由于建设工程的周期长、风险因素多，所以实施状况偏离目标和计划的情况经常发生，例如投资增加、工期拖延、工程质量和功能未达到预定的标准等。通过对目标、过程和活动的跟踪，全面、及时、准确地掌握有关信息，将工程实施状况与目标和计划进行比较，若偏离了目标和计划，就应该采取纠正措施，改变投入或修改计划，使工程能在新的计划状态下进行。在建设工程监理的实践中，投资控制、进度控制和常规质量控制周期按周或月计，而严重的工程质量问题和事故，则需要及时加以控制。

4.1.1.2　控制流程的基本环节

图 4-1 所示的控制流程可以进一步抽象为投入、转换、反馈、对比、纠正五个基本环节（如图 4-2 所示）。对于每个控制循环来说，若缺少某一环节或某一环节出现问题，都会导致循环障碍，降低控制的有效性，甚至不能发挥循环控制的整体作用。因此，必须明确控制流程各基本环节的有关内容并做好相应的控制工作。

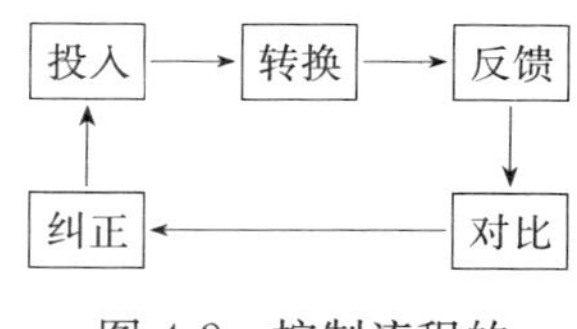

图 4-2　控制流程的基本环节

（1）投入　投入是控制流程循环过程的开始。对于建设工程的目标控制流程来说，投入首先涉及传统的生产要素，例如人力（管理人员、技术人员、工人）、建筑材料、施工机具、工程设备、资金，也包括施工方法、工程信息等。为了使计划能够正常实施并达到预定目标，就应当保证将质量、数量符合计划要求的资源按规定的时间和地点投入到建设工程中去。

（2）转换　转换指由投入到产出的整个过程，通常表现为劳动力（管理人员、技术人员、工人）运用劳动资料（如施工机具）将劳动对象（如工程设备、建筑材料等）转变为预定产出品的过程，如从设计图纸、分项工程、分部工程、单位工程、单项工程，直至最终输出完整的建设工程。在转换过程中，计划的运行常受到来自外部环境或内部系统的多种干扰，或者计划本身存在一定问题，从而造成实际输出与计划输出之间发生偏差。因此，转换过程中的控制工作就显得相当重要。

（3）反馈　在计划实施过程中，实际情况是变化的，每个变化都会对目标和计划的实现带来一定的影响。即使计划制订得相当完善，其运行结果也未必与计划一致。因此，控制人员需要全面、及时、准确地了解计划的执行情况及结果，这就需要通过反馈信息来实现。反馈信息往往包括工程实际状况、环境变化等信息，如投资、进度、质量的实际状况，现场条件，合同履行条件，经济、法律环境等。为了使信息反馈能够有效地配合控制的各项工作，使整个控制过程顺利进行，需要设计信息反馈系统，提前确定反馈信息的内容、形式、来源等，使每个控制部门和人员都能及时获得所需要的信息。

信息反馈方式分为正式和非正式两种。正式信息反馈是控制过程中常用的反馈方式，指书面的工程状况报告之类的信息；非正式信息反馈主要指口头反馈方式。如果非正式信息反馈能适时转化为正式信息反馈，会更好地发挥其对控制的作用。

（4）对比　对比是将目标的实际值和计划值进行比较，以确定是否偏离。目标的实际值来源于反馈信息。在对比工作中，要注意以下几点。

a. 明确目标实际值与计划值的内涵　目标的实际值与计划值是两个相对的概念。随着建设工程实施过程的进展，其实施计划和目标一般都将逐渐深化、细化，往往还要作适当的调整。

b. 合理选择比较的对象　在实际工作中，最为常见的是相邻两种目标值之间的比较。我国业主往往以批准的设计概算作为投资控制的总目标，这时，合同价与设计概算、结算价与设计概算的比较也是必要的。

c. 建立目标实际值与计划值之间的对应关系　建设工程的各项目标都要进行适当的分解，通常，目标的计划值分解较粗，目标的实际值分解较细。这就要求目标的分解深度、细度可以不同，但分解的原则、方法必须相同，从而可以在较粗的层次上进行目标实际值与计划值的比较。

d. 确定衡量目标偏离的标准　要正确判断某一目标是否发生偏差，就要预先确定衡量目标偏离的标准。

(5) 纠正　若目标实际值偏离计划值，则需要采取措施加以纠正。根据偏差的程度，可以分为以下三种情况进行纠偏。

a. 直接纠偏，是指在轻度偏离的情况下所采取的对策。

b. 不改变总目标的计划值，调整后期实施计划。这是在中度偏离情况下所采取的对策。

c. 重新确定目标的计划值，并据此重新制订实施计划。这是在重度偏离情况下所采取的对策。

需要特别说明的是，对于建设工程目标控制来说，纠偏一般是针对正偏差（实际值大于计划值）而言的，如投资增加、工期拖延。而如果出现负偏差，如投资节约、工期提前，并不会采取“纠偏”措施，如故意增加投资、放慢进度，使投资和进度恢复到计划状态。不过，对于负偏差的情况，要仔细分析其原因，排除假象。

4.1.2　控制类型

根据不同的划分依据，可将控制分为不同的类型，按照控制措施作用于控制对象的时间，控制可分为事前控制、事中控制和事后控制；按照控制信息的来源，控制可分为前馈控制和反馈控制；按照控制过程是否形成闭合回路，控制可分为开环控制和闭环控制；按照控制措施制定的出发点，控制可分为主动控制和被动控制。实际上，根据不同划分依据划分的不同控制类型之间存在内在的同一性。

4.1.2.1　主动控制

主动控制是在预先分析各种风险因素及其导致目标偏离的可能性和程度的基础上，拟订和采取针对性的预防措施，从而减少乃至避免目标偏离的方法（如图 4-3 中下半部分所示）。

主动控制同时是一种事前控制、前馈控制和开环控制，可以解决传统控制过程中的时滞影响，最大可能避免降低偏差发生的概率及其严重程度，从而使目标得到有效控制。

4.1.2.2　被动控制

被动控制是指从计划的实际输出中发现偏差，分析原因，研究制定纠偏措施，以使工程实施恢复到原来的计划状态，或即使不能恢复到计划状态但至少可以减少偏差的严重程度。

被动控制是一种面对现实的控制，它同时是一种事中控制、事后控制、反馈控制和闭环控制（如图 4-3 中上半部分所示）。

4.1.2.3　主动控制与被动控制的关系

在建设工程实施过程中，若仅仅采取被动控制措施，常难以实现预定的目标；主动控制的效果虽然比被动控制好，但若仅仅采取主动控制措施，却是不现实或是不经济的。因此，对于建设工程目标控制来说，主动控制和被动控制两者缺一不可，它们都是实现建设工程目标所必须采取的控制方式，应将其紧密结合起来（如图 4-3 所示）。

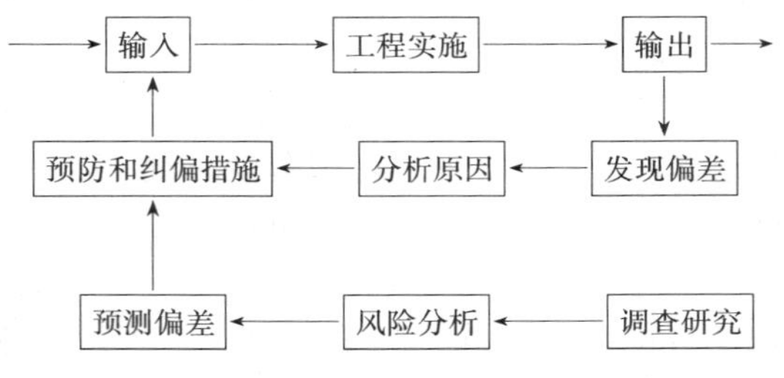

图 4-3　主动控制与被动控制相结合

4.1.3 目标控制的前提工作

为了进行有效的目标控制，必须做好两项重要的前提工作。一是目标规划和计划，二是目标控制的组织。

4.1.3.1 目标规划和计划

若没有目标，就无所谓控制；而若没有计划，就无法实施控制。因此，要进行目标控制，必须对目标进行合理的规划并制订相应的计划。

（1）目标规划和计划与目标控制的关系　建设一项工程，首先要根据业主的意图进行可行性研究并制订目标规划，这项工作需要反复进行多次（如图 4-4 所示）。

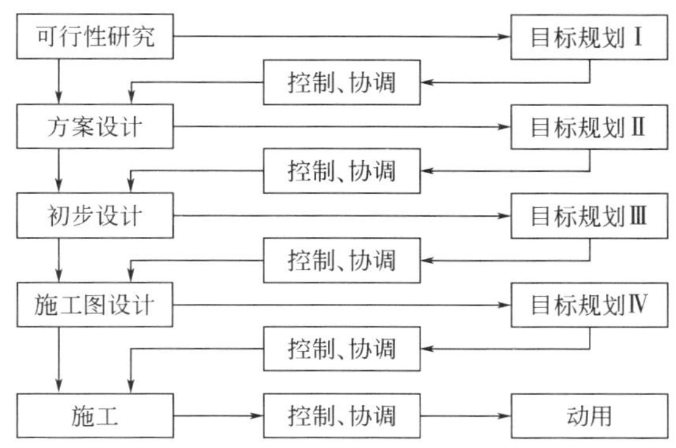

图 4-4　目标规划与目标控制的关系

建设工程的实施要根据目标规划和计划进行控制，力求使之符合目标规划和计划的要求。另外，随着建设工程的进行，工程的内容、功能要求、外界条件等都可能发生变化，因而工程实施过程中的反馈信息可能表明目标和计划出现偏差，这都要求目标规划与之相适应，需要在新的条件下不断深入、细化，或者需要对前一阶段的目标规划作出必要的修正和调整，真正成为目标控制的依据。可以看出，目标规划和计划与目标控制的动态性基本一致，目标规划和计划与目标控制之间表现出一种交替出现的循环关系，而这种循环不是简单地重复，是在新的基础上不断前进的循环，每一次循环都有新的内容、新的发展。

（2）目标控制的效果在很大程度上取决于目标规划和计划的质量　目标控制的效果，直接取决于目标控制的措施是否得力，是否将主动控制与被动控制有机地结合起来，以及采取控制措施的时间是否及时等。目标控制的效果是客观的，但人们对目标控制效果的评价却是主观的，通常是将实际结果与预定的目标和计划进行比较。若偏差较大，一般认为控制效果较差；反之，则认为控制效果较好。因此目标控制的效果在很大程度上取决于目标规划和计划的质量。为了提高并客观评价目标控制的效果，提高目标规划和计划的质量，一方面必须合理确定并分解目标（具体内容见本章后面章节），另一方面要制订可行且优化的计划。

制订计划首先要保证计划的可行性，即保证计划的技术、资源、经济和财务的可行性，保证建设工程的实施能够有足够的时间、空间、人力、物力和财力。在确保计划可行的基础上，还应根据一定的方法和原则力求使计划优化。对计划的优化实际上是对多方案的技术经济分析和比较。计划制订得越明确、越完善，目标控制的效果就越好。

4.1.3.2 组织

由于建设工程目标控制的所有活动以及计划的实施都是由目标控制人员来实现的，因此，合理而有效的组织是目标控制的重要保障。目标控制的组织机构和任务分工越具体、越明确，目标控制的效果就越好。为了目标控制更有效，需要做好以下几方面的组织工作：

①设置目标控制机构；②配备合适的目标控制人员；③落实目标控制机构和人员的任务和职能分工；④合理组织目标控制的工作流程和信息流程。

4.1.4 建设工程目标系统

任何建设工程至少都有投资、进度、质量三大目标，为了有效地进行目标控制，必须正确认识和处理投资、进度、质量三大目标之间的关系。

4.1.4.1 建设工程三大目标之间的关系

建设工程投资、进度（或工期）、质量三大目标两两之间存在既对立又统一的关系。对此，首先要弄清在什么情况下表现为对立的关系，在什么情况下表现为统一的关系。下面就具体分析建设工程三大目标之间的关系。

（1）建设工程三大目标之间的对立关系　建设工程三大目标之间的对立关系比较直观。如果对建设工程的功能和质量要求较高，就需要采用较好的工程设备和建筑材料，就需要投入较多的资金；同时，还需要精工细作，严格管理，不仅增加人力的投入（人工费相应增加），而且需要较长的建设时间。如果要加快进度，缩短工期，则需要加班加点或适当增加施工机械和人力，这会直接导致施工效率下降，单位产品的费用上升，从而使整个工程的总投资增加；另一方面，加快进度会打乱原有的计划，使建设工程实施的各个环节之间产生脱节现象，增加控制和协调的难度，不仅可能“欲速不达”，而且会留下工程质量隐患。如果要降低投资，就需要考虑降低功能和质量要求，采用较普通的工程设备和建筑材料；同时，只能按费用最低的原则安排进度计划，整个工程需要的建设时间就较长。

以上分析表明，建设工程三大目标之间存在对立的关系。因此，不能奢望投资、进度、质量三大目标同时达到“最优”，即既要投资少，又要工期短，还要质量好。在确定建设工程目标时，不能将投资、进度、质量三大目标割裂开来，而必须将投资、进度、质量三大目标作为一个系统统筹考虑。

（2）建设工程三大目标之间的统一关系　对于建设工程三大目标之间的统一关系，需要从不同的角度分析和理解。例如，加快进度、缩短工期虽然需要增加一定的投资，但是可以使整个建设工程提前投入使用，从而提早发挥投资效益，还能在一定程度上减少利息支出，如果提早发挥的投资效益超过因加快进度所增加的投资额度，则加快进度从经济角度来说就是可行的。如果提高功能和质量要求，虽然需要增加一次性投资，但是可能降低工程投入使用后的运行费用和维修费用，从全寿命费用分析的角度则是节约投资的；另外，在不少情况下，功能好、质量优的工程，投入使用后的收益往往较高；而且，从质量控制的角度，如果在实施过程中进行严格的质量控制，保证实现工程预定的功能和质量要求，则不仅可减少实施过程中的返工费用，而且可以大大减少投入使用后的维修费用；另一方面，严格控制质量还能起到保证进度的作用。

总之，应该用对立统一的观点，将建设工程的投资、进度、质量三大目标作为一个系统统筹考虑，反复协调和平衡，力求实现整个目标系统最优。

4.1.4.2 建设工程目标的确定

（1）建设工程数据库的应用　目标规划是一项动态性工作，贯穿于建设工程的不同阶段，因而建设工程的目标并不是一经确定就不再改变的。由于建设工程不同阶段所具备的条件不同，目标确定的依据自然也就不同。一般来说，在施工图设计完成之后，目标规划的依据比较充分，目标规划的结果也比较准确和可靠。但是，对于施工图设计完成以前的各个阶段来说，建设工程数据库具有十分重要的作用，应予以足够的重视。建立建设工程数据库，至少要做好以下几方面工作。

① 按照一定的标准对建设工程进行分类。通常按使用功能分类较为直观，也易于被接受和记忆。

② 对各类建设工程所可能采用的结构体系进行统一分类。

③ 数据既要有一定的综合性又要能足以反映建设工程的基本情况和特征。

建设工程数据库对建设工程目标确定的作用，在很大程度上取决于数据库中与拟建工程相似的同类工程的数量。因此，建立和完善建设工程数据库需要经历较长的时间，在确定数据库的结构之后，数据的积累、分析就成为主要任务，也可能在应用过程中对已确定的数据库结构和内容还要作适当的调整、修正和补充。

（2）建设工程目标的确定　要确定某一拟建工程的目标，首先必须明确该工程的基本技术要求，如工程类型、结构体系、基础形式、建筑高度、主要设备、主要装饰要求等；然后，在建设工程数据库中检索并选择尽可能相近的建设工程（可能有多个），将其作为确定该拟建工程目标的参考对象。

同时，要认真分析拟建工程的特点，找出拟建工程与已建类似工程之间的差异，并定量分析这些差异对拟建工程目标的影响，从而确定拟建工程的各项目标。

另外，建设工程数据库中的数据都是历史数据，由于拟建工程与已建工程之间存在“时间差”，因而对建设工程数据库中的有些数据不能直接应用，而必须考虑时间因素和外部条件的变化，采取适当的方式加以调整。

4.1.4.3　**建设工程目标的分解**

为了在建设工程实施过程中有效地进行目标控制，仅有总目标是不够的，还应将其进行适当的分解。

（1）目标分解的原则　建设工程目标分解应遵循以下几个原则。

a. 能分能合　这要求建设工程的总目标不仅能够自上而下逐层分解，而且能够根据需要自下而上逐层综合。

b. 按工程部位分解，而不按工种分解　这是因为建设工程的建造过程也是工程实体的形成过程，这样分解比较直观，而且可以将投资、进度、质量三大目标联系起来，也便于对偏差原因进行分析。

c. 区别对待，有粗有细。根据建设工程目标的具体内容、作用和所具备的数据，目标分解的粗细程度应当有所区别。

d. 有可靠的数据来源，并以此作为界定目标分解深度的标准。

e. 目标分解结构应与组织分解结构相对应。目标控制必须要有组织加以保障，要落实到具体的机构和人员，进而形成组织。

（2）目标分解的方式　建设工程的总目标可以按照不同的方式进行分解。对于建设工程投资、进度、质量三个目标来说，目标分解的方式并不完全相同，其中，进度目标和质量目标的分解方式较为单一，而投资目标的分解方式较多。

按工程内容分解是建设工程目标分解最基本的方式，适用于投资、进度、质量三个目标的分解，但是，三个目标分解的深度不一定完全一致。一般来说，将投资、进度、质量三个目标分解到单项工程和单位工程是比较容易办到的，其结果也是比较合理和可靠的。在施工图设计完成之前，目标分解至少都应当达到这个层次。至于是否分解到分部工程和分项工程，一方面取决于工程进度所处的阶段、资料的详细程度、设计所达到的深度等，另一方面还取决于目标控制工作的需要。

4.1.5 建设工程目标控制的含义

建设工程投资、进度、质量控制的含义既有区别，又有内在联系，应从目标的含义、系统控制、全过程控制和全方位控制四个方面来理解。

4.1.5.1 建设工程投资控制的含义

(1) 建设工程投资控制的目标　建设工程投资控制的目标，就是通过有效的投资控制工作和具体的投资控制措施，在满足进度和质量要求的前提下，力求使工程实际投资不超过计划投资（如图 4-5 所示）。

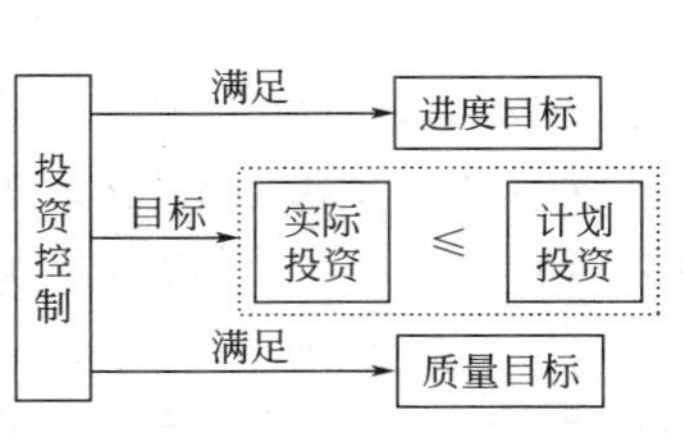

图 4-5　投资控制的目标

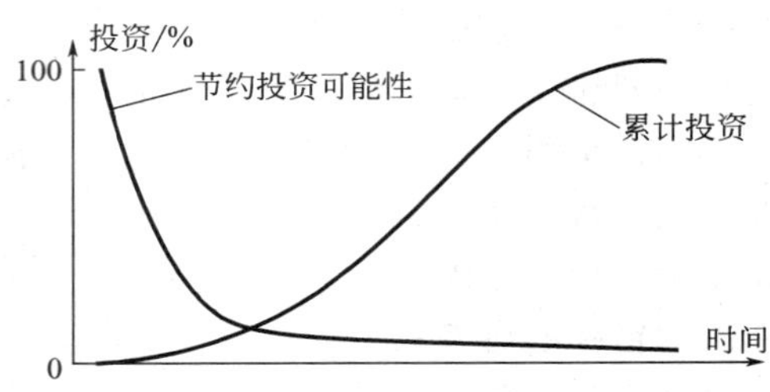

图 4-6　累计投资和节约投资可能性曲线

"实际投资不超过计划投资"可能表现为以下几种情况。

a. 在投资目标分解的各个层次上，实际投资均不超过计划投资。这是最理想的情况，是投资控制追求的最高目标。

b. 在投资目标分解的较低层次上，实际投资在有些情况下超过计划投资，在大多数情况下不超过计划投资，因而在投资目标分解的较高层次上，实际投资不超过计划投资。

c. 实际总投资未超过计划总投资，但在投资目标分解的各个层次上，都出现实际投资超过计划投资的情况。

后两种情况虽然存在局部的超投资现象，但建设工程的实际总投资未超过计划总投资，因而仍然是令人满意的结果。何况，出现这种现象，除了投资控制工作和措施存在一定的问题、有待改进和完善之外，还可能是由于投资目标分解不尽合理所造成的，而投资目标分解绝对合理又是很难做到的。

(2) 系统控制　从上述建设工程投资控制的目标可以看出，投资控制是与进度控制和质量控制同时进行的，它是针对整个建设工程目标系统所实施的控制活动的一个组成部分，在实施投资控制的同时需要满足预定的进度目标和质量目标。因此，在投资控制的过程中，要协调好它与进度控制和质量控制的关系，做到三大目标控制的有机配合和相互平衡，而不能片面强调投资控制。

(3) 全过程控制　所谓全过程，主要是指建设工程实施的全过程，也可以是工程建设全过程。一方面表现为实物形成过程，即其生产能力和使用功能的形成过程，这是看得见的；另一方面则表现为价值形成过程，即其投资的不断累加过程，这是算得出的。这两种过程对建设工程的实施来说都是很重要的，而从投资控制的角度来看，较为关心的则是后一种过程。

建设工程的实施阶段包括设计阶段（含设计准备）、招标阶段、施工阶段以及竣工验收和保修阶段。一方面，累计投资在设计阶段和招标阶段缓慢增加，进入施工阶段后则迅速增加，到施工后期，累计投资的增加又趋于平缓。另一方面，节约投资的可能性（或影响投资的程度）从设计阶段到施工开始前迅速降低，其后的变化就相当平缓了。见图 4-6 所示。

图 4-6 表明，虽然建设工程的实际投资主要发生在施工阶段，但节约投资的可能性却主

要在施工以前的阶段，尤其是在设计阶段。当然，所谓节约投资的可能性，是以进行有效的投资控制为前提的，如果投资控制的措施不得力，就会浪费投资。

因此，所谓全过程控制，要求从设计阶段就开始进行投资控制，并将投资控制工作贯穿于建设工程实施的全过程，直至整个工程建成且延续到保修期结束。在明确全过程控制的前提下，还要特别强调早期控制的重要性，越早进行控制，投资控制的效果越好，节约投资的可能性越大。

（4）全方位控制　对投资目标进行全方位控制，包括两种含义：一是对按工程内容分解的各项投资进行控制，即对单项工程、单位工程，乃至分部分项工程的投资进行控制；二是对按总投资构成内容分解的各项费用进行控制，即对建筑安装工程费用、设备和工器具购置费用以及工程建设其他费用等都要进行控制。通常，投资目标的全方位控制主要是指上述第二种含义。

在对建设工程投资进行全方位控制时，应注意以下几个问题。

a. 要认真分析建设工程及其投资构成的特点，了解各项费用的变化趋势和影响因素　例如，根据我国的统计资料，工程建设其他费用一般不超过总投资的10%。但这只是平均水平，对于具体的建设工程项目来说，可能远远超过这个比例，如上海南浦大桥的动拆迁费用高达4亿元人民币，约占总投资的一半。又如一些高档宾馆、智能化办公楼的装饰工程费用或设备购置费用超过结构工程费等。这些变化应值得投资控制人员的重视，而且这些费用相对于结构工程费用而言，有较大的节约投资的“空间”。只要思想上重视且方法适当，往往能取得较为满意的投资控制效果。

b. 要抓主要矛盾、有所侧重　不同建设工程的各项费用占总投资的比例不同，例如，普通民用建设项目的建筑工程费用占总投资的大部分，工艺复杂的工业项目则以设备购置费用为主，智能化大厦的装饰工程费用和设备购置费用占主导地位，这些都应分别作为相应类型的建设工程项目投资控制的重点。

c. 要根据各项费用的特点选择适当的控制方式　例如，建筑工程费用可以按照工程内容分解得很细，其计划值一般较为准确，而其实际投资是连续发生的，因而需要定期地进行实际投资与计划投资的比较；安装工程费用有时并不独立计算，或与建筑工程费用合并，或与设备购置费用合并，或兼而有之，需要注意鉴别；设备购置费用有时需要较长的订货周期和一定数额的定金，必须充分考虑利息的支付等。

4.1.5.2　建设工程进度控制的含义

（1）建设工程进度控制的目标　建设工程进度控制的目标可以表达为：通过有效的进度控制工作和具体的进度控制措施，在满足投资和质量要求的前提下，力求使工程实际工期不超过计划工期。进度控制的目标能否实现，主要取决于处在关键线路上的工程内容能否按预定的时间完成。当然，同时要求非关键线路上的工作，不因延误而成为关键线路。

在大型、复杂建设工程的实施过程中，总会不同程度地发生局部工期延误的情况。这些延误对进度目标的影响应当通过网络计划定量计算。局部工期延误的严重程度与其对进度目标的影响程度之间并无直接的联系，更不存在某种等值或等比例的关系，这是进度控制与投资控制的重要区别，也是在进度控制工作中要加以充分利用的特点。

（2）系统控制　进度控制的系统控制思想与投资控制基本相同，但其具体内容和表现有所不同。在采取进度控制措施时，要尽可能采取可对投资目标和质量目标产生有利影响的进度控制措施，例如，完善的施工组织设计，优化的进度计划等。相对于投资控制和质量控制而言，进度控制措施可能对其他两个目标产生直接的有利作用，这一点显得尤为突出，应当予以足够的重视并加以充分利用，以提高目标控制的总体效果。

当然，采取进度控制措施也可能对投资目标和质量目标产生不利影响。一般来说，局部关键工作发生工期延误但延误程度尚不严重时，通过调整进度计划来保证进度目标是比较容易做到的，例如可以采取加班加点的方式，或适当增加施工机械和人力的投入。这时，就会对投资目标产生不利影响，而且由于夜间施工或施工速度过快，也可能对质量目标产生不利影响。因此，当采取进度控制措施时，不能仅仅保证进度目标的实现而不顾投资目标和质量目标，应当综合考虑三大目标。

（3）全过程控制　关于进度控制的全过程控制，要注意以下三方面问题。

a. 在工程建设的早期就应当编制进度计划　为此，首先要澄清将进度计划狭隘地理解为施工进度计划的模糊认识；其次要纠正工程建设早期由于资料详细程度不够且可变因素很多而无法编制进度计划的错误观念。

业主方整个建设工程的总进度计划包括的内容很多，除了施工之外，还包括前期工作(如征地、拆迁、施工场地准备等)、勘察、设计、材料和设备采购、动用前准备等。由此可见，业主方的总进度计划对整个建设工程进度控制的作用是何等重要。工程建设早期所编制的业主方总进度计划不可能也没有必要达到承包商施工进度计划的详细程度，但也应达到一定的深度和细度，而且应当掌握“远粗近细”的原则，即对于远期工作，如工程施工、设备采购等，在进度计划中显得比较粗略，可能只反映到分部工程，甚至只反映到单位工程或单项工程；而对于近期工作，如征地、拆迁、勘察设计等，在进度计划中就显得具体。而所谓“远”和“近”是相对概念，随着工程的进展，最初的远期工作就变成了近期工作，进度计划也应当相应地深化和细化。

在工程建设早期编制进度计划，是早期控制思想在进度控制中的反映。越早进行控制，进度控制的效果越好。

b. 在编制进度计划时要充分考虑各阶段工作之间的合理搭接　建设工程实施各阶段的工作是相对独立的，但不是截然分开的，在内容上有一定的联系，在时间上有一定的搭接。例如，设计工作与征地、拆迁工作搭接，设备采购和工程施工与设计搭接等。搭接时间越长，建设工程的总工期就越短。但是，搭接时间与各阶段工作之间的逻辑关系有关，都有其合理的限度。因此，合理确定具体的搭接工作内容和搭接时间，也是进度计划优化的重要内容。

c. 抓好关键线路的进度控制　进度控制的重点对象是关键线路上的各项工作，包括关键线路变化后的各项关键工作，这样可取得事半功倍的效果。

（4）全方位控制　对进度目标进行全方位控制要从以下几个方面考虑。

a. 对整个建设工程所有工程内容的进度都要进行控制　除了单项工程、单位工程之外，还包括区内道路、绿化、配套工程等的进度。这些工程内容都有相应的进度目标，应尽可能将它们的实际进度控制在进度目标之内。

b. 对整个建设工程所有工作内容都要进行控制　建设工程的各项工作，诸如征地、拆迁、勘察、设计、施工招标、材料和设备采购、施工、动用前准备等，都有进度控制的任务。这里，要注意与全过程控制的有关内容相区别。在全过程控制的分析中，对这些工作内容侧重从各阶段工作关系和总进度计划编制的角度进行阐述。而在全方位控制的分析中，则是侧重从这些工作本身的进度控制进行阐述，可以说是同一问题的两个方面。实际的进度控制，往往既表现为对工程内容进度的控制，又表现为对工作内容进度的控制。

c. 对影响进度的各种因素都要进行控制　建设工程的实际进度受到很多因素的影响，

例如，施工机械数量不足或出现故障；技术人员和工人的素质和能力低下；建设资金缺乏，不能按时到位；材料和设备不能按时、按质、按量供应；施工现场组织管理混乱，多个承包商之间施工进度不够协调；出现异常的工程地质、水文、气候条件等。要实现有效的进度控制，必须对上述影响进度的各种因素都进行控制，采取措施减少或避免这些因素对进度的影响。

d. 注意各方面工作进度对施工进度的影响　任何建设工程最终都是通过施工将其建造起来的。从这个意义上讲，施工进度作为一个整体，肯定在总进度计划中的关键线路上，任何导致施工进度拖延的情况，都将导致总进度的拖延。而施工进度的拖延往往是其他方面工作进度的拖延引起的。因此，要考虑围绕施工进度的需要来安排其他方面的工作进度。

(5) 进度控制的特殊问题　组织协调与控制是密切相关的，都是为实现建设工程目标服务的。在建设工程三大目标控制中，组织协调对进度控制的作用最为突出且最为直接，有时甚至能取得常规控制措施所难以达到的效果。因此，为了有效地进行进度控制，必须做好与有关单位的协调工作。

4.1.5.3　建设工程质量控制的含义

(1) 建设工程质量控制的目标　建设工程质量控制的目标，就是通过有效的质量控制工作和具体的质量控制措施，在满足投资和进度要求的前提下，实现工程预定的质量目标。这里，有必要明确建设工程质量目标的含义。

建设工程的质量首先必须符合国家现行的关于工程质量的法律、法规、技术标准和规范等的有关规定，尤其是强制性标准的规定。这实际上也就明确了对设计、施工质量的基本要求。从这个角度讲，同类建设工程的质量目标具有共性，不因其业主、建造地点以及其他建设条件的不同而不同。

建设工程的质量目标又是通过合同加以约定的，其范围更广、内容更具体。任何建设工程都有其特定的功能和使用价值。由于建设工程都是根据业主的要求而兴建，不同的业主有不同的功能和使用价值要求，即使是同类建设工程，具体的要求也不同。因此，建设工程的功能与使用价值的质量目标是相对于业主的需要而言，并无固定和统一的标准。从这个角度讲，建设工程的质量目标又具有个性。

因此，建设工程质量控制的目标就要实现以上两方面的工程质量目标。由于工程共性质量目标一般都有严格、明确的规定，因而质量控制工作的对象和内容都比较明确，也可以比较准确、客观地评价质量控制的效果。而工程个性质量目标具有一定的主观性，有时没有明确、统一的标准，因而质量控制工作的对象和内容较难把握，对质量控制效果的评价与评价方法和标准密切相关。因此，在建设工程的质量控制工作中，要注意对工程个性质量目标的控制，最好能预先明确控制效果定量评价的方法和标准。另外，对于合同约定的质量目标，必须保证其不得低于国家强制性质量标准的要求。

(2) 系统控制　建设工程质量控制的系统控制应从以下几方面考虑。

a. 避免不断提高质量目标的倾向。建设工程的建设周期较长，随着技术、经济水平的发展，会不断出现新设备、新工艺、新材料、新理念等，在工程建设早期（如可行性研究阶段）所确定的质量目标，到设计阶段和施工阶段有时就显得相对滞后。不少业主往往要求相应地提高质量标准，这样势必要增加投资，而且由于要修改设计、重新制订材料和设备采购计划，甚至将已经施工完毕的部分工程拆毁重建等，都会影响进度目标的实现。因此，要避免这种倾向。首先，在工程建设早期确定质量目标时要有一定的前瞻性；其次，对质量目标要有一个理性的认识，不要盲目追求“最新”、“最高”、“最好”等目标；再次，要定量分析提高质量目标后对投资目标和进度目标的影响。在这一前提下，即使确实有必要适当提高质量标准，也要把对投资目标和进度目标的不利影响减少到最低程度。

b. 确保基本质量目标的实现。建设工程的质量目标关系到生命安全、环境保护等社会问题，国家有相应的强制性标准。因此，不论发生什么情况，也不论在投资和进度方面要付出多大的代价，都必须保证实现建设工程安全可靠、质量合格的目标。当然，如果投资代价太大而无法承受，可以放弃不建。另外，建设工程都有预定的功能，若无特殊原因，也应确保实现其预定的功能。

c. 尽可能发挥质量控制对投资目标和进度目标的积极作用。这一点已在三大目标之间统一关系的内容中说明，此处不再赘述。

(3) 全过程控制　建设工程总体质量目标的实现与工程质量的形成过程息息相关，因而必须对工程质量实行全过程控制。

建设工程的每个阶段都对工程质量的形成起着重要的作用，但各阶段关于质量问题的侧重点不同：在设计阶段，主要是解决“做什么”和“如何做”的问题，使建设工程总体质量目标具体化；在施工招标阶段，主要是解决“谁来做”的问题，使工程质量目标的实现落实到承包商；在施工阶段，通过施工组织设计等文件，进一步解决“如何做”的问题，通过具体的施工解决“做出来”的问题，使建设工程形成实体，将工程质量目标物化地体现出来；在竣工验收阶段，主要是解决工程实际质量是否符合预定质量的问题；而在保修阶段，则主要是解决已发现的质量缺陷问题。因此，应当根据建设工程各阶段质量控制的特点和重点，确定各阶段质量控制的目标和任务，以便实现全过程质量控制。

需要说明的是，建设工程建成后，不可能像某些工业产品那样，可以拆卸或解体来检查内在的质量。这表明，建设工程竣工检验时难以发现工程内在的、隐蔽的质量缺陷，因而必须加强施工过程中的质量检验。而且，在建设工程施工过程中，由于工序交接多、中间产品多、隐蔽工程多，若不及时检查，就可能将已出现的质量问题被下道工序掩盖，把不合格产品误认为合格产品，从而留下质量隐患。实践证明，对建设工程质量进行全过程控制是十分必要的。

(4) 全方位控制　对建设工程质量进行全方位控制应从以下几方面着手。

a. 对建设工程所有工程内容的质量进行控制　建设工程是一个整体，其总体质量是各个组成部分质量的综合体现，也取决于具体工程内容的质量。如果某项工程内容的质量不合格，即使其余工程内容的质量都很好，也可能导致整个建设工程的质量不合格。因此，对建设工程质量的控制必须落实到其每一项工程内容，只有确实实现了各项工程内容的质量目标，才能保证实现整个建设工程的质量目标。

b. 对建设工程质量目标的所有内容进行控制　建设工程的质量目标包括许多具体的内容，例如，从外在质量、工程实体质量、功能和使用价值质量等方面，可分为美观性、与环境协调性、安全性、可靠性、适用性、灵活性、可维修性等目标，还可以分为更具体的目标。这些具体质量目标之间有时也存在对立统一的关系，在质量控制工作中要注意加以妥善处理。

c. 对影响建设工程质量目标的所有因素进行控制　影响建设工程质量目标的因素很多，可以从不同的角度加以归纳和分类。例如，可以将这些影响因素分为人、机械、材料、方法和环境五个方面。质量控制的全方位控制，就是要对这五方面因素都进行控制。

(5) 质量控制的特殊问题　质量控制还有两个特殊问题要加以说明。

a. 对建设工程质量实行三重控制　由于建设工程质量的特殊性，需要对其从三方面加以控制。第一，实施者自身的质量控制，这是从产品生产者角度进行的质量控制；第二，政府对工程质量的监督，这是从社会公众角度进行的质量控制；第三，监理单位的质量控制，这是从业主角度或者说是从产品需求者角度进行的质量控制。对于建设工程质量，加强政府的质量监督和监理单位的质量控制是非常必要的，但决不能因此而淡化或弱化实施者自身的质量控制。

b. 工程质量事故处理　工程质量事故在建设工程实施过程中具有多发性特点。诸如基础不均匀沉降、混凝土强度不足、屋面渗漏、建筑物倒塌、乃至一个建设工程整体报废等都有可能发生。如果说，拖延的工期、超额的投资还可能在以后的实施过程中挽回的话，那么，工程质量一旦不合格，就成了既定事实。不合格的工程，决不会随着时间的推移而自然变成合格工程。因此，对于不合格工程必须及时返工或返修，达到合格后才能进入下一工序、才能交付使用。否则拖延的时间越长，所造成的损失后果越严重。

由于工程质量事故具有多发性特点，因此，应当对工程质量事故予以高度重视，从设计、施工以及材料和设备供应等多方面入手，进行全过程、全方位的质量控制，特别要尽可能做到主动控制、事前控制。

4.1.6　建设工程目标控制的任务和措施

4.1.6.1　目标控制的任务

建设工程实施的各阶段有不同的目标控制任务。设计阶段、施工招标阶段、施工阶段的持续时间长，涉及的环节多，故需着重加以介绍。

（1）设计阶段

a. 质量控制任务主要包括协助建设单位制订工程质量目标规划；根据合同，及时、准确、完善地提供设计工作所需要的基础数据和资料；配合单位优化设计，确认设计文件是否符合有关法规、技术、经济、财务、环境条件的要求，满足建设单位对工程的功能和使用要求。

b. 进度控制任务主要包括协助建设单位确定合理的设计工期要求；根据设计的阶段性，制订工程总进度计划；协调各设计单位开展设计工作，使设计工作按进度计划进行；按合同要求及时、准确、完善地提供设计工作所需要的基础数据和资料；与外部有关单位协调相关事宜，保障设计工作顺利进行。

c. 投资设计任务主要包括收集类似工程的相关资料，协助设计单位指定工程项目投资目标规划；通过技术经济分析等活动，协调、配合设计单位追求投资合理化；审核概（预）算，优化设计，最终满足建设单位对于工程投资的经济性要求。

（2）施工招标阶段　在施工招标阶段的主要任务就是协助业主做好投标的各项工作，包括：协助业主编制施工招标文件；协助业主编制标底；做好投标资格预审工作；组织开标、评标、定标工作。

（3）施工阶段

a. 质量控制的任务　通过对施工投入、施工和安装过程、产出品进行全过程控制，以及对参加施工的单位和人员的资质、材料和设备、施工机械和机具、施工方案和方法、施工环境实施全面控制，以期按标准达到预定的施工质量目标。

b. 进度控制的任务　通过完善建设工程控制性进度计划、审查施工单位施工进度计划、做好各项动态控制工作、协调各单位关系、预防并处理好工期索赔，以求实际施工进度达到计划施工进度的要求。

c. 投资控制的任务　通过工程付款控制、工程变更费用控制、预防并处理好费用索赔、挖掘节约投资潜力来努力实现实际发生的费用不超过计划投资。

4.1.6.2　目标控制的措施

为了使工程建设目标控制获得理想的效果，可以在不同的阶段，从多方面采取措施，具体归纳为以下四个方面。

(1) 组织措施　所谓组织措施，是从目标控制的组织管理方面采取的措施，例如落实目标控制的组织机构和人员，明确各级目标控制人员的任务和职能分工、权力和责任、改善目标控制的工作流程等。尽管通常不需要增加什么费用，但组织措施仍是其他各类措施的前提和保障。

(2) 技术措施　技术措施不仅对解决建设工程实施过程中的技术问题不可缺少，而且可以用于纠正目标偏差。但是，在运用技术措施时，既要注意提出多个不同的技术方案，还要注意对不同的技术方案进行技术经济分析，避免仅仅从技术角度选定技术方案。

(3) 经济措施　经济措施除审核工程量及相应的付款和结算报告外，还必须从全局、整体的角度加以考虑，以取得事半功倍的效果。同时，从主动控制的观点出发，通过偏差原因分析和未完工程投资预测，发现有可能引起投资增加的问题，并及时采取预控措施。

(4) 合同措施　由于质量控制、进度控制和投资控制均要以合同为基础，合同措施也就显得尤为重要。合同措施除了包括拟定合同条款、参加合同谈判、处理合同执行过程中的问题、防止和处理索赔等措施之外，还要协助建设单位确定有利于目标控制的工程组织管理模式、合同结构，分析不同合同之间的相互联系和影响，并对每一个合同进行总体和具体的分析等。

4.2　建设工程质量控制

4.2.1　建设工程质量控制概述

4.2.1.1　质量和工程项目质量

(1) 质量和工程项目质量的内涵　质量指一组固有特性满足要求的程度。对质量的理解应把握以下几点。

a. 质量不仅是指产品质量，也可以是某项活动或过程的工作质量。

b. 特性是指可区分的性质。特性可以是固有的或赋予的，也可以是定性或定量的。

c. 满足要求就是应满足明示的（如合同、规范、图纸中明确规定的）、或隐含的（如一般习惯）或必须履行的（如法律、法规、行业规则）的需要和期望。

d. 顾客和其他相关方对产品、过程或体系的质量要求是动态的、发展和相对的。

工程项目质量简称工程质量，指满足业主需要的，符合国家法律、法规、技术规范、标准、设计文件及合同规定的特性总和。建设工程质量的特性主要表现在适用性、耐久性、安全性、可靠性、经济性及与环境的协调性六个方面。

(2) 工程质量的形成过程　工程建设的不同阶段，对工程项目质量的形成有着不同的作用和影响。

a. 项目可行性研究　通过项目的可行性研究，确定其建设的可行性，并通过多方案比较，从中选择出最佳建设方案作为项目决策和设计的依据。在此阶段，需要确定工程项目的质量要求，并与投资目标相协调。因此，项目的可行性研究直接影响项目的决策质量和设计质量。

b. 项目决策 项目决策阶段是通过项目可行性研究和项目评估，使项目的建设充分反映业主的意愿并与地区环境相适应，做到投资、质量、进度目标的统一协调。所以在项目决策阶段，确定工程项目应达到的质量目标和水平。

c. 工程勘察、设计 工程的地质勘察为建设场地的选择和工程设计与施工提供地质资料依据。而工程设计是根据建设项目总体需要和地质报告，对工程的外形和内在的实体进行筹划、研究、构思、设计和描绘，形成设计说明书和图纸等相关文件，使得质量目标和水平具体化，为施工提供直接的依据。工程设计质量是决定工程质量的关键环节。

d. 工程施工 工程施工活动决定了设计意图能否体现，它直接关系到工程的安全可靠、使用功能的保证，以及外表观感能否体现建筑设计的艺术水平。在一定程度上，工程施工是形成实体质量的决定性环节。

e. 工程竣工验收 工程竣工验收就是对项目施工阶段的质量通过检查评定、试车运转，考核项目质量是否达到设计要求，是否符合决策阶段确定的质量目标和水平，并通过验收确保工程项目的质量。所以工程竣工验收是为了保证最终产品的质量。

(3) 工程质量的影响因素 影响工程质量的因素很多，但归纳起来主要有五个方面，即人（Man）、材料（Material）、机械（Machine）、方法（Method）和环境（Environment），简称为 4M1E 因素。

a. 人员素质 人是生产经营活动的主体，也是工程项目建设的决策者、管理者和操作者。所以人员的素质，将直接或间接地对规划、决策、勘察、设计和施工的质量产生影响。因此，建筑行业实行企业资质管理和各类专业从业人员持证上岗制度，是保证人员素质的重要管理措施。

b. 工程材料 工程材料的选用是否合理、产品是否合格、材质是否经过检验、保管使用是否得当等，都将直接影响建设工程的结构特性，影响工程外表及观感、使用功能及使用安全等方面的质量要求。

c. 机械设备 机械设备可分为两类，一是指组成工程实体及配套的工艺设备和各类机具，它们构成了建筑设备安装工程或工业设备安装工程，形成完整的使用功能；二是指施工过程中使用的各类机具设备，简称施工机具设备，是施工生产的手段，其类型是否符合工程施工特点、性能是否先进稳定、操作是否方便安全等，都将会影响工程项目的质量。

d. 工艺方法 在工程施工中，施工方案是否合理、施工工艺是否先进、施工操作是否正确等，都将对工程质量产生重要影响。大力推进采用新技术、新工艺、新方法，不断提高工艺技术水平，是保证工程质量稳步提高的重要途径。

e. 环境条件 环境条件是指对工程质量特性起重要作用的环境因素，包括工程技术环境、工程作业环境、工程管理环境、周边环境等。环境条件往往对工程质量产生特定的影响。加强环境管理，改进作业条件，把握好技术环境，辅以必要的措施，是控制环境对质量影响的重要保证。

【例 1】某钻孔灌注桩按要求在施工前进行了两组试桩，试验结果未达到预计效果，经分析，发现如下问题：

(1) 施工单位不是专业的钻孔灌注桩施工队伍；

(2) 混凝土强度未达到设计要求；

(3) 焊条的规格未满足要求；

(4) 钢筋工没有上岗证书；

(5) 施工中采用的钢筋笼主筋型号不符合规格要求；

（6）在暴雨条件下进行钢筋笼的焊接；

（7）钻孔时施工机械经常出现故障造成停钻；

（8）按规范应采用反循环方法施工，而施工单位采用正循环方法施工；

（9）清孔的时间不够；

（10）钢筋笼起吊方法不对造成钢筋笼弯曲。

问题：试述影响工程质量的因素有哪几类？以上问题各属于哪类影响工程质量的因素？

【解】1. 影响工程质量的因素有：人、材料、机械、方法、环境五大类。

2. 在本案例影响工程质量的因素中，属于人力方面的因素为（1）、（4）两项，属于材料方面的因素为（2）、（3）、（5）三项，属于施工工艺方法方面的因素为（8）、（9）、（10）三项，属于施工机械方面的因素为（7）项，属于施工环境方面的因素为（6）项。

（4）工程质量的特点　建设工程质量的特点是由建设工程本身和建设生产活动的特点决定的。建设工程及其生产活动的特点：一是产品的固定性，生产的流动性；二是产品的多样性，生产的单件性；三是产品形体庞大、高投入、生产周期长、具有风险性；四是产品的社会性，生产的外部约束性。正是由于上述建设工程的特点而形成了工程质量本身有以下特点。

a. 影响因素多　建设工程质量受到多种因素的影响，如决策、设计、材料、机具设备、施工方法、施工工艺、技术措施、人员素质、工期、工程造价等，这些因素直接或间接地影响工程项目质量。

b. 质量波动大　由于建筑生产的单件性、流动性，工程质量容易产生波动且波动大。同时由于影响工程质量的偶然性因素和系统性因素比较多，其中任一因素发生变动，都会使工程质量产生波动。为此，要严防出现系统性因素的质量变异，把质量波动控制在偶然性因素范围内。

c. 质量隐蔽性　建设工程在施工过程中，分项工程交接多、中间产品多、隐蔽工程多，因此质量存在隐蔽性。若在施工中不及时进行质量检查，事后只能从表面上检查，就很难发现内在的质量问题，这样就容易产生判断错误。

d. 终检的局限性　工程项目的终检（竣工验收）无法进行工程内在质量的检验，发现隐蔽的质量缺陷。因此，工程项目的终检存在一定的局限性。这就要求工程质量控制应以预防为主，重视事先、事中控制，防患于未然。

e. 评价方法的特殊性　工程质量的检查评定及验收是按检验批、分项工程、分部工程、单位工程进行的。检验批的质量是分项工程乃至整个工程质量检验的基础，检验批质量合格主要取决于主控项目和一般项目经抽样检验的结果。隐蔽工程在隐蔽前要确保检验合格。涉及结构安全的试块、试件以及有关材料，应按规定进行见证取样检测；涉及结构安全和使用功能的重要分部工程要进行抽样检测。工程质量是在施工单位按合格质量标准自行检查评定的基础上，由建设单位组织有关单位进行确认和验收的。这种评价方法体现了“验评分离、强化验收、完善手段、过程控制”的指导思想。

4.2.1.2　质量控制和工程质量控制

（1）质量控制　按照国际标准化组织（ISO）发布的2000版ISO 9000族标准，质量控制指致力于满足质量要求的活动，是质量管理的组成部分。

（2）工程项目质量控制　工程项目质量控制指致力于满足工程项目质量要求，也就是为了保证工程质量满足工程合同、法律、法规、规范、标准和相关文件的要求，所采取的一系列措施、方法和手段。工程质量要求主要表现为工程合同、设计文件、技术规范、标准规定的质量标准。

工程项目质量控制按其实施者不同，分为自控主体和监控主体。前者指直接从事质量职能的活动者；后者指对他人质量能力和效果的监控者。质量控制的实施者主要包括：政府的质量控制；工程监理单位的质量控制；工程检测与鉴定机构、材料和设备检验与试验机构的质量控制；勘察设计单位、施工单位和材料与设备供应单位的质量控制。

(3) 工程项目质量控制的原则 建设项目的各参与方在工程质量控制中，应遵循以下几条原则：坚持质量第一的原则；坚持以人为核心的原则；坚持以预防为主的原则；坚持质量标准的原则；坚持科学、公正、守法的职业道德规范。

4.2.1.3 **工程项目质量控制的基本原理**

(1) PDCA 循环原理

a. 计划 P（Plan） 即质量计划阶段，指明确目标并制订实现目标的行动方案。

b. 实施 D（Do） 包含两个环节，即计划行动方案的交底和按计划规定的方法与要求展开工程作业技术活动。

c. 检查 C（Check） 指对计划实施过程进行各种检查，包括作业者的自检、互检和专职管理员的检验。

d. 处置 A（Action） 对于质量检验所发现的质量问题或质量不合格，及时分析原因，采取必要的措施，予以纠正，保持质量形成处于受控状态。

(2) 三阶段控制原理 三阶段控制即通常所说的事前控制、事中控制和事后控制。

a. 事前控制要求预先制订周密的质量计划。

b. 事中控制包括自控和监控两大环节，其关键是增强质量意识，激发操作者自我约束和自我控制的主动性。

c. 事后控制包括对质量活动结果的评价和对质量偏差的纠正。

以上三个环节，不是孤立和截然分开的，它们之间构成有机的系统过程，实质上也就是 PDCA 循环的具体化，并在每一次滚动循环中不断提高，实现质量的持续改进。

(3) 三全控制原理 三全管理源于全面质量管理的 TQC 思想，同时包容在质量体系标准中。它指企业的质量管理应该是全面、全过程和全员参与的质量活动。

a. 全面质量控制是指工程质量和工作质量的全面控制。

b. 全过程质量控制是指根据工程质量的形成规律，从源头抓起，全过程推进。

c. 全员参与控制是指无论组织内部的管理者还是作业者，每个岗位都承担着相应的职能，一旦确定了质量方针和目标，就应该组织和动员全体员工参与到实施质量方针的系统活动中去。

4.2.1.4 **工程质量责任体系**

(1) 建设单位的质量责任 建设单位应当依法对建设工程项目的勘察、设计、施工、监理以及与建设工程有关的重要设备、材料等的采购进行招标；应将工程发包给具有相应资质等级的单位；按合同的约定负责采购供应的建筑材料、建筑构配件和设备，应保证其符合设计文件和合同要求，对发生的质量问题，应承担相应的责任。

(2) 勘察、设计单位的质量责任 勘察、设计单位必须按照国家现行的有关规定、工程建设强制性技术标准和合同要求进行勘察、设计工作，并对所编制的勘察、设计文件的质量负责。

(3) 施工单位的质量责任 施工单位对所承包的工程项目的施工质量负责。实行总承包的工程，总承包单位应对全部建设工程质量负责。建设工程勘察、设计、施工、设备采购的一项或多项实行总承包的，总承包单位应对其承包的建设工程或采购的设备的质量负责；实行总分包的工程，分包应按照分包合同约定对其分包工程的质量向总承包单位负责，总承包单位与分包单位对分包工程的质量承担连带责任。

（4）工程监理单位的质量责任　工程监理单位应依照法律、法规以及有关技术标准、设计文件和建设工程承包合同，与建设单位签订监理合同，代表建设单位对工程质量实施监理，并对工程质量承担监理责任。监理责任主要有违法责任和违约责任两个方面。如果工程监理单位故意弄虚作假，降低工程质量标准，造成质量事故的，要承担法律责任。若工程监理单位与承包单位串通，牟取非法利益，给建设单位造成损失的，应当与承包单位承担连带赔偿责任。如果监理单位在责任期内，不按照监理合同约定履行监理职责，给建设单位或其他单位造成损失的，属违约责任，应当向建设单位赔偿。

（5）建筑材料、构配件及设备生产或供应单位的质量责任　建筑材料、构配件及设备生产或供应单位对其生产或供应的产品质量负责。

4.2.1.5　工程质量管理制度

我国建设行政主管部门先后颁发了多项建设工程质量管理制度，主要包括以下方面。

（1）施工图设计文件审查制度　施工图设计文件审查简称施工图审查，它是指国务院建设行政主管部门和各省、自治区、直辖市人民政府建设行政主管部门，委托依法认定的设计审查机构，根据国家法律、法规、技术标准与规范，对施工图进行结构安全和强制性标准、规范执行情况等进行的独立审查。

（2）工程质量监督制度　工程质量监督管理的主体是各级政府建设行政主管部门和其他有关部门。具体实施由建设行政主管部门或其他有关部门委托的工程质量监督机构负责。

（3）工程质量检测制度　工程质量检测机构是对建设工程、建筑构件、制品及现场所用的有关建筑材料、设备质量进行检测的法定单位。在建设行政主管部门领导和标准化管理部门指导下开展检测工作，其出具的检测报告具有法定效力。法定的国家级检测机构出具的检测报告，在国内为最终裁定，在国外具有代表国家的性质。

（4）工程质量保修制度　建设工程质量保修制度是指建设工程在办理交工验收手续后，在规定的保修期限内，因勘察、设计、施工、材料等原因造成的质量问题，要由施工单位负责维修、更换，并由责任单位负责赔偿损失。

建设工程承包单位在向建设单位提交工程竣工验收报告时，应向建设单位出具工程质量保修书，并载明建设工程保修范围、保修期限和保修责任等。

在正常使用条件下，建设工程的最低保修期限为：

a. 基础设施工程、房屋建筑工程的地基基础和主体结构工程，为设计文件规定的该工程的合理使用年限；

b. 屋面防水工程、有防水要求的卫生间、房间和外墙面的防渗漏，为 5 年；

c. 供热与供冷系统，为 2 个采暖期、供冷期；

d. 电气管线、给排水管道、设备安装和装修工程，为 2 年；

e. 其他项目的保修期由发包方与承包方约定。

保修期自竣工验收合格之日起计算。

4.2.2　建设工程设计阶段的质量控制

4.2.2.1　设计质量的概念及控制依据

设计质量有两层含义。首先，设计应满足业主所需的功能和使用价值，符合业主投资的意图；其次，设计都必须遵守有关城市规划、环保、防灾、安全等一系列的技术标准、规范、规程，这是保证设计质量的基础。即设计质量，指在严格遵守技术标准、法规的基础上，对工程地质条件做出及时、准确的评价，正确处理和协调经济、资源、技术、环境条件的制约，使设计项目能更好地满足业主所需要的功能和使用价值，能充分发挥项目的投资效益。

设计质量控制的依据包括有关建设工程及质量管理方面的法律、法规、技术标准、规范；项目批准文件（可行性研究报告）；体现建设单位建设意图的勘察、设计规划大纲、设计纲要和设计合同文件；反映项目建设过程中和建成后所需要的有关技术、资源、经济、社会协作等方面的协议、数据和资料。

4.2.2.2 初步设计质量控制

（1）初步设计的内容和深度要求 初步设计指在指定的地点和规定的建设期限内，根据选定的总体设计方案进行更具体、更深入的设计，论证拟建工程项目在技术上的可行性和经济上的合理性，并在此基础上正确拟定项目的设计标准以及基础形式，结构、水、暖、电等各专业的设计方案，并合理地确定总投资和主要技术经济指标。

初步设计的深度应符合已审定的规划方案，应能据之确定土地征用范围、准备主要设备及材料、提供工程设计概算并作为审批项目投资的依据、进行施工图设计及进行施工准备。

（2）初步设计质量控制监理审核要点 初步设计阶段设计图纸的审核侧重于工程项目所采用的技术方案是否符合总体方案的要求，以及是否达到项目决策阶段确定的质量标准。其主要审核内容包括：有关部门的审批意见和设计要求；工艺流程、设备选型的先进性、适用性、经济合理性；建设法规、技术规范和功能要求的满足程度；技术参数的先进合理性与环境协调的程度，对环境保护要求的满足情况；设计深度是否满足要求；采用的新技术、新工艺、新设备、新材料是否安全可靠、经济合理。

4.2.2.3 技术设计质量控制

（1）技术设计的内容和深度要求 技术设计是针对技术上复杂或有特殊要求而又缺乏设计经验的建设项目而增设的一个设计阶段，其目的是用以进一步解决初步设计阶段无法解决的一些重大问题。

技术设计根据批准的初步设计进行，其具体内容视工程项目的具体情况、特点和要求而定，有关部门可自行制定其相应内容和要求。其深度应能满足确定设计方案中重大技术问题和有关试验、设备制造等方面的要求，并且能指导施工图设计。

（2）技术设计质量控制监理审核要点 技术设计是在初步设计基础上方案设计的具体化，因此，监理工程师对技术设计图纸的审核应侧重于各专业设计是否符合预定的质量标准和要求。另外，由于工程项目要求的质量与其所发生的投资是呈正比的，因此在技术设计阶段，监理工程师在审核图纸的同时，还要审核相应的修正概算文件是否符合投资限额的要求。

4.2.2.4 施工图设计质量控制

（1）施工图设计的内容及要求 施工图设计是在初步设计、技术设计或方案设计的基础上进行的详细具体的设计，把工程和设备各构成部分的尺寸、布置和主要施工做法等，绘制成正确、完整和详细的建筑安装详图，并配以必要的详细文字说明。

施工图设计的深度应能据此编制施工图预算、安排材料、设备订货及非标准设备的制作、进行施工和安装及进行工程验收。

（2）施工图设计质量控制监理审核要点 施工图设计阶段，监理进行质量控制的要点包括施工图审核、设计交底及图纸会审。

a. 施工图审核　施工图审核是指监理工程师对施工图的审核。审核的重点是使用功能及质量要求是否得到满足，并应按有关国家和地方验收标准及设计任务书、设计合同约定的质量标准，对施工图设计产品，特别是其主要质量特性作出验收评定，签发监理验收结论文件。

b. 设计交底与图纸会审　为了使施工单位熟悉设计图纸，了解工程特点和设计意图，以及对关键工程部分的质量要求，同时也为了减少图纸的差错，将图纸中的质量隐患消灭于萌芽状态，监理工程师还应组织设计单位向施工单位进行设计交底，同时组织多方进行图纸会审。即先由设计单位介绍设计意图、结构特点、施工要求、技术措施和有关注意事项，然后由施工单位和其他有关单位提出图纸中存在的问题，再由设计单位对图纸会审中提出的问题进行解答。通过设计、监理、施工和其他参建单位研究协商，确定存在问题的解决方案，并形成纪要，各参建单位按照纪要中明确的内容和要求进行工作。

4.2.3　建设工程施工阶段的质量控制

4.2.3.1　施工质量控制概述

（1）施工质量控制的分类

a. 按工程实体质量形成过程的时间阶段划分　按工程实体质量形成过程的时间不同，施工阶段的质量控制可以分为：施工准备控制、施工过程控制、竣工验收控制三个阶段。

① 施工准备控制是指在各工程对象正式施工活动开始前，对各项准备工作及影响质量的各因素进行控制，施工准备控制是确保施工质量的先决、基础条件。

② 施工过程控制是指在施工过程中对实际投入的生产要素质量及作业技术活动的实施状态和结果所进行的控制，包括作业者发挥技术能力过程的自控行为和来自有关管理者的监控行为。

③ 竣工验收控制是指对于通过施工过程所完成的具有独立功能和使用价值的最终产品及有关方面（例如质量档案）的质量进行控制。

b. 按工程实体形成过程中物质形态转化的阶段划分。

① 对投入的物质资源的质量控制。

② 施工过程质量控制，即在使投入的物质资源转化为工程产品的过程中，对影响产品质量的各因素、各环节及中间产品进行质量控制。

③ 对完成的工程产出品质量的控制与验收。

c. 按工程项目施工层次划分　大中型工程建设项目可以划分为若干层次，而且各个层次具有以一定的施工先后顺序为代表的逻辑关系。例如，建筑工程项目按照国家标准可以划分为单位工程、分部工程、分项工程、检验批。显然，施工作业过程的质量控制是最基本的质量控制，它决定了有关检验批的质量；而检验批的质量又决定了分项工程的质量。依此类推，直至单位工程质量。

（2）施工质量控制的依据　施工阶段监理工程师进行质量控制的依据，大体上可以分为以下四类。

a. 工程合同文件　在施工承包合同和监理委托合同中，分别规定了参建各方在质量控制方面的权利、义务，有关各方必须认真履行。尤其是监理单位，既要履行监理合同的条款，又要监督建设单位、施工单位、设计单位履行有关的质量控制条款。因此，监理工程师要熟悉这些条款，据此进行质量监督和控制，并在发生质量纠纷时及时采取措施予以解决。

b. 设计文件　“按图施工”是施工阶段质量控制的一项重要原则，因此，经过批准的设计图纸和技术说明书等设计文件，无疑是质量控制的重要依据。

c. 国家及政府有关部门颁布的有关质量管理方面的法律、法规性文件。

d. 有关质量检验与控制的专门技术规范性文件　主要包括以下四类：

① 工程项目施工质量验收标准。

② 有关工程材料、半成品和构配件质量控制方面的专门技术法规性依据。

③ 控制施工作业活动质量的技术规程。

④ 凡采用新工艺、新技术、新材料的工程，事先应进行试验，并应取得权威性技术部门的技术鉴定书及有关的质量数据、指标，在此基础上制定有关的质量标准和施工工艺规程，以此作为判断与控制质量的依据。

4.2.3.2　施工准备的质量控制

（1）督促施工单位完善质量管理体系　了解企业贯彻质量认证情况及其管理体系的落实情况。

a. 了解企业的质量意识，重点了解企业质量管理的基础工作、工程项目管理和质量控制的情况。

b. 贯彻 ISO 9000 标准、体系建立和通过认证的情况。

c. 企业领导班子的质量意识及质量管理机构落实、质量管理权限实施的情况。

d. 项目经理部的质量管理体系。

e. 在施工过程中，进一步考核承包单位真实的质量控制能力等。

对于满足工程质量管理所要求的质量管理体系，总监理工程师予以确认；对于质量管理体系不健全、不完善的企业，要求其尽快改进和完善；对于承包单位不合格质量管理要求的人员，可要求对其撤换。

（2）审查施工组织设计　施工组织设计是指导项目施工的重要文件，应通过审查确保其项目针对性、技术先进性、可操作性以及各种措施满足有关规定等。

监理工程师通常应按以下程序审查承包单位报送的施工组织设计。

a. 在工程项目开工前约定的时间内，承包单位必须完成施工组织设计的编制及内部自审，填写“施工组织设计（方案）报审表”，报送项目监理机构。

b. 总监理工程师在约定的时间内，组织专业监理工程师审查，提出意见后，由总监理工程师审核签认。需要承包单位修改时，由总监理工程师签发书面意见，退回承包单位修改后再报审，总监理工程师重新审查。

c. 已审定的施工组织设计由项目监理机构报送建设单位。

d. 承包单位应按审定的施工组织设计文件组织施工。如需对其内容做较大的更改，应在实施前将更改的内容书面报送项目监理机构审核。

e. 规模大、结构复杂或属于新结构、特种结构的工程，项目监理机构对施工组织设计审查后，还应报送监理单位技术负责人审查，提出审查意见后由总监理工程师签发，必要时与建设单位协商，组织有关专业部门和专家会审。

f. 规模大、工艺复杂的工程、群体工程或分期出图的工程，经建设单位批准可分阶段报审施工组织设计。

g. 技术复杂或采用新技术的分项、分部工程，承包单位还应编制该分项、分部工程的施工方案，并报送项目监理机构审查。

（3）现场施工准备的质量控制　控制现场施工准备工作时，除了严把开工关、进行设计交底与设计图样的现场核对、完成项目监理机构内部的监控准备外，还需做好以下工作。

a. 工程定位及标高基准控制　监理工程师应要求施工单位，对建设单位（或其委托的单位）给定的原始基准点、基准线和标高等测量控制点进行复核，并将复测结果报监理工程师审核，经批准后施工单位方能据此进行准确的测量放线，建立施工测量控制网，并对其正确性负责，同时做好基桩的保护。

b. 施工平面布置的控制　监理工程师要检查施工现场总体布置是否合理，是否有利于保证施工的正常、顺利进行，是否有利于保证质量，特别应对场区的道路、防洪排水、器材存放、给水供电、混凝土供应及主要垂直运输机械设备布置等方面予以重视。

c. 对于施工队伍及人员的控制　监理工程师应审查施工单位的施工队伍及人员的技术资质，审查认可后方可上岗施工。对于不合格人员，监理工程师有权要求承包单位予以撤换。

d. 对工程所需的材料、构配件的控制。

① 凡运到施工现场的原材料、半成品或构配件应有产品出厂合格证及技术说明书，并由施工单位按规定要求进行检验，向监理工程师提出检验或试验报告，经监理工程师审查认可并确认其质量合格后，方准进场。

② 对于半成品或构配件，应按经审批认可的设计文件和图纸要求采购订货，质量应满足有关标准和设计的要求，交货期应满足施工进度计划的安排。

③ 供货厂家是制造材料、半成品、构配件的主体，所以考察优选合格的供货厂家，是保证采购、订货质量的前提。对于大宗的器材或材料，应当实行招标采购。

④ 对于半成品和构配件的采购、订货，监理工程师应明确提出有关的质量要求，质量检测项目及标准，出厂合格证或产品说明书等方面的质量文件要求，以及是否需要权威性的质量认证等。

⑤ 供货厂方应向需求方（订货方）提供质量文件，以表明其提供的货物能够完全达到需求方提出的质量要求。

⑥ 对于新材料、新设备或装置的应用，应事先提交可靠的技术鉴定及有关实验和实际应用报告，经监理工程师审查确认和批准后，方可在工程中使用。

e. 施工机械设备的控制

① 审查施工机械设备的选择是否恰当，除应考虑施工机械的技术性能、工作效率，工作质量，可靠性及维修难易、能源消耗，以及安全、灵活等方面对施工质量的影响与保证外，还应考虑其数量配置对施工质量的影响。

② 审查施工机械设备的数量是否满足施工工艺及质量的要求。

③ 审查所需的施工机械设备是否按已批准的计划备妥；所准备的机械设备是否与监理工程师审查认可的施工组织设计或施工计划中所列者相一致；所准备的施工机械设备是否都处于完好的可用状态等。

（4） 作业技术准备状态的控制

a. 质量控制点的设置　质量控制点是为了保证作业过程质量而确定的重点控制对象、关键部位或薄弱环节。质量控制点的一般设置情况如表 4-1 所示。

设置质量控制点是保证施工质量要求的必要前提。监理工程师在拟订质量控制工作计划时，应予以详细考虑，并以制度来保证落实。对于质量控制点，一般要事先分析可能造成质量问题的原因，再针对原因制定对策和措施进行预控。承包单位在工程施工前应根据施工过程质量控制的要求，列出质量控制点明细表，提交监理工程师审查批准后方可实施质量预控。

表 4-1　质量控制点的设置

分项工程	质量控制点
工程测量定位	标准轴线桩、水平桩、龙门板、定位轴线、标高
地基基础	基坑尺寸、土质条件、承载力、基础及垫层尺寸、标高、预留孔洞等
砌体	砌体轴线、皮数杆、砂浆配合比、预留孔洞、砌体砌法
模板	模板位置、尺寸、强度及稳定性，模板内部清理及润湿情况
钢筋混凝土	水泥品种、标号、砂石质量、混凝土配合比、外加剂比例、混凝土振捣、钢筋种类、规格、尺寸，预埋件位置，预留孔洞，预制件吊装
吊装	吊装设备起重能力、吊具、索具、地锚
装饰工程	抹灰层、镶贴面表面平整度，阴阳角，护角、滴水线、勾缝、油漆
屋面工程	基层平整度、坡度、防水材料技术指标，泛水与三缝处理
钢结构	翻样图、放大样
焊接	焊接条件、焊接工艺
装修	视具体情况而定

作为质量控制点的重点控制对象包括以下方面：人的行为，即对某些作业或操作，应以人为重点进行控制；物的质量与性能，施工设备和材料是直接影响工程质量和安全的主要因素，对某些工程尤为重要，常作为控制的重点；关键的操作；施工技术参数；施工顺序；技术间歇；新工艺、新技术、新材料的应用；产品质量不稳定、不合格率较高及易发生质量通病的工序；易对工程质量产生重大影响的施工方法以及特殊地基或特种结构等。

质量控制点可以大致分为见证点（Witness Point）和停止点（Hold Point）两大类。前者要求承包单位在该控制点施工前提前通知监理工程师，使其在约定的时间内到现场进行见证、监督，但监理工程师未能按约定的时间到达现场时，承包单位可以进行后续作业。后者要求承包单位在该控制点施工前提前通知监理工程师，使其在约定的时间内到现场实施监控，但如果监理工程师未能按约定的时间到达现场时，承包单位不得超越该控制点继续施工。可见，停止点通常比见证点更重要。

b. 技术交底的控制　对于关键部位、技术难度大、施工复杂的检验批以及分项工程，施工单位应在施工前将技术交底书（作业指导书）报监理工程师。经监理工程师审查后，方可施工。如果技术交底书不能保证作业活动的质量要求，承包单位要进行修改补充。没有做好技术交底的工序或分项工程，不得进入正式实施阶段。

c. 环境状态的控制　环境控制包括以下三方面。

① 施工作业环境的控制。监理工程师应事先检查承包单位对施工作业的技术环境条件方面的有关准备工作是否已做好，如：水、电或动力供应、施工照明、安全防护设施、施工场地空间条件和通道以及交通运输和道路条件等。应当确认其准备可靠、有效后，方准许进行施工。

② 施工质量管理环境的控制。监理工程师应做好对施工单位质量管理环境的检查，并督促其落实。主要包括：施工单位的质量管理、质量体系和质量控制自检系统是否处于良好的状态；系统的组织结构、管理制度、检测制度、检测标准、人员配备等方面是否完善和明确；质量责任制是否落实；仪器、设备的管理是否符合有关法规规定等。

③ 现场自然环境条件的控制。监理工程师应检查施工单位，对于未来的施工期间，自然环境条件可能出现对施工作业质量的不利影响时，是否事先已有充分的认识，并已做好充

足的准备和采取了有效措施与对策以保证工程质量。

d. 施工测量及计量器具性能和精度的控制。

① 监理工程师对工地试验室的检查。工程作业开始前，承包单位应向项目监理机构报送工地试验室（或外委试验室）的资质证明文件，列出本试验室所开展的试验、检测项目、主要仪器、设备；法定计量部门对计量器具的标定证明文件；试验检测人员上岗资质证明；试验室管理制度等。

监理工程师应检查工地试验室资质证明文件、试验设备、检测仪器能否满足工程质量检查要求，是否处于良好的可用状态；精度是否符合需要；法定计量部门标定资料、合格证等是否在标定的有效期内；试验室管理制度是否齐全，符合实际；试验、检测人员是否符合上岗条件等。经检查，确认能满足工程质量检验要求，则予以批准，否则，承包单位应进一步完善、补充或整改，在没得到监理工程师同意之前，工地试验室不得使用。

② 监理工程师对工地测量仪器的检查。施工测量开始前，承包单位应向项目监理机构提交测量仪器的型号、技术指标、精度等级、法定计量部门的标定证明，测量工的上岗证明等。监理工程师审核确认后，方可进行正式测量作业。在作业过程中监理工程师也应经常检查了解计量仪器、测量设备的性能、精度状况，使其处于良好的状态之中。

4.2.3.3 施工过程中的质量控制

（1）动态监控工程质量的影响因素　在施工过程中，监理工程师要对影响质量的主要因素进行动态监控，监督承包单位的各项工程活动，随时注意影响工程质量各方面因素的变化情况，如施工材料质量、施工机械的运行与使用情况、计量设备的准确性、上岗人员的组成和变化、工艺与作业活动等是否保持符合质量要求，以便有针对性地采取有效的控制措施。

（2）施工过程中的质量检查　对于主要工序作业、隐蔽工程和隐蔽作业，通常要按有关规范要求，由施工单位先按对其进行自检，自检合格后向监理工程师提交“报验申请表”以及相应的证明材料。监理工程师收到上述资料后，应在合同规定的时间内及时地进行检验，在确认其质量合格后，施工单位方可进行下一道工序。

对于重要部位、工序或专业工程，以及重要的材料、半成品的使用等，还需由总监理工程师亲自组织有关人员进行检查。

4.2.3.4 施工质量控制的手段

（1）审核技术文件、报告和报表　作为监理工程师，及时审核有关技术文件、报告或报表是对工程质量进行全面监督、检查与控制的重要手段。其具体内容包括以下几点：

a. 审查进入施工现场的分包单位的资质证明文件。

b. 审批施工单位的开工申请书，检查、核实与控制其施工准备工作质量。

c. 审批承包单位提交的施工方案、施工组织设计或施工计划。

d. 审批施工单位提交的有关材料、半成品和构配件质量证明文件（出厂合格证、质量检验或试验报告等），确保工程质量有可靠的物质基础。

e. 审核承包单位提交的反映工序施工质量的动态统计资料或管理图表。

f. 审核承包单位提交的有关工序产品质量的证明文件（检验记录及试验报告）、工序交接检查（自检）、隐蔽工程检查、分部分项工程质量检查报告等文件、资料，以确保和控制施工过程的质量。

g. 审批有关工程变更、修改的设计图纸等，以确保设计及施工图纸的质量。

h. 审核有关应用新技术、新工艺、新材料、新结构等的技术鉴定书，审批其应用申请报告，以确保新技术应用的质量。

i. 审批有关工程质量问题或质量问题的处理报告，以确保质量问题得到及时、正确和妥善的处理。

j. 审核与签署现场有关质量技术签证、文件等。

（2）指令文件与一般管理文书　指令文件是表达监理工程师对施工单位提出指示或命令的强制性书面文件。监理工程师的各项指令都应是书面的或有文件记载的，并作为技术文件资料存档。一般管理文书，如监理工程师函、备忘录、会议纪要、发布有关信息、通报等，主要是对承包商的工作状态和行为提出建议、希望和劝阻等，不属强制性要求执行，仅供承包人自主决策参考。

（3）现场质量监督和检查

a. 现场监督检查的主要内容如下。

① 开工前的检查。主要是检查开工前准备工作的质量，能否保证正常施工及工程施工质量。

② 工序施工中的跟踪监督、检查与控制。主要是监督、检查在工序施工过程中，人员、施工机械设备、材料、施工方法及工艺或操作以及施工环境条件等是否均处于良好的状态，是否符合保证工程质量的要求，若发现有问题及时纠偏和加以控制。

③ 对于重要的和对工程质量有重大影响的工序和工程部位，还应在现场进行施工过程的旁站监督与控制，以确保使用材料及工艺过程的质量。

b. 现场监督检查的方式。

① 旁站与巡视。在关键部位或关键工序施工过程中由监理人员在现场进行的监督活动称为旁站。旁站的部位或工序要根据工程特点，也应根据承包单位内部质量管理水平及技术操作水平决定。一般而言，混凝土灌注、预应力张拉过程及压浆、基础工程中的软基处理、复合地基施工（如搅拌桩、悬喷桩、粉喷桩）、路面工程的沥青拌和料摊铺、沉井过程、桩基的打桩过程、防水施工、隧道衬砌施工中超挖部分的回填、边坡喷锚打锚杆等要实施旁站。巡视是指监理人员对正在施工的部位或工序现场进行的定期或不定期的监督活动，巡视是一种“面”上的活动，它不限于某一部位或过程，而旁站则是“点”的活动，它是针对某一部位或工序。

② 平行检验。监理工程师利用一定的检查或检测手段在承包单位自检的基础上，按照一定的比例独立进行检查或检测的活动。

c. 现场质量检验的方法　对于现场所用原材料、半成品、工序过程或工程产品质量进行检验的方法，一般可分为三类，即目测法、检测工具量测法以及试验法。

① 目测法：即凭借感官进行检查，也可以叫作观感检验。这类方法主要是根据质量要求，采用看、摸、敲、照等手法对检查对象进行检查。

② 量测法：就是利用量测工具或计量仪表，通过实际量测结果与规定的质量标准或规范的要求相对照，从而判断质量是否符合要求。量测的手法可归纳为：靠、吊、量、套。

③ 试验法：指通过进行现场试验或试验室试验等理化试验手段，取得数据，分析判断质量情况。包括：理化试验；无损测试或检验。

（4）质量控制工作程序　规定相关方必须遵守的质量控制工作程序，按规定的程序进行工作，这也是质量控制的必要手段。可以用工作流程图描绘质量监控的工作程序，例如图4-7表示了一个施工过程中的质量控制程序。

在监理工作中，有许多质量控制工作程序，如质量控制总体工作程序、隐蔽工程质量控制程序、材料和设备质量控制程序、工序质量过程控制程序、工程质量中间验收程序、工程

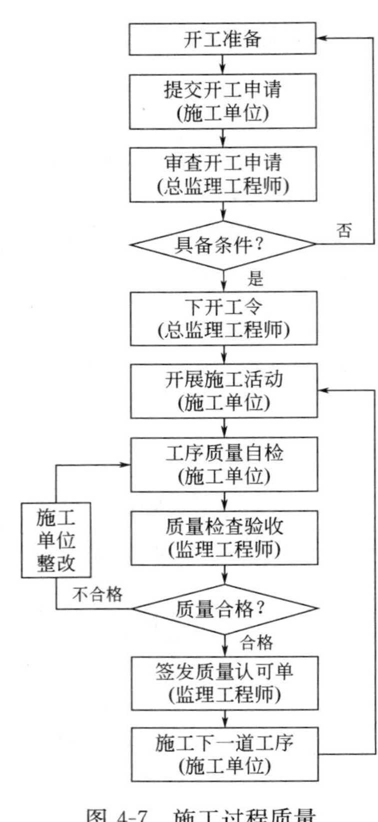

图 4-7　施工过程质量监控工作程序

竣工验收程序等。应根据需要形成相应的工作流程。有关工作流程图的绘制方法，参见本书第 5 章中“建立项目监理机构的步骤”的相关内容。

(5) 利用支付手段　支付手段是国际上通用的一种重要的控制手段，也是建设单位或合同赋予监理工程师的支付控制权。工程款支付的条件之一就是工程质量要达到规定的要求和标准。如果承包单位的工程质量达不到要求的标准，监理工程师有权采取拒绝签署支付证书的手段，停止对承包单位支付部分或全部工程款，由此造成的损失由承包单位负责。显然，这是十分有效的控制和约束手段。

4.2.4　建设工程质量验收

建筑工程施工质量验收工作，应按照《建筑工程施工质量验收统一标准》（GB 50300—2001）所规定的验收方法、质量标准和程序进行。

4.2.4.1　基本术语

(1) 验收　在施工单位自行质量检查评定的基础上，参与建设的有关单位共同对检验批、分项工程、分部工程、单位工程的质量进行抽样复验，根据相关标准以书面形式对工程质量达到合格与否做出确认。

(2) 检验批　按同一的生产条件或规定的方式汇总起来供检验用的，由一定数量样本组成的检验体。

(3) 见证取样检测　在监理单位或建设单位监督下，由施工单位有关人员现场取样，并送至具备相应资质的检测单位所进行的检测。

(4) 主控项目　建筑工程中对安全、卫生、环境保护和公共利益起决定性作用的检验项目。

(5) 一般项目　除主控项目以外的项目都是一般项目。

(6) 观感质量　通过观察和必要的量测所反映的工程外在质量。如装饰石材面应无色差。

(7) 返修　对工程不符合标准规定的部位采取整修等措施。

(8) 返工　对不合格的工程部位采取的重新制作、重新施工等措施。

4.2.4.2　建设工程施工质量验收层次的划分

划分施工质量验收的层次，可以实施施工质量的过程控制、终端把关，确保施工质量达到预期的控制目标。

(1) 单位工程的划分　一般按以下原则划分单位工程：

a. 具备独立施工条件并能形成独立使用功能的建筑物及构筑物为一个单位工程。

b. 规模较大的单位工程，可将其能形成独立使用功能的部分划分为一个子单位工程。

c. 室外工程可按专业类别、工程规模划分单位（子单位）工程。

(2) 分部工程的划分　一般按以下原则划分分部工程：

a. 分部工程的划分应按专业性质、建筑部位确定。如建筑工程划分为地基与基础、主体结构、建筑装饰装修、建筑屋面、建筑给水排水及采暖、建筑电气、智能建筑、通风与空调、电梯九个分部工程。

b. 当分部工程较大或较复杂时，可按施工程序、专业系统及类别等划分为若干个子分部工程。如智能建筑分部工程中就包含了火灾及报警消防联动系统、安全防范系统、综合布线系统、智能化集成系统、电源与接地、环境、住宅（小区）智能化系统等子分部工程。

（3）分项工程的划分　分项工程应按主要工种、材料、施工工艺、设备类别等进行划分。如混凝土结构工程中按主要工种分为模板工程、钢筋工程、混凝土工程等分项工程；按施工工艺又可划分为预应力、现浇结构、装配式结构等分项工程。

（4）检验批的划分　分项工程一般由若干个检验批组成，检验批可根据施工及质量控制、专业验收需要按楼层、施工段、变形缝等进行划分。例如，建筑工程的地基基础分部工程中的分项工程，一般划分为一个检验批；有地下层的基础工程可按不同地下层划分检验批等。

4.2.4.3　建设工程施工质量验收

（1）检验批的质量验收　检验批质量验收合格应满足以下条件：主控项目和一般项目的质量经抽样检验合格；具有完整的施工操作依据、质量检验记录。

（2）分项工程质量验收　分项工程质量验收合格应满足以下条件：分项工程所含的检验批均应符合合格质量规定；分项工程所含的检验批的质量验收记录应完整。

（3）分部工程的质量验收　分部工程质量验收合格应满足以下条件：分部工程所含分项工程的质量均验收合格；质量控制资料完整；地基与基础、主体结构和设备安装等分部工程有关安全及功能的检验和抽样检测结果符合有关规定；观感质量验收符合要求。

（4）单位工程质量的验收　单位工程质量验收合格应满足以下条件：单位工程所含分部工程的质量均验收合格；质量控制资料完整；单位工程所含分部工程有关安全和功能的检验资料完整；主要功能项目的抽查结果符合相关专业质量验收规范的规定；观感质量验收符合要求。

4.2.4.4　工程质量不符合要求时的处理

对于施工质量验收不合格的项目，应按以下原则进行处理：

a. 经返工重做或更换器具、设备检验批，应重新进行验收。

b. 经有资质的检测单位鉴定达到设计要求的检验批，应予以验收。

c. 经有资质的检测单位鉴定达不到设计要求，但经原设计单位核算认可能满足结构安全和使用功能的检验批，应予以验收。这种情况是指，一般情况下，规范标准给出了满足安全和功能的最低限度要求，而设计往往在此基础上留有一些余量。不满足设计要求和符合相应规范标准的要求，两者并不矛盾。

d. 经返修或加固的分项、分部工程，虽然外形尺寸发生改变，但仍能满足安全使用要求，可按技术处理方案和协商文件进行验收。

e. 通过返修或加固仍不能满足安全使用要求的分部工程、单位工程，严禁验收。

4.2.5　工程质量问题和质量事故的处理

根据国际标准化组织（ISO）和我国有关质量、质量管理和质量保证标准的定义，凡工程产品质量没有满足某个规定的要求，就称之为质量不合格。根据 1989 年建设部颁布的第 3 号令《工程建设重大事故报告和调查程序规定》和 1990 年建设部建建工字第 55 号文件关于第 3 号部令有关问题的说明：凡是工程质量不合格，必须进行返修、加固或报废处理，由此造成直接经济损失低于 5000 元的称为质量问题；直接经济损失在 5000 元（含 5000 元）

以上的称为工程质量事故。

4.2.5.1 工程质量事故的分类

建设工程质量事故的分类方法有多种，既可按其造成损失严重程度划分，又可按其产生的原因划分，还可按其造成的后果或事故责任划分。目前，我国按造成损失的严重程度对工程质量事故进行分类。

（1）一般质量事故　凡具备下列条件之一者为一般质量事故。

① 直接经济损失在5000元（含5000元）以上，不满50000元的；

② 影响使用功能或工程结构安全，造成永久质量缺陷的。

（2）严重质量事故　凡具备下列条件之一者为严重质量事故。

① 直接经济损失在50000元（含50000元）以上，不满10万元的；

② 严重影响使用功能或工程结构安全，存在重大质量隐患的；

③ 事故性质恶劣或造成2人以下重伤的。

（3）重大质量事故　凡具备下列条件之一者为重大质量事故，属建设工程重大事故范畴。

① 工程倒塌或报废；

② 由于质量事故，造成人员死亡或重伤3人以上；

③ 直接经济损失10万元以上。

按国家建设行政主管部门规定，建设工程重大事故又可分为四个等级：

① 凡造成死亡30人以上，或直接经济损失300万元以上为一级；

② 凡造成死亡10人以上29人以下，或直接经济损失100万元以上，不满300万元为二级；

③ 凡造成死亡3人以上9人以下，或重伤20人以上，或直接经济损失30万元以上，不满100万元为三级；

④ 凡造成死亡2人以下，或重伤3人以上19人以下，或直接经济损失10万元以上，不满30万元为四级。

（4）特别重大质量事故　国务院发布的《特别重大事故调查程序暂行规定》凡具备下列情况之一者均属特别重大质量事故：发生一次死亡30人及其以上，或直接经济损失达500万元及其以上，或其他性质特别严重。

4.2.5.2 工程质量问题的处理程序

在发生工程质量问题时，监理工程师应当按以下程序进行处理。

（1）判定质量问题的严重程度。对那些可以通过返修或返工弥补的，可签发“监理通知”，责成施工单位对其写出质量问题调查报告，提出处理方案，并填写“监理通知回复单”。在经过监理工程师审核后，必要时应经建设单位和设计单位认可后再做出批复。处理结果应当重新进行验收。

（2）对需要加固补强的质量问题，以及存在的质量问题会影响下道工序和分项工程的质量时，监理工程师应当签发“工程暂停令”，责令施工单位停止有质量问题的部位或与其关联部位以及下道工序的施工。必要时，应要求施工单位采取防护措施，并提交有关质量问题的调查报告，由设计单位提出处理方案，经建设单位同意后，批复施工单位处理。处理结果应当重新进行验收。

（3）施工单位接到“监理通知”后，在监理工程师的组织参与下，尽快进行质量问题调查，并编写调查报告。调查的主要目的是明确质量问题的范围、程度、性质、影响和原因，且应全面、详细、客观准确。

4.2.5.3　工程质量事故的处理程序

由于工程质量事故的复杂性、严重性、可变性及多发性，在发生工程质量事故时，根据质量事故的实况资料、合同文件、技术档案以及相关的建设法规，监理工程师应当按以下的程序进行处理。

(1) 在工程质量事故发生后，总监理工程师应签发“工程暂停令”，要求施工单位停止进行质量缺陷部位、关联部位及下道工序的施工，并要求采取必要的措施，防止事故扩大并保护好现场。同时，要求质量事故发生单位于 24 小时内写出书面报告，迅速按类别和等级向相应的主管部门上报。

(2) 监理工程师在事故调查组开展工作后，应积极、客观地提供相应证据。若监理方无责任，可应邀参加调查组；若监理方有责任，则应予以回避，但应积极配合调查组工作。

(3) 监理工程师接到质量事故调查组提出的技术处理意见后，应组织相关单位研究，责成相关单位完成技术处理方案，并予以审核签认。质量事故技术处理方案通常由原设计单位提出，并征求建设单位意见。若由其他单位提出时，应经原设计单位同意。

(4) 在技术处理方案核签后，应要求施工单位制订详细的施工方案，必要时编制监理实施细则，对其实施监理。

(5) 在施工单位完工、自检并报验后，监理工程师应组织有关各方进行检查验收。同时，监理工程师应要求事故单位编写质量事故处理报告，并审核签认，最后将有关技术资料归档。

4.2.5.4　工程质量事故处理的鉴定验收

工程质量事故的技术处理是否达到了预期目的，消除了工程质量不合格和工程质量问题，是否仍留有隐患，需要监理工程师进行验收并予以最终确认。

(1) 检查验收　工程质量事故处理完成后，监理工程师在施工单位自检合格报验的基础上，应严格按施工验收标准及有关规范的规定，结合监理人员的旁站、巡视和平行检验结果，依据质量事故技术处理方案设计要求，通过实际量测，检查各种资料数据进行验收，并应办理交工验收文件，组织各有关单位会签。

(2) 必要的鉴定　为确保工程质量事故的处理效果，凡涉及结构承载力等使用安全和其他重要性能的处理工作，常需做必要的试验和检验鉴定。常见的检验工作有：混凝土钻芯取样，用于检查密实性和裂缝修补效果，或检测实际强度；结构荷载试验，用于确定其实际承载力；超声波检测焊接或结构内部质量等。

(3) 验收结论　对所有质量事故，无论是否经过技术处理、通过检查鉴定验收还是无需专门处理，均应有明确的书面结论。若对后续工程施工有特定要求，或对建筑物使用有一定限制条件，应在结论中提出。验收结论通常有以下几种。

① 事故已排除，可以继续施工。

② 隐患已消除，结构安全有保证。

③ 经修补处理后，完全能够满足使用要求。

④ 基本上满足使用要求，但使用时应有附加限制条件，例如限制荷载等。

⑤ 对耐久性的结论。

⑥ 对建筑物外观影响的结论。

⑦ 对短期内难以作出结论的，可提出进一步观测检验意见。

对于处理后符合《建筑工程施工质量验收统一标准》的规定的，监理工程师应予以验收、确认，并应注明责任方主要承担的经济责任。对经加固补强或返工处理仍不能满足安全使用要求的分部工程、单位（子单位）工程，应拒绝验收。

4.3 建设工程进度控制

4.3.1 建设工程进度控制概述

4.3.1.1 建设工程进度控制的概念

建设工程进度控制是指对工程项目建设各阶段的工作内容、工作程序、持续时间和衔接关系根据进度总目标及资源优化配置的原则编制计划并付诸实施，然后在进度计划的实施过程中经常检查实际进度是否按计划要求进行，对出现的偏差情况进行分析，采取补救措施或调整、修改原计划后再付诸实施，如此循环，直到建设工程竣工验收交付使用。建设工程进度控制的最终目的是确保建设项目按预定的时间动用或提前交付使用。建设工程进度控制的总目标是建设工期。

4.3.1.2 建设工程进度控制的原理

进度控制必须遵循动态控制原理，在计划执行过程中不断检查，并将实际状况与计划安排进行对比，在分析偏差及其产生原因的基础上，通过采取纠偏措施，使之能正常实施。如果采取措施后不能维持原计划，则需要对原进度计划进行调整或修正，再按新的进度计划实施。

工程项目进度控制的基本原理可以概括为三大系统的相互作用。即由进度计划系统、进度监测系统及进度调整系统共同构成了进度控制的基本过程，如图 4-8 所示。

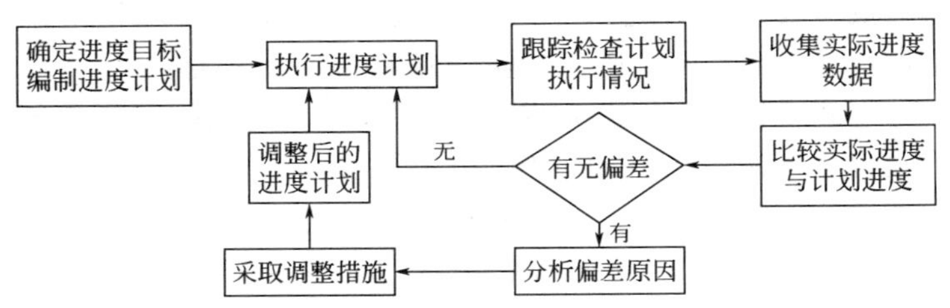

图 4-8 建设工程进度控制原理

4.3.1.3 影响建设工程进度的因素

为了对工程施工进度进行有效的控制，监理工程师必须在施工进度计划实施之前对影响工程施工进度的因素进行分析，以实现对工程施工进度的主动控制。影响建设工程施工进度的因素很多，归纳起来，主要有以下几个方面。

（1）建设工程相关单位的影响　影响建设工程施工进度的单位不只是施工单位。事实上，只要是与建设工程有关的单位（如政府部门、业主、设计单位、资金贷款单位，以及运输、通信、供电部门等），其工作进度的拖延必将对施工进度产生影响。因此，控制施工进度仅仅考虑施工单位是不够的，必须充分发挥监理的作用，协调各相关单位之间的进度关系。

（2）物资供应进度的影响　施工过程中需要的材料、构配件、机具和设备等，如果不能按期运抵施工现场或者是运抵施工现场后发现其质量不符合有关标准的要求，都会对施工进度产生影响。因此，监理工程师应严格把关，采取有效的措施控制好物资供应进度。

（3）资金的影响　工程施工的顺利进行必须有足够的资金作保障。一般来说，资金的影响主要来自业主，或者没有及时拨付工程预付款，或者拖欠了工程进度款，这些都会影响到承包单位流动资金的周转，进而殃及施工进程。监理工程师应根据业主的资金供应能力，安排好施工进度计划，并督促业主及时拨付工程预付款和工程进度款，以免因资金供应不足而拖延进度，导致工期索赔。

(4) 设计变更的影响　在施工过程中，或者由于原设计有问题需要修改，或者是由于业主提出了新的要求，这时，设计变更是难免的。监理工程师应加强图纸的审查，严格控制随意变更。

(5) 施工条件的影响　在施工过程中一旦遇到气候、水文、地质及周围环境等方面的不利因素，必然会影响到施工进度。此时，监理工程师应积极疏通关系，协助承包单位解决那些自身不能解决的问题。

(6) 各种风险因素的影响　风险因素包括政治、经济、技术及自然方面的各种可预见或不可预见的因素。政治方面的风险包括战争、内战、罢工、拒付债务、制裁等；经济方面的风险包括延迟付款、汇款浮动、换汇控制、通货膨胀、分包单位违约等；技术方面的风险包括工程事故、试验失败、标准变化等；自然方面的风险包括地震、洪水等。监理工程师必须对各种风险因素进行分析，提出控制风险、减少风险损失及保障施工进度的措施，并对发生的风险事件给予恰当的处理。

(7) 承包单位自身管理水平的影响　施工现场的情况千变万化，如果承包单位的施工方案不当、计划不周、管理不善、解决问题不及时等，都会影响建设工程的施工进度。监理工程师应及时提供服务，协助承包单位解决问题，以确保施工进度控制目标的实现。

正是由于上述因素的影响，才使得施工阶段的进度控制显得非常重要。在施工进度计划的实施过程中，只要监理工程师及时掌握工程的实际进展情况并分析产生问题的原因，其影响是可以得到控制的。当然，上述某些影响因素，如自然灾害等是无法避免的，但在大多数情况下，其损失是可以通过有效的进度控制得到弥补的。

4.3.2 建设工程进度计划系统

建设工程进度计划是各参建单位进行进度控制的依据，对保证建设工程目标的实现至关重要。为了编制科学的建设工程进度计划，应进行前期的调查研究、确定目标工期等工作。

4.3.2.1 进度计划编制前的调查研究

调查研究的目的是为了掌握足够充分、准确的资料，从而为确定合理的进度目标、编制科学的进度计划提供可靠依据。调查研究的内容包括：工程任务情况、实施条件、设计资料；有关标准、定额、规程、制度；资源需求与供应情况；资金需求与供应情况；有关统计资料、经验总结及历史资料等。

4.3.2.2 目标工期的设定

进度控制目标主要分为项目的建设周期、设计周期和施工工期。其中建设周期可根据国家基本建设统计资料确定；设计周期可根据设计周期定额确定；施工工期可参考国家颁布的施工工期定额，并综合考虑工程特点及合同要求等确定。

4.3.2.3 进度控制计划系统的构成

建设工程进度控制计划系统主要包括：建设单位的计划系统、监理单位的计划系统、设计单位的计划系统和施工单位的计划系统。

(1) 建设单位的计划系统　建设单位编制（也可委托监理单位编制）的进度计划包括：工程项目前期工作计划、工程项目建设总进度计划及工程项目年度计划。

a. 工程项目前期工作计划　工程项目前期工作计划是指对工程项目可行性研究、项目评估及初步设计的工作进度安排。工程项目前期工作计划需要在预测的基础上编制。

b. 工程项目建设总进度计划　工程项目建设总进度计划是指初步设计被批准后，在编报工程项目年度计划之前，根据初步设计，对工程项目全过程的统一部署。其主要目的是安排各单位工程的建设进度，合理分配年度投资，组织各方面的协作，保证初步设计所确定的各项建设任务的完成。工程项目建设总进度计划对于保证工程项目建设的连续性，增强工程建设的预见性，确保工程项目按期动用，都具有十分重要的作用。

工程项目建设总进度计划是编报工程建设年度计划的依据，它主要由文字和表格两部分组成。前者包括工程概况和特点，建设总进度的编制原则和依据，建设投资来源和资金年度安排情况，技术设计、施工图设计、设备交付和施工力量进场的时间安排，道路、供电、供水等方面的协助配合及进度的衔接，计划中存在的主要问题及采取的措施，需要上级及有关部门解决的重大问题等；后者包括工程项目一览表、工程项目总进度计划、投资计划年度分配表及工程项目进度平衡表。

c. 工程项目年度计划　工程项目年度计划是依据工程项目建设总进度计划和批准的设计文件进行编制的。该计划既要满足工程项目建设总进度计划的要求，又要与当年可能获得的资金、设备、材料、施工力量相适应。应根据分批配套投产或交付使用的要求，合理安排本年度建设的工程项目。它主要由文字和表格两部分组成。前者包括年度计划编制的依据和原则，建设进度、本年计划投资额及计划建造的建筑面积，施工图、设备、材料、施工力量等建设条件的落实情况，动力资源情况，对外协作配合项目，建设进度的安排或要求，需要上级主管部门协助解决的问题，计划中存在的其他问题以及为完成计划而采取的各项措施等；后者包括年度计划项目表、年度竣工投产交付使用计划表、年度建设资金平衡表及年度设备平衡表。

(2) 监理单位的计划系统　监理单位除对前述几种计划进行监控外，还应编制以下几种计划。

a. 监理总进度计划　在对建设工程实施全过程监理的情况下，监理总进度计划是依据工程项目可行性研究报告、工程项目前期工作计划和工程项目建设总进度计划编制的，其目的是对建设工程进度控制总目标进行规划，明确建设工程前期准备、设计、施工、动用前准备及项目动用等各个阶段的进度安排。

b. 监理总进度分解计划　按工程进展阶段分解包括：设计准备阶段进度计划；设计阶段进度计划；施工阶段进度计划；动用前准备阶段进度计划。按时间分解包括：年度进度计划；季度进度计划；月度进度计划等。

(3) 设计单位的计划系统　设计单位的计划系统包括以下方面。

a. 设计总进度计划　它主要用于安排自设计准备到施工图设计完成的全过程中，各个具体阶段的开始、完成时间。

b. 阶段性设计进度计划　它主要用于控制设计准备、初步设计（扩大初步设计）、施工图设计等阶段的设计进度及时间要求。

c. 专业性设计进度计划　它主要用于控制建筑、结构、水、暖、电气、设备、产品生产工艺等各专业的设计进度及时间要求。

(4) 施工单位的进度计划系统　施工单位的进度计划体系包括以下方面。

a. 施工准备工作计划　施工准备工作计划是为了统筹安排施工力量、施工现场、并给工程施工创造必要的技术、物资条件而编制的，其内容一般包括技术准备、物资准备、劳动组织准备、施工现场准备及施工场外准备等内容。

b. 施工总进度计划　施工总进度计划是根据施工方案、施工顺序，对各单位工程做出的时间方面的总体安排。通过它还可以明确施工现场劳动力、材料、成品、半成品、施工机械的需要数量与调配情况，以及现场临时设施的数量、水电供应量与能源、交通的需要量。

c. 单位工程施工进度计划　单位工程施工进度计划是在既定施工方案、工期与各种资源供应条件的基础上，遵循合理的施工顺序对单位工程内部各个施工过程做出的时间、空间方面的安排。

d. 分部分项工程进度计划　分部分项工程进度计划是针对工程量较大、施工技术比较复杂的分部分项工程，依据具体的施工方案，对各施工过程所做出的时间安排。

4.3.2.4　工程项目进度计划的编制

工程项目进度计划一般可用横道图或网络图表示，具体编制方法可参考流水作业原理和网络计划技术。当应用网络计划编制工程项目进度计划时，其编制程序一般包括 4 个阶段 10 个步骤（如表 4-2 所示）。

表 4-2　工程项目进度计划编制程序

编制阶段	编制步骤	编制阶段	编制步骤
Ⅰ. 计划准备阶段	1. 调查研究	Ⅲ. 计算时间参数及确定关键线路阶段	6. 计算工作持续时间
	2. 确定网络计划目标		7. 计算网络计划时间参数
Ⅱ. 绘制网络图阶段	3. 进行项目分解		8. 确定关键线路和关键工作
	4. 分析逻辑关系	Ⅳ. 编制正式网络计划阶段	9. 优化网络计划
	5. 绘制网络图		10. 编制正式网络计划

4.3.3　工程项目进度监测系统

4.3.3.1　进度计划实施中的监测过程

（1）进度计划执行中的跟踪检查　在建设工程实施过程中，监理工程师应经常地、定期地对进度计划的执行情况进行跟踪检查，发现问题后，及时采取措施加以解决。进度监测系统过程如图 4-9 中虚线方框内所示。

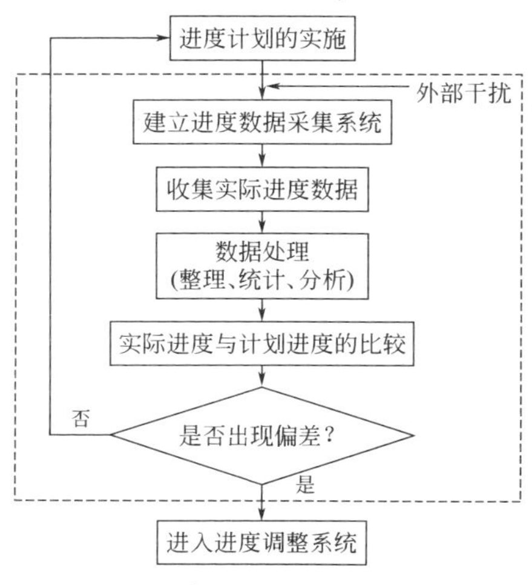

图 4-9　建设工程进度监测系统

a. 进度计划执行中的跟踪检查　对进度计划的执行情况进行跟踪检查是计划执行信息的主要来源，是进度分析和调整的依据，也是进度控制的关键步骤。跟踪检查的主要工作是定期收集反映工程实际进度的有关数据，收集的数据应当全面、真实、可靠，不完整或不正确的进度数据将导致判断不准确或决策失误。为了全面、准确地掌握进度计划的执行情况，监理工程师应认真做好以下三方面的工作：

① 定期收集进度报表资料。进度报表是反映工程实际进度的主要方式之一。进度计划执行单位应按照进度控制工作制度规定的时间和报表内容，定期填写进度报表。监理工程师通过收集进度报表资料掌握工程实际进展情况。

② 现场实地检查工程进展情况。派监理人员常驻现场，随时检查进度计划的实际执行情况，这样可以加强进度监测工作，掌握工程实际进度的第一手资料，使获取的数据更加及时、准确。

③ 定期召开现场会议。监理工程师通过定期召开的现场会议，与进度计划执行单位的有关人员面对面的交谈，既可以了解工程实际进度状况，同时也可以协调有关方面的进度关系。

一般说来，进度控制的效果与收集数据资料的时间间隔有关。而进度检查的时间间隔又与工程项目的类型、规模、监理对象及有关条件等多方面因素有关，可视工程的具体情况，每月、每半月或每周进行一次检查。在特殊情况下，甚至需要每日进行一次进度检查。

（2）实际进度数据的加工处理　为了进行实际进度与计划进度的比较，必须对收集到的实际进度数据进行加工处理，形成与计划进度具有可比性的数据。例如，对检查时段实际完成工作量的进度数据进行整理、统计和分析，确定本期累计完成的工作量、本期已完成的工作量占计划总工作量的百分比等。

（3）实际进度与计划进度的对比分析　将实际进度数据与计划进度数据进行比较，可以确定建设工程实际执行状况与计划目标之间的差距。为了直观反映实际进度偏差，通常采用表格或图形进行实际进度与计划进度的对比分析，从而得出实际进度比计划进度超前、滞后还是一致的结论。

4.3.3.2　实际进度与计划进度的比较方法

常用的进度比较方法有横道图、S形曲线、香蕉形曲线、前锋线、列表比较法等。

（1）横道图比较法　横道图比较法是指将项目实施过程中收集到的数据，经加工整理后直接用横道线平行绘于原计划的横道线处，进行实际进度与计划进度的比较方法，横道图比较法包括匀速横道图比较法和非匀速横道图比较法。

a. 匀速进展横道图比较法　匀速进展指的是项目进行中，单位时间完成的任务量是相等的。例如，某工程项目基础工程的计划进度和截止到第9周末的实际进度如图4-10所示。其中细线条表示该工程计划进度，粗实线表示实际进度。从图中实际进度与计划进度的比较可以看出，到第9周末进行实际进度检查时，挖土方和做垫层两项工作已经按计划完成；支模板按计划也应该完成，但实际只完成75%，任务量拖欠25%；绑扎钢筋按计划应该完成60%，而实际只完成20%，任务量拖欠40%。

匀速横道图比较法仅适用于工程项目中的各项工作都是均匀进展的情况，即每项工作在单位时间内完成的任务量都相等的情况。事实上，工程项目中各项工作的进展不一定是匀速的，如果各工作的进展不是匀速的，则应该采用非匀速横道图比较法。

b. 非匀速进展横道图比较法　当工作在不同单位时间里的进展速度不相等时，累计完成的任务量与时间的关系就不可能是线性关系。此时，应采用非匀速横道图比较法进行工作

工作名称	持续时间/周	进度计划/周															
		1	2	3	4	5	6	7	8	9	10	11	12	13	14	15	16
挖土方	6																
做垫层	3																
支模板	4																
绑钢筋	5																
混凝土	4																
回填土	5																

▲检查期

图 4-10　匀速进展横道图比较法

实际进度与计划进度的比较。非匀速进展横道图比较法在用涂黑粗线表示工作实际进度的同时，还要标出其对应时刻完成任务量的累计百分比，并将该百分比与其同时刻计划完成任务量的累计百分比相比较，判断工作实际进度与计划进度之间的关系。

采用非匀速进展横道图比较法时，其步骤如下。

① 编制横道图进度计划；

② 在横道线上方标出各主要时间工作的计划完成任务量累计百分比；

③ 在横道线下方标出相应时间工作的实际完成任务量累计百分比；

④ 用涂黑粗线标出工作的实际进度，从开始之日标起，同时反映出该工作在实施过程中的连续与间断情况；

⑤ 通过比较同一时刻实际完成任务量累计百分比和计划完成任务量累计百分比，判断工作实际进度与计划进度之间的关系。

如果同一时刻横道线上方累计百分比大于横道线下方累计百分比，表明实际进度拖后，拖欠的任务量为两者之差；如果同一时刻横道线上方累计百分比小于横道线下方累计百分比，则表明实际进度超前，超前的任务量为二者之差；如果同一时刻横道线上下方两个累计百分比相等，表明实际进度与计划进度相一致。

如图 4-11 所示，在横道线上方标出基槽开挖工作每周计划累计完成任务量的百分比，分别为 10%、25%、45%、65%、80%、90%和 100%；在横道线下方标出第 1 周至检查日期（第 4 周）每周实际累计完成任务量的百分比，分别为 8%、22%、42%、60%；用涂黑粗线标出实际投入的时间。

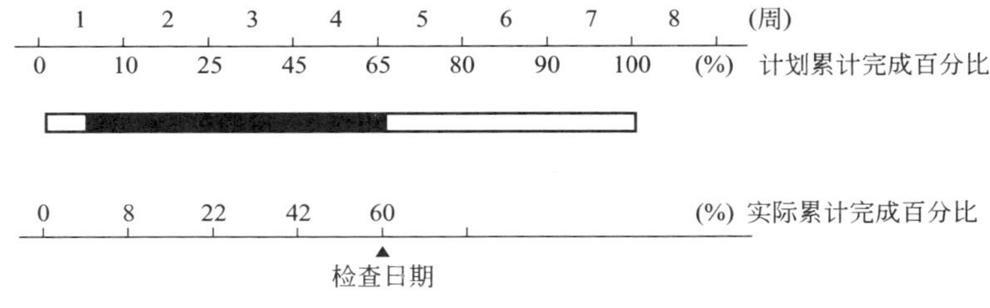

图 4-11　非匀速横道图比较法

可以看出，该工作实际开始时间晚于计划开始时间，在开始后连续工作，没有中断；在第一周实际进度比计划进度拖后 2%，以后各周末累计拖后分别为 3%，3%和 5%。

可以看出，由于工作进展速度是变化的，在图中的横道线，无论是计划的还是实际的，只能表示工作的开始时间、完成时间和持续时间，并不表示计划完成的任务量和实际完成的任务量。此外，采用非匀速进展横道图比较法，不仅可以进行某一时刻（如检查日期）实际进度与计划进度的比较，而且还能进行某一时间段实际进度与计划进度的比较。当然，这需要实施部门按规定的时间记录当时的任务完成情况。

横道图比较法虽有简单、形象直观、易于掌握、使用方便等优点，但由于其以横道计划为基础，因而带有局限性。在横道计划中，各项工作之间的逻辑关系表达不明确，关键工作和关键线路无法确定。一旦某些工作实际进度出现偏差时，难以预测其对后续工作和工程总工期的影响，也就难以确定相应的进度计划调整方法。因此，横道图比较法主要用于工程项目中某些工作实际进度与计划进度的局部比较。

（2）S形曲线比较法

a. S形曲线的概念　从整个工程项目实际进展全过程看，单位时间投入的资源量一般是开始和结束时较少，中间阶段较多，与其相对应，单位时间完成的任务量也呈同样的变化规律，如图4-12（a）所示。随工程进展，累计完成的任务量则应呈S形变化，由于其形似英文字母“S”，S曲线因此而得名，如图4-12（b）所示。

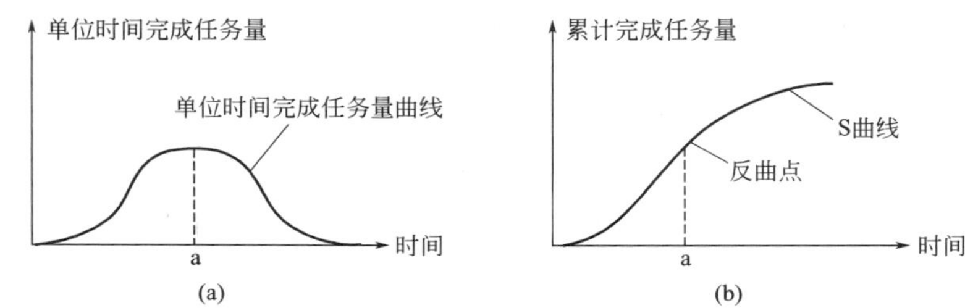

图4-12　时间与完成任务量关系曲线

b. S形曲线的绘制方法。

① 确定单位时间计划和实际完成的任务量。

② 确定单位时间计划和实际累计完成的任务量。

③ 确定单位时间计划和实际累计完成任务量的百分比。

④ 绘制计划和实际的S形曲线。

⑤ 分析比较S形曲线。

c. S形曲线的比较分析　同横道图比较法一样，S曲线比较法也是在图上进行工程项目实际进度与计划进度的直观比较的。在工程项目实施过程中，按照规定时间，将检查收集到的实际累计完成任务量绘制在原计划S曲线图上，即可得到实际进度S曲线，如图4-13所示。

通过比较实际进度S曲线和计划进度S曲线，可以获得如下信息。

a 实际进度与计划进度比较情况。

对应于任意检查日期，如果相应的实际进度曲线上的一点，位于计划S形曲线左侧，表示此时实际进度比计划进度超前，位于右侧则表示实际进度比计划进度滞后。

b 实际进度比计划进度超前或滞后的时间。

ΔT_a 表示 T_a 时刻实际进度超前的时间，ΔT_b 表示 T_b 时刻实际进度滞后的时间。

c 实际比计划超出或拖欠的工作任务量。

ΔQ_a 表示 T_a 时刻超额完成的工作任务量，ΔQ_b 表示在 T_b 时刻拖欠的工作任务量。

d 预测工作进度。

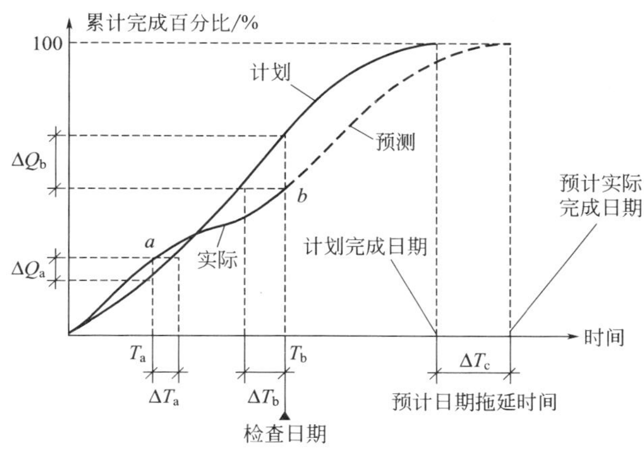

图 4-13 S曲线比较图

若工程按原计划速度进行，则此项工作的总拖延时间的预测值为 ΔT_c。

（3）香蕉形曲线比较法

a. 香蕉形曲线的概念 香蕉曲线是由两条S曲线组合而成的闭合曲线。由S曲线比较法可知，工程项目累计完成的任务量与计划时间的关系，可以用一条S曲线表示。对于一个工程项目的网络计划来说，如果以其中各项工作的最早开始时间安排进度而绘制S曲线，称为ES曲线；如果以其中各项工作的最迟开始时间安排进度而绘制S曲线，称为LS曲线。两条S曲线具有相同的起点和终点，因此，两条曲线是闭合的。在一般情况下，ES曲线上的其余各点均落在LS曲线的相应点的左侧。由于该闭合曲线形似“香蕉”，故称为香蕉曲线，如图4-14所示。

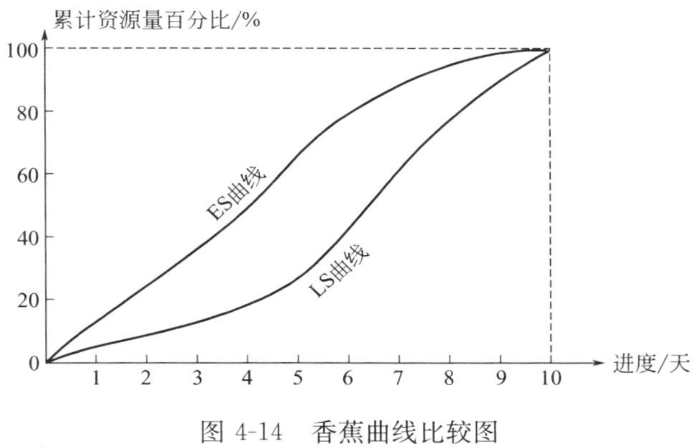

图 4-14 香蕉曲线比较图

b. 香蕉曲线比较法的作用 香蕉曲线比较法能直观反映工程项目的实际进展情况，并可以获得比S曲线更多的信息。其主要作用有：

① 合理安排工程项目进度计划 如果工程项目中的各项工作均按其最早开始时间安排进度，将导致项目的投资加大；而如果各项工程都按其最迟开始时间安排进度，则一旦受到进度影响因素的干扰，又将导致工期拖延，使工程进度风险加大。因此，一个科学合理的进度计划优化曲线应处于香蕉曲线所包络的区域之内。

② 定期比较工程项目的实际进度与计划进度 在工程项目的实施过程中，根据每次检查收集到的实际完成任务量，绘制出实际进度S曲线，便可以与计划进度进行比较。工程项

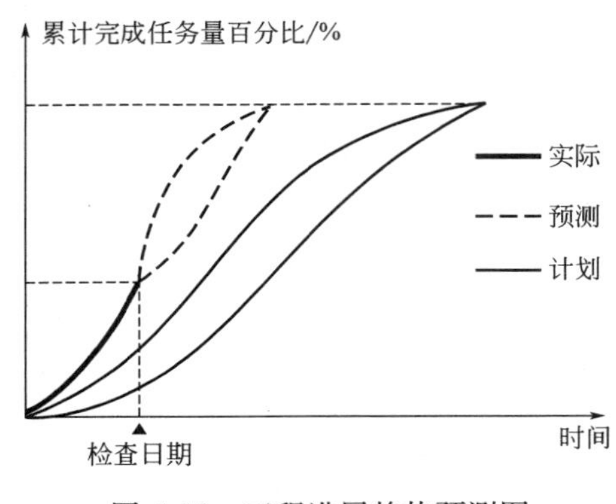

图 4-15　工程进展趋势预测图

目实施进度的理想状态是任一时刻工程实际进展点应落在香蕉曲线图的范围之内。如果工程实际进展点落在 ES 曲线的左侧，表明此刻实际进度比各项工作按其最早开始时间安排的计划进度超前；如果工程实际进展点落在 LS 曲线的右侧，则表明此刻实际进度比各项工作按其最迟开始时间安排的计划进度拖后。

③ 预测后期工程进展趋势　利用香蕉曲线可以对后期工程的进展情况进行预测。例如在图 4-15 中，该工程项目在检查日实际进度超前。检查日期之后的工程进度安排如图中虚线所示，预计该工程项目将提前完成。

（4）前锋线比较法

a. 前锋线的概念　前锋线比较法是通过绘制某检查时刻工程项目实际进度前锋线，进行工程实际进度与计划进度比较的方法，它主要适用于时标网络计划。所谓前锋线，是指在原时标网络计划上，从检查时刻的时标点出发，用点划线依此将各项工作实际进展位置点连接而成的折线。前锋线比较法就是通过实际进度前锋线与原进度计划中各工作箭线交点的位置进行比较，判断工作实际进度与计划进度的偏差，并判定该偏差对后续工作及总工期影响程度。采用前锋线比较法进行实际进度与计划进度的比较，其步骤如下。

① 绘制时标网络计划图　工程项目实际进度前锋线应在时标网络计划图上标示，为清楚起见，可在时标网络计划图的上方和下方各设一时间坐标。

② 绘制实际进度前锋线　一般从时标网络计划图上方时间坐标的检查日期开始绘制，依次连接相邻工作的实际进展位置点，最后与时标网络计划图下方坐标的检查日期相连接。

③ 进行实际进度与计划进度的比较　若工作实际进展位置点落在检查日期的左侧，表明该工作实际进度拖后，拖后时间为两者之差；若工作实际进展位置点与检查日期重合，表明该工作实际进度与计划进度一致；若工作实际进展位置点落在检查日期的右侧，表明该工作实际进度超前，超前时间为两者之差。

④ 预测进度偏差对后续工作及总工期的影响　通过实际进度与计划进度的比较，还可根据工作的自由时差和总时差预测该进度偏差对后续工作及项目总工期的影响。由此可见，

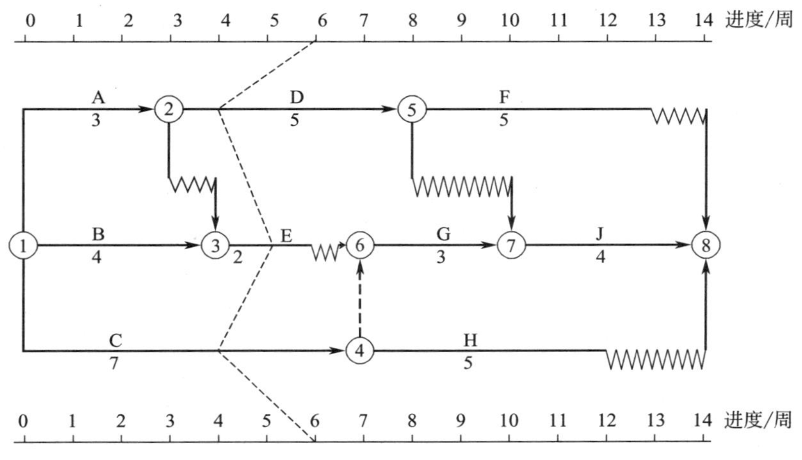

图 4-16　前锋线比较图

前锋线比较法既可用于工作实际进度与计划进度之间的局部比较，又可用于分析和预测工程项目整体进度状况，如图 4-16 所示。

从图 4-16 可以看出：工作 D 实际进度拖后 2 周，将使其后续工作 F 的最早开始时间推迟 2 周，并使总工期延长 1 周；工作 E 实际进度拖后 1 周，既不影响总工期，也不影响后续工作的正常进行；工作 C 实际进度拖后 2 周，将使其后续工作 G、H、J 的最早开始时间推迟 2 周，由于工作 G、J 开始时间的推迟，从而使总工期延长 2 周。综上所述，如果不采取措施加快进度，该工程项目的总工期将延长 2 周。

值得注意的是，上述比较是针对匀速进展的工作。对于非匀速进展的工作，比较方法较复杂，此处不赘述。

（5）列表比较法　当工程进度计划用非时标网络图表示时，可以采用列表比较法进行实际进度与计划进度的比较。这种方法是记录检查日期应该进行的工作名称及其已经作业的时间，然后列表并计算有关时间参数，并根据工作总时差进行实际进度与计划进度比较的方法。

4.3.4　工程项目进度调整系统

在工程实施进度监测过程中，一旦发现实际进度偏离计划进度，即出现进度偏差时，必须认真分析产生偏差的原因及其对后续工作和总工期的影响，必要时采取合理、有效的进度计划调整措施，确保进度总目标的实现。进度调整的系统过程如图 4-17 所示。

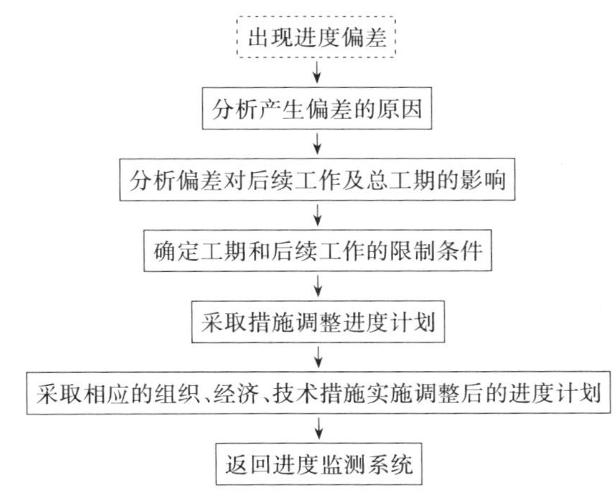

图 4-17　工程项目进程调整系统

4.3.4.1　工程项目进度调整系统过程

（1）分析进度偏差产生的原因　通过实际进度与计划进度的比较，发现进度偏差时，为了采取有效措施调整进度计划，必须深入现场进行调查，分析产生进度偏差的原因。

（2）分析进度偏差对后续工作和总工期的影响　当查明进度偏差产生的原因之后，要分析进度偏差对后续工作和总工期的影响程度，以确定是否应采取措施调整进度计划。

（3）确定后续工作和总工期的限制条件　当出现的进度偏差影响到后续工作或总工期而需要采取进度调整措施时，应当首先确定可调整进度的范围，主要指关键节点、后续工作的限制条件以及总工期允许变化的范围。这些限制条件往往与合同条件有关，需要认真分析后确定。

（4）采取措施调整进度计划　采取进度调整措施，应以后续工作和总工期的限制条件为依据，确保要求的进度目标得到实现。

（5）实施调整后的进度计划　进度计划调整之后，应采取相应的组织、经济、技术及合同措施执行它，并继续监测其执行情况。

4.3.4.2　进度计划的调整方法

（1）分析进度偏差对后续工作及总工期的影响　进度偏差的大小及其所处的位置不同，对后续工作和总工期的影响程度是不同的，分析时需要利用网络计划中工作总时差和自由时差的概念进行判断。分析步骤如下：

a. 分析出现进度偏差的工作是否为关键工作　如果出现的进度偏差位于关键线路上，即该工作为关键工作，则无论其偏差有多大，都将对后续工作和总工期产生影响，必须采取相应的调整措施；如果出现偏差的工作是非关键工作，则需要根据进度偏差值与总时差和自由时差的关系作进一步分析。

b. 分析进度偏差是否超过总时差　如果工作的进度偏差大于该工作的总时差，则此进度偏差必将影响其后续工作和总工期，必须采取相应的调整措施；如果工作的进度偏差未超过该工作的总时差，则此进度偏差不影响总工期。至于对后续工作的影响程度，还需要根据偏差值与其自由时差的关系作进一步分析。

c. 分析进度偏差是否超过自由时差　如果工作的进度偏差大于该工作的自由时差，则此进度偏差必将对其后续工作产生影响，此时应根据后续工作的限制条件确定调整方法。如果工作的进度偏差未超过该工作的自由时差，则此进度偏差不影响后续工作，因此，原进度计划可以不做调整。

（2）进度计划的调整方法　由于工作进度滞后引起后续工作开工时间或计划工期的延误，主要有两种调整方法。

a. 改变某些后续工作之间的逻辑关系　若进度偏差已影响计划工期，且有关后续工作之间的逻辑关系允许改变，此时可变更位于关键线路或位于非关键线路但延误时间已超出其总时差的有关工作之间的逻辑关系，从而达到缩短工期的目的。例如可将按原计划安排依次进行的工作关系改变为平行进行、搭接进行或分段流水进行的工作关系。通过变更工作逻辑关系缩短工期的方法往往简便易行且效果显著。

b. 缩短某些后续工作的持续时间　当进度偏差已影响计划工期，进度计划调整的另一方法是不改变工作之间的逻辑关系，而只是压缩某些后续工作的持续时间，以此加快后期工程进度，使原计划工期仍然能够得以实现。

缩短某些后续工作的持续时间，其调整方法视限制条件及对其后续工作的影响程度的不同，一般可分为以下两种情况：

① 若网络计划中某项工作进度拖延的时间已超过其自由时差但未超过其总时差。如前所述，此时该工作的实际进度不会影响总工期，而只对其后续工作产生影响。因此，在进行调整前，需要确定其后续工作允许拖延的时间限制。

若后续工作拖延的时间无限制，则可将拖延后的时间参数带入原计划，并化简网络图（即去掉已执行部分，以进度检查日期为起点，将实际数据带入，绘制出未实施部分的进度计划），即可得调整方案；若后续工作拖延的时间有限制，则需要根据限制条件对网络计划进行调整，寻求最优方案。一般情况下，可利用工期优化的原理确定后续工作中被压缩的工作，从而得到满足后续工作限制条件的最优调整方案。

② 网络计划中某项工作进度拖延的时间超过其总时差。此时，进度计划的调整方法又可分为以下三种情况：若项目总工期不允许拖延，则只能采取缩短关键线路上后续工作持续时间的方法来达到调整计划的目的；若项目总工期允许拖延，且拖延时间无限制，则此时只

需以实际数据取代原计划数据，并重新绘制实际进度检查日期之后的简化网络计划即可；若项目总工期允许拖延，但拖延的时间有限制，则当实际进度拖延的时间超过此限制时，也需要对网络计划进行调整，即通过缩短关键线路上后续工作持续时间的方法来使总工期满足规定工期的要求。

以上无论何种情况，具体调整方法，可参考网络计划中的工期优化。

4.3.5　监理规范对进度控制工作的规定

4.3.5.1　监理工程师进度控制的职责

根据《建设工程监理规范》（GB 50319—2000）对进度控制工作的要求，监理工程师应做好以下工作：

① 总监理工程师审批承包单位报送的施工总进度计划；

② 总监理工程师审批承包单位编制的年、季、月度施工进度计划；

③ 专业监理工程师检查和分析进度计划的实施情况；

④ 当实际进度符合计划进度时，应要求承包单位编制下一期进度计划；当实际进度滞后于计划进度时，专业监理工程师应书面通知承包单位采取纠偏措施并监督实施。

规范还规定：

专业监理工程师应依据施工合同有关条款、施工图及经过批准的施工组织设计制订进度控制方案，对进度目标进行风险分析，制定防范性对策，经总监理工程师审定后报送建设单位。专业监理工程师还应检查进度计划的实施，并记录实际进度及其相关情况，当发现实际进度滞后于计划进度时，应签发监理工程师通知单指令承包单位采取调整措施。当实际进度严重滞后于计划进度时应及时报总监理工程师，由总监理工程师与建设单位商定采取进一步措施。总监理工程师应在监理月报中向建设单位报告工程进度和所采取进度控制措施的执行情况，并提出合理预防由建设单位原因导致的工程延期及其相关费用索赔的建议。

4.3.5.2　关于工程暂停及复工的规定

监理规范规定，总监理工程师应根据暂停工程的影响范围和影响程度，确定工程项目的停工范围，按照施工合同和委托监理合同的约定签发工程暂停令。在发生下列情况之一时，总监理工程师可签发工程暂停令。

① 建设单位要求暂停施工且工程需要暂停施工；

② 为了保证工程质量而需要进行停工处理；

③ 施工出现了安全隐患，总监理工程师认为有必要停工以消除隐患；

④ 发生了必须暂时停止施工的紧急事件；

⑤ 承包单位未经许可擅自施工，或拒绝项目监理机构管理。

规范还规定如下：

由于非承包单位原因，总监理工程师在签发工程暂停令之前，应就有关工期和费用等事宜与承包单位进行协商。由于建设单位原因，或者其他非承包单位原因导致工程暂停时，项目监理机构应如实记录所发生的实际情况。总监理工程师应在施工暂停原因消失、具备复工条件时，及时签署工程复工报审表，指令承包单位继续施工。由于承包单位原因导致工程暂停，在具备恢复施工条件时，项目监理机构应审查承包单位报送的复工申请及有关材料，同意后由总监理工程师签署工程复工报审表，指令承包单位继续施工。

总监理工程师在签发工程暂停令到签发工程复工报审表之间的时间内，宜会同有关各方按照施工合同的约定，处理因工程暂停引起的与工期、费用等有关的问题。

4.3.5.3 工程延期及工程延误的处理

关于工程延期及工程延误的处理，监理规范有以下规定。

(1) 当承包单位提出工程延期要求符合施工合同文件的规定条件时，项目监理机构应予以受理。

(2) 当影响工期事件具有持续性时，项目监理机构可在收到承包单位提交的阶段性工程延期申请表并经过审查后，先由总监理工程师签署工程临时延期审批表并通报建设单位。当承包单位提交最终的工程延期申请表后，项目监理机构应复查工程延期（临时延期）情况，并由总监理工程师签署工程最终延期审批表。

(3) 项目监理机构在作出临时工程延期批准或最终的工程延期批准之前，均应与建设单位和承包单位进行协商。

(4) 项目监理机构在审查工程延期时，应依下列情况确定批准工程延期的时间：

① 施工合同中有关工程延期的约定；

② 工期拖延和影响工期事件的事实和程度；

③ 影响工期事件对工期影响的量化程度。

(5) 工程延期造成承包单位提出费用索赔时，项目监理机构应按监理规范关于“费用索赔的处理”规定处理。

(6) 当承包单位未能按照施工合同要求的工期竣工交付造成工期延误时，项目监理机构应按施工合同规定从承包单位应得款项中扣除误期损害赔偿费。

4.4 建设工程投资控制

4.4.1 建设工程投资控制概述

4.4.1.1 建设工程投资的概念

建设工程总投资，一般是指进行某项工程建设花费的全部费用。生产性建设工程总投资包括固定资产投资和流动资产投资两部分；非生产性建设工程总投资则只包括固定资产投资。建设工程投资的构成如图 4-18 所示。

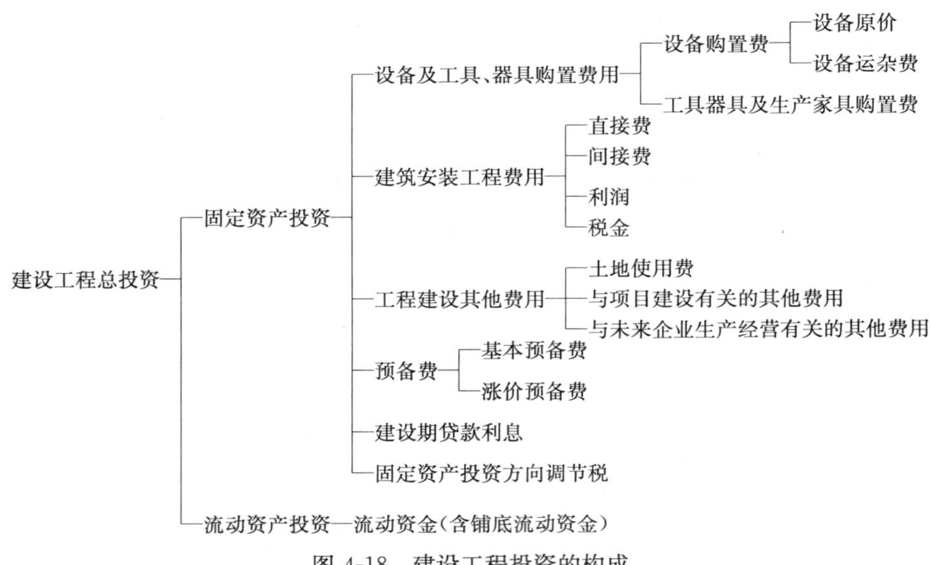

图 4-18 建设工程投资的构成

固定资产投资（也称工程造价）按是否考虑资金的时间价值可以分为静态投资和动态投资。其中，静态投资由建筑安装工程费、设备及工器具购置费、工程建设其他费用和基本预备费组成；动态投资指在建设期内，因建设期贷款利息、建设工程需缴纳的固定资产投资方向调节税和国家新批准的税费、汇率、利率变动以及建设期价格变动引起的建设投资增加额，包括涨价预备费、建设期利息和固定资产投资方向调节税。

（1）设备及工器具购置费　设备及工器具购置费是由设备购置费和工具、器具及生产家具购置费用组成。在工业建设工程中，设备及工具、器具购置费用与资本的有机构成相联系，设备及工具、器具购置费用占投资费用比例的大小，意味着生产技术的进步和资本有机构成的程度。

（2）建筑安装工程费　我国现行建筑安装工程费用由直接费、间接费、利润和税金组成。直接费由直接工程费和措施费组成，间接费由规费和企业管理费组成。

a. 直接工程费指施工过程中耗费的构成工程实体的各项费用，包括人工费、材料费、施工机械使用费。

b. 措施费是指为完成工程项目施工，发生于该工程施工前和施工过程中非工程实体项目的费用。包括环境保护费、文明施工费、安全施工费、临时设施费、夜间施工费、二次搬运费、大型机械设备进出场及安拆费、混凝土、钢筋混凝土模板及支架费、脚手架费、已完工程及设备保护费及施工排水、降水费等。

c. 间接费包括规费和企业管理费。

① 规费是指政府和有关权力部门规定必须缴纳的费用（简称规费）。包括工程排污费、工程定额测定费、社会保障费、医疗保险费及危险作业意外伤害保险费。

② 企业管理费是指建筑安装企业组织施工生产和经营管理所需费用。包括管理人员工资、办公费、差旅交通费、固定资产使用费、工具用具使用费、劳动保险费、工会经费、职工教育经费、财产保险费、财务费、税金及其他。

d. 利润是指施工企业完成承包工程所获得的盈利。

e. 税金是指国家税费规定的、应计入建筑安装工程造价的营业税，城市维护建设税及教育附加费。

① 营业额是指从事建筑、安装、修缮、装饰及其他工程作业收取的全部收入，还包括建筑、修缮、装饰工程所用原材料及其他物资和动力的价款。当安装设备的价值作为安装工程产值时，亦包括所安装设备的价款。但建筑业的总承包人将工程分包或转包给他人的，其营业额中不包括付给分包或转包人的价款。

② 城市维护建设税是国家为了加强城乡的维护建设，扩大和稳定城市、乡镇维护建设资金来源，而对有经营收入的单位和个人征收的一种税。城市维护建设税的纳税人所在地为市区的，按营业税的7%征收；所在地为县镇的，按营业税的5%征收；所在地为农村的，按营业税的1%征收。

③ 教育费附加税额为营业税的3%。

（3）工程建设其他费用　工程建设其他费用是指从工程开始筹建到工程竣工验收交付使用为止的整个建设期间，除建筑安装工程费用和设备、工具、器具购置费以外的为保证工程建设顺利完成和交付使用后能够正常发挥效用而发生的一些费用。按其内容可分为土地使用费与项目建设有关的费用及与未来企业生产经营活动有关的费用。

a. 土地使用费　由于工程项目固定于一定地点且与地面相连接，必须占用一定量的土地，也就必然要发生为获得建设用地而支付的费用。按照其获取方式不同，土地使用费的计算方法也不同。

b. 与项目建设有关的其他费用　包括建设单位管理费（开办费、经费）、勘察设计费、研究试验费、临时设施费、工程监理费、工程保险费（含建筑工程一切险、安装工程一切险等）、供电贴费、施工机构迁移费及引进技术和进口设备其他费。

c. 与未来企业生产经营有关的其他费用　包括联合试运转费、生产准备费、办公和生活家具购置费等。

（4）预备费　按我国现行规定，预备费包括基本预备费和涨价预备费。

a. 基本预备费（不可预见费）是指在项目实施中可能发生但难以预料需要预先预留的费用。主要包括：

① 在批准的初步设计范围内，技术设计、施工图设计及施工过程中新增加的工程费用，设计变更、局部地基处理等增加的费用；

② 一般自然灾害造成的损失和预防自然灾害所采取的措施费用；

③ 竣工验收时为鉴定工程质量，对隐蔽工程进行必要的挖掘和修复费用。

b. 涨价预备费是指建设工程在建设期内由于价格等变化引起投资增加，需要事先预留的费用。包括人工、设备、材料、施工机械的差价费，建筑安装工程费及工程建设其他费用调整，利率、汇率调整等增加的费用。

（5）建设期贷款利息和固定资产投资方向调节税

a. 建设期利息是指项目借款在建设期内发生并计入固定资产的利息。

b. 固定资产投资方向调节税是为贯彻国家产业政策，控制投资规模，引导投资方向，调整投资结构，加强重点建设，促进国民经济持续稳定协调发展，对在我国境内进行固定资产投资的单位和个人征收的税种。

（6）铺底流动资金　铺底流动资金是保证项目投产后，能正常生产经营所需要的最基本的周转资金数额。铺底流动资金是项目总投资的一个组成部分，在项目决策阶段就要得到落实，一般按流动资金的30％计算。这里的流动资金是指建设项目投产后，为维持正常生产经营用于购买原材料、燃料、支付人员工资及其他生产经营费用等所必不可少的周转资金，实际上就是财务中的运营资金。

4.4.1.2　建设工程投资的特点

建设工程投资的特点是由建设工程项目本身的特点决定的。

（1）建设工程投资数额巨大　建设工程投资数额巨大，动辄上千万，数十亿。建设工程投资数额巨大的特点使它关系到国家、行业或地区的重大经济利益，对国计民生也会产生重大的影响。

（2）建设工程投资差异明显　每个建设工程都有特定的用途、功能和规模，其结构、空间分割、设备配置和内外装饰也不相同，且处于不同地区工程的人工、材料、机械消耗也有差异。所以，建设工程投资的差异十分明显。

（3）建设工程投资需单独计算　建设工程的实物形态千差万别，加上不同地区构成投资费用的各种要素的差异，最终导致建设工程投资的千差万别。因此，建设工程只能通过编制估算、概算、预算、合同价、结算价及竣工决算价等程序，单独计算其投资。

（4）工程投资确定依据复杂　建设工程投资的确定依据繁多，关系复杂。在不同的建设阶段有不同的确定依据，且互为基础，互相影响，如图4-19所示。

（5）建设工程投资确定的层次繁多　建设工程投资的确定需分别计算分部分项工程投资、单位工程投资、单项工程投资，最后才形成建设工程总投资。

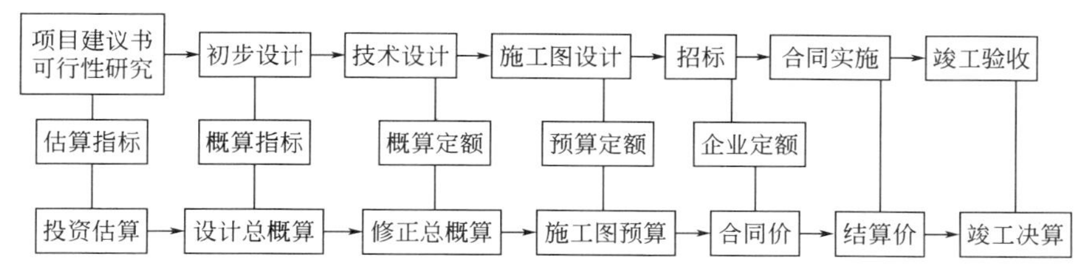

图 4-19　建设工程投资控制的依据

(6) 建设工程投资需动态跟踪调整　在整个建设期内，建设工程投资都具有不确定性，需随时进行动态跟踪、调整，直至竣工决算后才能真正形成建设工程总投资。

4.4.1.3　建设工程投资确定的依据

从建设工程投资的特点可以看出，其确定依据繁多，且关系复杂。它一般包括建设工程定额、工程技术文件、要素市场价格信息、建设工程环境条件等，工程量清单也是确定建设项目投资的重要依据。

(1) 建设工程定额

a. 定额的概念　定额，即规定的额度，是人们根据不同的需要，对某一事物规定的数量标准。建设工程定额，即额定的消耗量标准，指按照国家有关的产品标准、设计规范和施工验收规范、质量评定标准，并参考行业、地方标准以及有代表性的工程设计、施工资料等确定的工程建设过程中完成规定计量单位产品所消耗的人工、材料、机械等数量标准。

b. 定额的分类　按照不同的标准，可对建设工程定额进行分类。

① 按反映的物质消耗内容，可将定额分为人工、材料和机械消耗量定额。其中，人工、材料、机械消耗量定额分别指完成一定合格产品所消耗的人工、材料、施工机械的数量标准。

② 按建设程序，可将定额分为基础定额（预算定额）、概算定额（指标）和估算指标。其中，预算定额是完成规定计量单位分项工程的人工、材料、施工机械台班消耗量的标准；概算定额（指标）是在预算定额基础上，以主要分项工程综合相关分项的扩大定额，是编制初步设计概算的依据，还可作为编制施工图预算的依据，也可作为编制估算指标的基础；估算指标是编制项目建议书、可行性研究报告投资估算的依据。

③ 按照建设工程的特点，可将定额分为建筑工程定额、安装工程定额、铁路工程定额、公路工程定额、水利工程定额等。

④ 按照定额的适用范围，可将定额分为国家定额、行业定额、地区定额和企业定额。其中，企业定额是施工企业根据本企业的技术水平和管理水平，编制的完成单位合格产品所必需的人工、材料和施工机械台班消耗量以及其他生产经营要素消耗的数量标准。它是施工企业编制工程投标文件、制订施工计划、确定施工成本、进行成本管理和经济核算的依据。

⑤ 按构成工程的成本和费用，可将定额分为构成直接工程成本的定额、构成工程间接费用的定额及构成工程建设其他费用的定额。

(2) 工程量清单

a. 工程量清单的概念　工程量清单指由建设工程招标人发出的、对招标工程的全部项目，按统一的工程量计算规则、项目划分和计量单位计算出的工程数量列表，是表现拟建工程的分部分项工程项目、措施项目、其他项目名称和相应数量的明细清单。

b. 工程量清单的主要作用。

① 为投标者的投标竞争提供一个平等和共同的基础。

② 是工程付款和结算的依据。

③ 是调整工程量进行工程索赔的依据。

c. 工程量清单计价　工程量清单计价指投标人完成由招标人提供的工程量清单所列项目的全部费用，包括分部分项工程量清单费、措施项目清单费、其他项目清单费、规费和税金。

（3）其他确定依据

a. 工程技术文件　工程技术文件是反映建设工程项目的规模、内容、标准、功能等的文件。项目决策阶段的项目建设规划、建设方案编制投资估算的依据；初步设计图纸及有关设计文件，是编制设计概算的依据；施工图设计文件，包括建筑施工图纸、结构施工图纸、设备施工图纸、其他施工图纸等，是编制施工图预算的依据；工程招标阶段的招标文件、建设单位的特殊要求等，是编制投标报价的依据。

b. 要素市场价格信息　构成建设工程投资的要素包括人工、材料、施工机械等，要素价格是影响建设工程投资的关键因素。因此，必须随时掌握要素市场价格信息，了解市场价格行情，熟悉市场上各类资源的供求变化及价格动态。这样，得到的建设工程投资才能反映市场，反映工程建设所需的真实费用。

c. 建设工程环境条件　建设工程环境条件，包括项目场地的条件、自然条件和周边基础设施等条件。例如工程地质条件、气象条件、现场环境与周边条件等，它们会对建设投资产生不同程度的影响。

d. 其他　国家对建设工程费用计算的有关规定，例如按国家税法规定须计取的相关税费等，也是建设工程投资确定的依据。

4.4.1.4　监理工程师在投资控制中的任务

按照工程建设的不同阶段，监理工程师在投资控制中的任务可以归纳为以下四个方面。

（1）决策阶段投资控制的任务　编制或审查拟建项目的可行性研究报告，包括市场调查和预测、场址选择、建设方案、投资估算、环境影响评价、财务评价、国民经济评价和社会评价等，使建设项目的投资在决策阶段就得到有效控制。

（2）设计阶段投资控制的任务　协助建设单位提出设计要求，组织设计方案竞赛或设计招标，用技术经济的方法组织评选设计方案，审查设计概、预算，提出改进意见，满足建设单位对项目投资的经济性要求。

（3）施工招标阶段投资控制的任务　协助建设单位编制招标文件，合理制定招标工程标底价，协助评审投标书，提出评标意见，协助建设单位与承包单位签订承包合同，以实现对投资的有效控制。

（4）施工阶段投资控制的任务　依据施工合同有关条款、施工图样等，对建设项目投资目标进行风险分析，并制定防范性对策，控制工程款支付，审查工程变更费用，预防和处理好费用索赔，使实际发生的建设投资被控制在计划的投资额度之内。

（5）竣工验收交付使用阶段投资控制的任务　审查竣工结算，合理控制工程尾款的支付，处理好质量保修金的扣留和使用，协助建设单位做好建设项目后评估工作。

4.4.2　建设工程决策阶段的投资控制

建设项目投资决策阶段的投资控制，主要体现在协助建设单位审核或受建设单位委托编写项目可行性研究报告。

4.4.2.1　可行性研究

所谓可行性研究，是运用多种科学手段综合论证一个建设项目在技术上是否先进、适用、经济、安全、可靠，在财务上是否盈利；作出环境影响、社会效益和经济效益的分析和评价。可行性研究除了能为业主提供项目决策的依据之外，还为土地管理、城市规划等行政管理部门批准建设项目用地、项目建设规划等，贷款方提供贷款、合作者决定签约提供决策的依据，也为工程设计者提供设计依据和基础资料。它是建设项目投资决策科学化的必要步骤和手段。

(1) 可行性研究的基本工作步骤　可行性研究的基本工作步骤包括：签订委托协议；组建工作小组；制订工作计划；市场调查与预测；方案编制与优化；项目评价；编写可行性研究报告（如图4-20所示）。

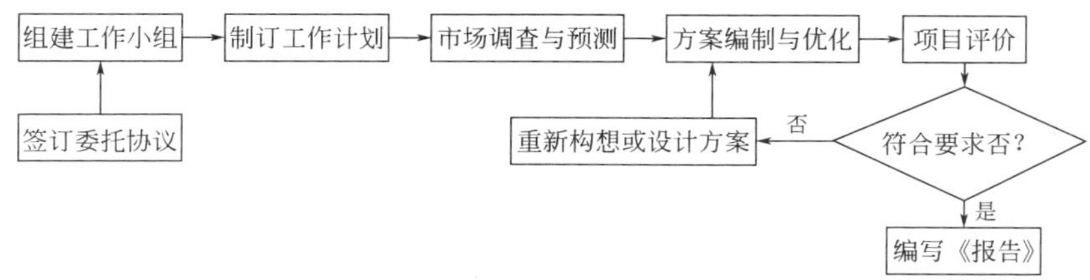

图4-20　可行性研究的基本工作步骤

(2) 可行性研究报告的内容　可行性研究过程形成的工作成果，一般通过可行性研究报告固定下来，构成下一步研究工作的基础。项目可行性研究报告一般包括以下内容：总论；项目的背景和基本设想；市场需求预测；拟建规模与产品方案；资源、原材料、燃料及公用设施情况；场址选择和建设条件；建设方案；环境保护；企业组织、劳动定员和人员培训；实施进度安排；投资估算与资金筹措；财务评价；社会评价；研究结论与建议等。

(3) 可行性研究报告的深度要求　根据国家计委的规定，可行性研究报告的深度应达到以下要求：

a. 能充分反映项目可行性研究的成果，内容齐全，结论明确，数据准确，论据充分，满足决策者确定方案和项目决策的要求；

b. 选用主要设备的规格、参数应能满足预订货的要求；

c. 对于重大技术与经济方案，应有两个以上方案的比选；

d. 主要工程技术数据应能满足项目初步设计的要求；

e. 融资方案应能满足银行等金融机构信贷决策的要求；

f. 应反映可行性研究过程中出现的某些方案的重大分歧及未被采纳的理由，以供委托单位与投资者权衡利弊进行决策；

g. 应附有评估、决策（审批）所必需的合同、协议、意向书、政府批件等。

4.4.2.2　建设工程投资估算的编制与审查

投资估算是在研究确定项目的建设规模、产品方案、工艺技术及设备方案、工程方案及项目实施进度等基础上，估算项目建设所需要的资金总额（包括固定资产投资和流动资金），并测算建设期分年资金使用计划的过程。

投资估算是项目主管部门审批项目建议书和可行性研究报告的依据之一；是项目筹资决策和投资决策的重要依据，对于确定融资方式、进行经济评价和进行方案选优起着重要的作用；是编制初步设计概算的依据，同时还对初步设计概算起控制作用。

(1) 投资估算的编制依据　投资估算的编制依据包括：

a. 主要工程项目、辅助工程项目及其他各单项工程的建设内容及工程量；

b. 专门机构发布的建设工程造价及费用构成、估算指标、计算方法以及其他有关估算工程造价的文件；

c. 专门机构发布的工程建设其他费用计算办法和费用标准、政府部门发布的物价指数；

d. 已建同类工程项目的投资档案资料；

e. 影响建设工程投资的动态因素，如利率、汇率、税率等。

(2) 固定资产投资的估算方法　建设投资的估算采用何种方法，应取决于要求达到的精确度，而精确度又由项目前期研究阶段的不同以及资料数据的可靠性决定。因此在项目决策阶段，允许针对项目的具体情况，采用详简不同、深度不同的估算方法。常用的固定资产投资估算的方法有：生产能力指数法、资金周转率法、比例估算法、综合指标投资估算法等。

a. 生产能力指数法　这种方法根据已建成的、性质类似的建设项目或生产装置的投资额和生产能力，估算拟建项目的投资额。计算公式为：

$$C_2=C_1\left(\frac{X_2}{X_1}\right)^n\times C_f \tag{4-1}$$

式中，C_2 为拟建项目或装置的投资额；C_1 为已建同类型项目或装置的投资额；X_2 为拟建项目的生产能力；X_1 为已建同类型项目的生产能力；C_f 为价格调整系数；n 为生产能力指数。

该方法中，生产能力指数 n 的取值是一个关键。不同行业、性质、工艺流程、建设水平、生产力水平的项目，应取不同的指数值，其原则是：靠增加设备、装置的数量扩大生产规模时，n 取 0.8～0.9；靠提高设备、装置的功能和效率扩大生产规模时，n 取 0.6～0.7。另外，拟建项目生产能力与已建同类项目生产能力的比值应有一定的限制范围。一般比值不超过 50 倍，在 10 倍以内效果较好。

b. 资金周转率法　该法是从资金周转率的定义推算出投资额的一种方法。当资金周转率为已知时，则：

$$C=(Q\times P)/T \tag{4-2}$$

式中　C——拟建项目总投资；

Q——产品的年产量；

P——产品单价；

T——资金周转率，T=年销售总额/总投资。

该法概念简单明了，方便易行但精度较低，可用于投资机会研究及项目建议书阶段的投资估算。

c. 比例估算法。

① 以拟建项目或装置的设备费为基数，根据已建成的同类项目的建筑安装工程费和其他费用等占设备价值的百分比，求出相应的建筑安装工程及其他有关费用，其总和即为拟建项目或装置的投资额。计算公式为：

$$C=E(1+f_1P_1+f_2P_2+f_3P_3)+I \tag{4-3}$$

式中　C——拟建项目的建设投资额；

E——根据设备清单按现行价格计算的设备费（包括运杂费）的总和；

P_1,P_2,P_3——表示已建成项目中的建筑、安装及其他工程费用分别占设备费的百分比；

f_1，f_2，f_3——表示由于时间因素引起的定额、价格、费用标准等变化的综合调整系数；

I——拟建项目的其他费用。

这种方法适用于设备投资占比例较大的项目。

② 以拟建项目中主要的、投资比重较大的工艺设备的投资（含运杂费，也可含安装费）为基数，根据已建类似项目的统计资料，计算出拟建项目各专业工程费占工艺设备价值的比例，求出各专业投资，加总得工程费用，再加上其他费用，可求得拟建项目的建设投资。

d. 综合指标投资估算法　综合指标投资估算法又称概算指标法。是依据国家有关规定，国家或行业、地方的定额、指标和取费标准以及设备和主材价格等，从工程费用中的单项工程入手，估算初始投资。其估算要点是：

① 设备和工器具购置费估算　分别估算各单项工程的设备和工器具购置费，需要主要设备的数量、出厂价格和相关运杂费资料。一般运杂费可按设备价格的百分比估算。进口设备要注意按照有关规定和项目实际情况估算进口环节的有关税费，并注明需要的外汇额。主要设备以外的零星设备费可按其占主要设备费的比例估算，工器具购置费一般也按其占主要设备费的比例估算。

② 安装工程费估算　可行性研究阶段，安装工程费一般可以按照设备费的比例估算，该比例需要通过经验判定，并结合该装置的具体情况确定。安装工程费中含有进口材料的，也要注意按照有关规定和项目实际情况估算进口环节的有关税费，并注明需要的外汇额。安装工程费中的材料费应包括运杂费。

安装工程费也可按设备吨位乘以吨安装指标，或安装实物量乘以相应的安装费指标估算。

③ 建筑工程费估算　建筑工程费的估算一般按单位综合指标法，即用工程量乘以相应的单位综合指标估算，如单位建筑面积投资（元/m^2），单位土石方投资（元/m^3），单位矿井巷道投资，单位路面铺设投资等。

以投资估算指标，乘以所需的面积、体积、容量等，即可估算出相应的土建工程、给排水工程、照明工程、采暖工程、变配电工程等各单位工程的投资。在此基础上汇总成某一单项工程的投资。然后再估算工程建设其他费用和预备费，即可得出项目所需要的固定资产投资。

（3）流动资金估算方法　流动资金是指生产经营性项目投产后，为进行正常生产运营，用于购买原材料、燃料，支付工资及其他经营费用等所需的周转资金。流动资金估算一般是参照现有同类企业的状况采用分项详细估算法，个别情况或者小型项目可采用扩大指标法。

（4）投资估算的审查　为了保证投资项目估算的准确性，必须加强对项目投资估算的审查工作。监理工程师在审查项目投资估算过程中，应注意以下方面。

a. 投资估算编制依据的时效性和准确性　拟建项目的基础数据和资料的时效性、准确性直接影响到投资估算的有效性和准确性，监理工程师应对其进行调查和分析。可以参照已建成同类项目，或尚未建成但设计方案已经批准、图纸已经会审、设计概预算已经审查通过的资料，作为拟建项目投资估算的参考资料；在掌握项目所在地生产要素市场价格信息的基础上，审查拟建项目各项生产要素的价格；审查投资估算指标和有关调整系数，以保证其准确性、合理性。

b. 投资估算方法的科学性与适用性　投资估算的方法较多，有静态投资估算方法和动态投资估算方法，静态、动态投资估算方法又分别包括多种方法。究竟选用哪种方法估算拟建项目的投资更加科学、适用，监理工程师应根据投资估算的精确度要求，结合拟建项目技术经济状况来决定。例如在项目建议书、初步可行性研究阶段，对投资估算精度允许偏差较大时，可用单位生产能力估算法、资金周转率法等估算方法。

c. 项目建设规模与业主投资意图的符合性　监理工程师通过调查和咨询建设单位、设备生产与供应单位，充分掌握相关信息，审查拟建项目的建设规模、生产能力是否符合业主的投资意图，使拟建项目的建设规模、生产能力既能够实现业主的投资目标，又可以避免由于建设规模过大、生产能力过剩而造成不必要的浪费。

除了注意上述方面外，监理工程师在审查项目投资估算过程中还应注意审查投资估算的编制内容与拟建项目规划要求的一致性，以及投资估算的费用项目、费用数额的真实性等方面。

4.4.2.3　项目评价

在项目决策阶段，监理工程师除了审核投资估算外，还应参与项目评价工作。所谓项目评价是指对推荐方案进行环境影响评价、财务评价、国民经济评价、社会评价及风险分析，以判别项目的环境可行性、经济可行性、社会可行性及抗风险能力。相关知识参考技术经济学。

建设项目可行性研究报告经过政府有关部门（土地、城市规划、环保等管理部门）审批立项后，项目进入设计阶段，监理工程师就要开展设计阶段的投资控制工作。

4.4.3　建设工程设计阶段的投资控制

工程设计是在项目可行性研究报告经批准后、项目施工开始之前，设计单位根据已批准的设计任务书，为具体实现建设项目的技术、经济要求，拟定项目建造（建筑、安装、设备制造等）所需要的图纸等技术文件的工作过程。工程设计过程一般包括初步设计和施工图设计两个阶段；对于技术复杂的建设项目，可根据需要在初步设计之后、施工图设计之前增加技术设计；对于大型项目，在初步设计之前可能还需进行总体设计。由于不同设计阶段的工作内容存在差异，因而针对不同阶段的投资控制内容和重点也就有所不同。

设计方案直接影响建设工程投资。例如建筑与结构方案的选择、建筑材料和设备的选用及其性能标准等设计内容，对建设工程投资均有直接影响。设计方案不合理会导致建筑产品功能不合理，存在不必要的功能，造成投资的浪费。工程设计不合理还会影响建设项目使用阶段的经常性费用，如增大能耗和维护成本等。因此设计阶段是建设工程投资控制的关键阶段。在设计阶段，建设工程投资的合理性主要体现在设计方案是否合理，以及设计概算、施工图预算是否符合规定的要求。因此，监理工程师应通过执行设计标准、推行限额设计、优选设计方案、运用价值工程优化设计方案、审核设计概算和施工图预算等多种途径，使建设项目产生良好的投资效益，以实现建设工程项目的投资控制目标。

4.4.3.1　提高设计经济合理性的途径

（1）执行设计标准　设计标准是国家经济建设的重要技术规范，是进行建设工程勘察、设计、施工及工程验收的重要依据。在设计阶段，监理工程师应检查和监督工程设计活动，使其符合相应的设计标准和规范的要求，这不仅有益于保证设计质量，而且能够避免由于设计质量问题在施工过程中造成停工、返工，甚至发生质量与安全事故，从而导致建设工程投资的损失。监理工程师检查和监督工程设计文件与设计标准和规范的符合性，还有利于增加设计方案的合理性，降低不必要的建设工程投资费用。

（2）推行标准化设计　标准设计通常指在工程设计中，可在一定范围内通用的标准图、通用图和复用图，一般通称为标准图。各类工程建设的构件、配件、零部件、通用的建筑物、构筑物、公用设施等，只要有条件都应实施标准化设计。标准化设计是经过反复实践，加以检验和补充完善的，能较好地贯彻国家和地方的技术经济政策，密切结合当地自然条件和技术发展水平，合理利用能源，充分考虑施工生产、使用、维修的要求。因此，监理工程师检查和督促设计人员在工程设计过程中采用标准设计，有助于促进工业化水平，加快工程进度，节约建筑材料，降低建设工程的投资费用。据统计，采用标准设计一般可加快设计进度 1～2 倍，节约建设投资 10%～15%。

（3）推行限额设计　限额设计就是按批准的投资估算控制初步设计，按批准的初步设计总概算控制施工图设计。即将上阶段设计审定的投资额和工程量先行分解到各专业，然后再分解到各单位工程和分部工程。各专业在保证使用功能的前提下，按分配的投资限额控制设计，严格控制技术设计和施工图设计的不合理变更，以保证不超过总投资限额。

推行限额设计，控制建设工程投资可以从两方面入手。一是按照限额设计过程从前往后依次进行纵向控制，具体为：在初步设计阶段重视方案的选择，按照审定的投资估算进一步落实工程投资；将施工图预算严格控制在批准的设计概算以内；加强设计变更的管理工作。另一方面是对设计单位各专业、设计者进行考核，实施奖惩制度，具体为：督促设计单位建立内部限额设计责任制；实行限额设计的奖惩制度等。

监理工程师应事先明确设计各阶段、各专业、各单位工程和分部工程的限额设计目标，并采取相应的组织措施、管理措施、经济措施、技术措施，才能有效地推行限额设计，控制建设工程投资。

（4）优选设计方案　优选设计方案就是通过对工程设计方案的经济分析，从若干设计方案中选出最佳方案的过程。由于设计方案的经济效果不仅取决于技术条件，而且还受不同地区的自然条件和社会条件的影响，设计方案选择时，须综合考虑各方面因素，对备选方案进行全方位技术经济分析与比较，结合当时当地的实际条件，选择功能完善、技术先进、经济合理的设计方案。

优选设计方案最常用的方法是比较分析方法。监理工程师可以协助建设单位，通过设计招标和设计方案竞选等活动寻求既满足质量要求，又能实现投资目标的设计方案。

（5）运用价值工程优化设计方案　价值工程可用于设计阶段的投资决策。价值工程中价值的含义是产品的一定功能与获得这种功能所支出的费用之比。其中，功能指研究对象（产品）所具有的能够满足某种需要的属性或效用；成本指产品在寿命周期内所花费的全部费用，包括生产成本和使用成本。由此可见，提高产品价值有以下五种途径：在提高功能水平的同时，降低成本；在保持成本不变的情况下，提高功能水平；在保持功能水平不变的情况下，降低成本；成本稍有增加，但功能水平大幅度提高；功能水平稍有下降，但成本大幅度下降。应用价值工程原理，可对设计方案进行优化，有效降低建设工程投资。

4.4.3.2　**设计概算的编制与审查**

在初步设计阶段，监理工程师进行投资控制除了做好设计方案的审查工作外，还应对设计概算进行审查。

（1）设计概算的内容、作用及编制依据

a. 设计概算的内容　设计概算是在初步设计或扩大初步设计阶段，由设计单位按照设计要求概略地计算拟建工程从立项到交付使用全过程所发生的建设费用的文件，是设计文件的重要组成部分。设计概算分为单位工程概算、单项工程综合概算及建设工程总概算三级。其编制内容及相互关系如图 4-21 所示。

单位工程概算分为建筑单位工程概算和设备及安装单位工程概算两大类，是确定单项工程中各单位工程建设费用的文件，是编制单项工程综合概算的依据。其中，建筑工程概算分

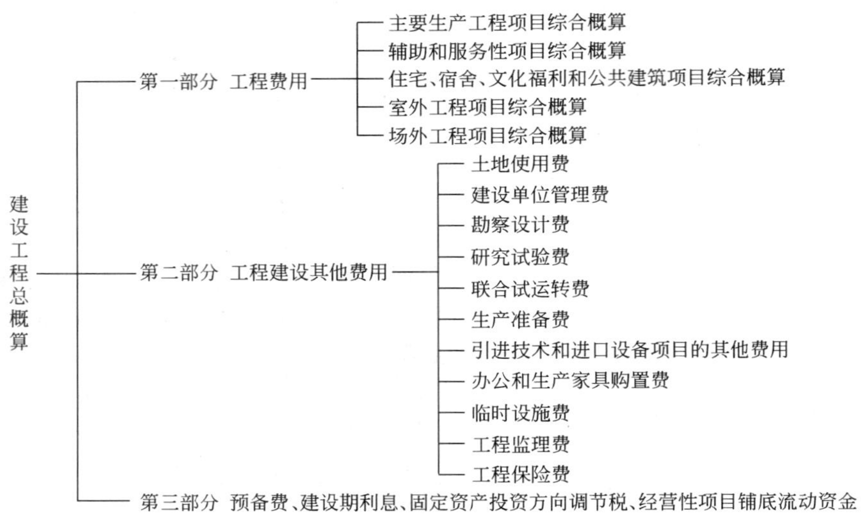

图 4-21 建设工程总概算组成

为一般土建工程概算、给排水工程概算、采暖工程概算、通风工程概算、电气照明工程概算、弱电工程概算、特殊构筑物工程概算。设备及安装工程概算分为机械设备及安装工程概算、电气设备及安装工程概算以及器具、工具及生产家具的购置费概算。

单项工程综合概算是确定一个单项工程所需建设费用的文件，是根据单项工程内各专业单位工程概算汇总编制而成的。建设工程总概算确定了整个建设工程从立项到竣工验收全过程所需费用文件，它由各单项工程综合概算以及工程建设其他费用和预备费用概算等汇总编制而成。

b. 设计概算的作用。

① 是编制建设项目投资计划、确定和控制建设项目投资的依据。

② 是对设计方案进行经济评价与选择的依据。

③ 是签订建设工程合同、贷款合同的依据。

④ 是建设项目设计概算与竣工决算对比、考核建设工程成本和投资效果的依据。

⑤ 是控制施工图设计和施工图预算的依据。

c. 设计概算的编制依据　设计概算的编制依据包括经批准的有关文件、上级有关文件、指标；工程地质勘测资料；经批准的设计文件；水、电和原材料供应情况；交通运输情况及运输价格；地区工资标准、有关部门发布的人工、材料及机械台班价格；国家、地方或行业主管部门颁发的概算定额或概算指标、建筑安装工程费用定额、其他有关取费标准；国家、地方或行业主管部门规定的其他工程费用指标、机电设备价目表；类似工程概算及技术经济指标等。

（2）设计概算的编制方法

a. 单位工程设计概算的编制方法　设计概算编制是从最基本的单位工程概算开始，经过逐级汇总而成的。单位建筑工程概算的编制方法一般有概算定额法（也称扩大单价法）、概算指标法及类似工程预算法三种；单位设备及安装工程概算的编制方法一般有预算单价法、扩大单价法和概算指标法（设备价值百分比法、综合吨位指标法）。可根据不同的编制条件、依据和要求，选取不同的编制方法（如表 4-3 和表 4-4 所示）。

表 4-3　单位建筑工程概算编制方法汇总表

编制方法	概要说明	适用条件	备　注
概算定额法	计算工程量，套用概算定额单价，计算汇总后计取有关费用	初步设计达到一定深度、建筑结构比较明确	
概算指标法	概算指标×建筑面积	初步设计深度不够、比较简单的工程	须调整建筑结构差异或价差
类似工程预算法	类似预算编制的概算指标×建筑面积	设计对象与概算指标不同，与已建或在建工程类似	

表 4-4　单位设备及安装工程概算编制方法汇总表

设备购置费概算	设备安装工程概算			
	编制方法	概要说明	适用条件	备　注
设备原价＋设备运杂费	预算单价法	利用安装工程预算定额单价编制概算	初步设计有详细设备清单	
	扩大单价法	采用主体设备、成套设备的综合扩大安装单价编制概算	设备清单不完备，仅有主体设备或成套设备质量等	
	设备价值百分比法	设备安装费＝设备原价×安装费率(%)	只有设备出厂价而无详细规格、质量	用于价格波动不大的定型产品和通用设备产品
	综合吨位指标法	设备安装费＝设备吨重×每吨设备安装费指标(元/t)	初步设计提供的设备清单有规格、质量	用于价格波动较大的非标准设备和引进设备

注：由于拟建工程往往与类似工程概算指标相应的技术条件不尽相同，而且拟建工程当时当地的价格也会与概算指标编制年份的人工、材料和机械台班等价格有所不同，因此须对其进行调整。

【例 2】某学生宿舍建筑面积 2400m²，按概算指标计算每平方米建筑面积的直接费为 850 元。因设计图纸与所选用的概算指标有差异，每 100m² 建筑面积发生了如下表所示的变化，则修正后的单位直接费为多少？

	项目名称	单位	数量	工料单价/元	合价/元
概算指标	A		80	12	960
(换出部分)	B	m^2	150	6	900
设计规定	C		65	18	1170
(换入部分)	D		45	14	630

【解】修正后每平方米建筑面积的直接费为：850－[(1170＋630－960－900)/100]＝849.40（元）。

b. 单项工程综合概算的编制方法　单项工程综合概算一般由编制说明和综合概算表两大部分组成，它是由所包含的各个单位工程概算汇总而成的。

c. 建设项目总概算的编制　建设项目总概算书一般由编制说明和总概算表组成，有的还列出单项工程综合概算表及单位工程概算表等，它是由所包含的单项工程概算汇总而成的。

（3）设计概算的审查　设计概算审查的主要内容包括以下方面。

a. 审查设计概算的编制依据　审查设计概算编制依据的合法性、时效性及适用范围。编制依据是否为国家和授权机构的批准；编制设计概算所依据的定额、指标、价格、取费标准等是否为现行有效的，是否符合工程所在地、所在行业的实际情况等。

b. 审查单位工程设计概算　对单位建筑工程设计概算，主要审查其工程量、采用的定额或指标、材料预算价格及各项费用；对单位设备购置费用概算，主要审查其标准设备原价、非标准设备原价、设备运杂费、进口设备费用的构成等；对单位设备安装费用概算，除了审查其编制方法和编制依据以外，还应注意审查其采用预算单价或扩大综合单价计算安装费时的各种单价是否合适、工程量计算是否符合规则要求、是否准确无误，采用概算指标法计算安装费时所用的概算指标是否合理、计算结果是否达到精度要求，审查所需计算安装费的设备数量及种类是否符合设计要求，避免某些不需要安装的设备安装费计入其内。

c. 审查综合概算和总概算　综合概算和总概算的审查主要是控制其逐级综合、汇总过程的正确性。例如，是否符合国家的方针、政策，概算文件的组成是否完整，编制深度是否符合有关规定，总设计图和工艺流程是否合理，项目的“三废”治理情况等。

4.4.3.3　施工图预算的编制与审查

（1）施工图预算的作用及编制依据

a. 施工图预算的作用　施工图预算的作用可以从它对建设单位、施工单位及工程造价管理部门的作用来分析。

① 对建设单位来说，施工图预算是施工图设计阶段确定建设工程项目造价的依据，是设计文件的组成部分；是建设单位在施工期间安排建设资金计划和使用建设资金的依据；是工程量清单及标底的编制依据；也是拨付进度款及办理结算的依据。

② 对施工单位来说；施工图预算是确定投标报价的依据；是施工单位在施工前组织材料、机具、设备及劳动力供应、编制进度计划等施工准备工作的依据；也是控制施工成本的依据。

③ 对工程造价管理部门来说，施工图预算是其监督检查定额标准执行情况、合理确定工程造价、测算造价指数及审定招标工程标底的重要依据。

b. 施工图预算的编制依据　施工图预算的编制依据包括：经批准和会审的施工图设计文件及有关标准图集；施工组织设计；与施工图预算计价模式相关的计价依据；经批准的设计概算文件及预算工作手册。

（2）施工图预算的编制方法　《建筑工程施工发包与承包计价管理办法》（中华人民共和国建设部令第107号）第五条规定：施工图预算、招标标底和投标报价由成本、利润和税金构成。其编制可以采用工料单价法和综合单价法两种计价方法。工料单价法是传统计价模式采用的计价方式，综合单价法是工程量清单计价模式采用的计价方式。

a. 工料单价法　工料单价法指分部分项工程单价为直接工程费单价，以分部分项工程量乘以对应单价后的合价为单位工程直接工程费。直接工程费汇总后加上措施费、间接费、利润和税金后生成工程成发包价。按照分部分项工程单价产生方法的不同，工料单价法又可分为预算单价法和实物法。

① 预算单价法　预算单价法就是用地区统一单位计价表中各分项工料单价乘以相应的各分项工程的工程量，求和后得到包括人工费、材料费和机械使用费在内的单位直接工程费。措施费、间接费、利润和税金可根据统一规定的费率乘以相应的计取基数求得。将上述费用汇总后得到单位工程的施工图预算费用。

② 实物法　实物法编制施工图预算指按工程量计算规则和预算定额确定分部分项工程的人工、材料、机械消耗量后，按资源的市场价格计算出各分部分项工程的工料单价，以工料单价乘以工程量汇总得到直接工程费，再按照市场行情计算措施费、间接费、利润和税金等，汇总得到单位工程费用。

b. 综合单价法　综合单价指分部分项工程单价综合了除直接工程费以外的多项费用内容。按照单价综合内容的不同，综合单价又可分为全费用综合单价和部分费用综合单价。

① 全费用综合单价　全费用综合单价即单价中综合了直接工程费、措施费、管理费、规费、利润和税金等。用各分项工程量乘以全费用综合单价并汇总后，就生成工程承发

包价。

② 部分费用综合单价　目前，我国实行的工程量清单计价采用的综合单价实际上属于部分费用综合单价。分部分项工程单价中综合了直接工程费、管理费、利润，并考虑了风险因素，但单价中并未包括措施费、规费和税金，因而属于不完全费用综合单价。用各分项工程量乘以部分费用综合单价并汇总后再加上项目措施费、规费和税金后，就生成工程承发包价。

（3）施工图预算的审查

a. 施工图预算的审查内容　施工图预算审查的重点是工程量计算是否准确，定额套用、各项取费标准是否符合现行规定或单价计算是否合理等。审查的具体内容如下。

① 审查工程量　是否按照规定的工程量计算规则计算工程量，编制预算时是否考虑到了施工方案对工程量的影响，定额中要求的扣除项或合并项是否按规定执行，工程计量单位的设定是否与要求的计量单位一致等。

② 审查单价　套用预算单价时，各分部分项工程的名称、规格、计量单位和所包含的工程内容是否与定额一致，有单价换算时，换算是否符合定额规定。采用实物法编制预算时，资源单价是否反映了市场供需状况。

③ 审查其他有关费用　采用预算单价法编制预算时，审查的主要内容有：是否按本项目的性质计取费用，有无高套取费标准；间接费的计取基础是否符合规定；利润和税金的计取基础和费率是否符合规定，有无多算或重算等。

b. 施工图预算审查的方法　施工图预算审查的方法包括逐项审查法、标准预算审查法、分组计算审查法、对比审查法、“筛选”审查法及重点审查法。

① 逐项审查法　逐项审查法又称全面审查法，即按定额顺序或施工顺序，对各项工程项目逐项全面详细审查的一种方法。其优点是全面、细致，审查质量高、效果好。缺点是工作量大，时间较长。这种方法适合于一些工程量较小、工艺比较简单的工程。

② 标准预算审查法　标准预算审查法就是对利用标准图纸或通用图纸施工的工程，先集中力量编制标准预算，以此为准来审查工程预算的一种方法。按标准设计图纸施工的工程，一般上部结构和做法相同，只是根据现场施工条件或地质情况不同，仅对基础部分做局部改变。凡这样的工程，以标准预算为准，对局部修改部分单独审查即可，不需逐一详细审查。该方法的优点是时间短、效果好、易定案。其缺点是使用范围小，仅适用于采用标准图纸施工的工程。

③ 分组计算审查法　分组计算审查法就是把预算中有关项目按类别划分若干组，利用同组中的一组数据审查分项工程量的一种方法。这种方法首先将若干分部分项工程按相邻且有一定内在联系的项目进行编组，利用同组分项工程间具有相同或相近基数的关系，审查一个分项工程，由此判断同组中其他几个分项工程的准确程度。如一般的建筑工程中可将底层建筑面积编为一组，先计算底层建筑面积或楼面面积，从而得知楼面找平层、天棚抹灰的工程量等。该方法的特点是审查速度快、工作量小。

④ 对比审查法　对比审查法是当工程条件相同时，用已完工程的预算或未完但已经过审查修正的工程预算对比审查拟建工程中同类工程预算的一种方法。采用该方法一般须符合如下条件：拟建工程与已完或在建工程预算采用同一施工图，但基础部分和现场施工条件不同，则相同部分可采用对比审查法；工程设计相同，但建筑面积不同，两个工程的建筑面积之比与两个工程各分部分项工程量之比大体一致。此时可按分项工程量的比例，审查拟建工程中各分部分项工程的工程量；两个工程面积相同，但设计图纸不完全相同，则相同的部

分，如厂房中的柱子、层架、层面、砖墙等，可进行工程量的对照审查，对不能对比的分部分项工程可按图纸计算。

⑤“筛选”审查法 “筛选”是能较快发现问题的一种方法。建筑工程虽面积和高度不同，但其各分部分项工程的单位建筑面积指标却变化不大。将这样的分部分项工程加以汇集、优选，找出其单位建筑面积工程量、单价、用工的基本数值，归纳为工程量、价格、用工三个单方基本指标，并注明基本指标的适用范围。这些基本指标可被用来筛选各分部分项工程，若审查对象的预算标准与基本指标的标准不符，就应对其进行调整。“筛选法”的优点是简单易懂，便于掌握，审查速度快，便于发现问题。但问题出现的原因尚需继续审查。该方法适用于审查住宅工程或不具备全面审查条件的工程。

⑥ 重点审查法 重点审查法就是抓住施工图预算中的重点进行审核的一种方法。审查的重点一般是工程量大或者造价较高的各种工程、补充定额、计取的各种费用（计费基础、取费标准）等。重点审查法的优点是突出重点，审查时间短、效果好。

在设计阶段，监理工程师通过上述具体工作，包括执行设计标准、推行限额设计、优选设计方案、运用价值工程优化设计方案、审核设计概算和施工图预算等，将设计概算控制在投资估算以内，将施工图预算控制在设计概算以内。

4.4.4 招标阶段的投资控制

施工招标阶段是优选施工承包单位的阶段，监理工程师协助建设单位做好招标阶段的工作，选择能满足工程建设质量、安全、投资、工期目标的施工单位，可以为在项目施工阶段有效地进行投资控制奠定基础。在建设工程招标与投标过程中，合理地确定招标标底、评审投标报价，以及发布中标通知后通过合同谈判确定工程施工承包合同价，都是投资控制的主要工作。

4.4.4.1 招标投标的价格

（1）招标投标的计价方法 根据《建筑工程施工发包与承包计价管理办法》的规定，我国工程建设招标投标价格可以采用工料单价法或综合单价法计价（参见本章“施工图预算的编制方法”）。一般来讲，综合单价法较工料单价法更接近市场行情，更有利于造价控制。因此，在工程实践中更为常用。

（2）招标投标的价格形式

a. 标底价格 标底价格是由招标单位或具有编制标底价格资格和能力的单位，根据设计图样和有关规定计算出来的招标工程的预期价格。标底是招标者对拟招标工程所需费用的自我测算和控制，并可作为评标定标的参考依据。

b. 投标报价 投标报价是投标人根据招标文件、企业定额、投标策略等要求，对于投标工程做出的自主报价。投标报价应当紧密结合招标文件的要求，追求“能够最大限度地满足招标文件中规定的各种综合评价标准”或“能够满足招标文件的实质性要求，并且经评审的投标价格最低”。

c. 评标定价 在招标投标过程中，招标文件（含可能设置的标底）是发包人的定价意图，投标书（含投标报价）是投标人的定价意图，而中标价则是双方均可接受的价格，并应成为合同的重要组成部分。评标委员会在选择中标人时，通常遵循“最大限度地满足招标文件中规定的各种综合评价标准”或“能够满足招标文件的实质性要求，并且经评审的投标价格最低”原则。前者属于综合评分法，后者属于最低标价法。当然，我国的招标投标法及相关法规不允许投标人以低于成本的报价竞标。

4.4.4.2　标底价格的编制与审查

（1）标底价格的编制原则　有关人员应当严格按照国家的政策、规定，科学、公正地编制工程标底，并且应当遵循以下原则。

a. 根据国家公布的统一工程项目划分、统一计量单位、统一计算规则以及施工图样、招标文件，并参照国家制定的基础定额和国家、行业、地方规定的技术标准规范以及要素市场价格确定工程量和编制标底。

b. 力求与市场的实际变化相吻合，并有利于竞争和保证工程质量。

c. 标底价格应由成本、利润、税金等组成，一般应控制在批准的总概算或修正概算的限额以内。

d. 标底价格应考虑各种价格变动因素，包括不可预见费、措施费、现场因素费用、保险费以及采用固定价格工程的风险金等。

e. 一个工程只能编制一个标底。

f. 招标人不得以各种借口任意压低标底价格。

g. 标底价格编制完毕后，直至开标前应当严格保密。

（2）标底价格的编制步骤　招标人或其委托的咨询机构应按以下步骤编制标底。

a. 准备工作　包括熟悉招标文件、工程图样、现场勘察、市场调查等。

b. 收集相关资料。

c. 计算标底价格　依次包括计算或复核整个工程的人工、材料、机械台班需要量，并确定相应的费用，确定措施费用及特殊费用，测算风险系数，考虑利润、税金等因素后确定投标价格。

d. 审核标底价格　监理工程师对标底的审查主要是审查标底价格编制是否真实、准确，标底价格如有漏洞，应予以调整和修正。审查内容一般包括：标底计价依据，如工程承包范围、招标文件规定的计价方法及招标文件的其他有关条款；标底价格的组成内容，如工程量清单及其单价组成、直接工程费、间接费、有关文件规定的调价、措施费、利润、税金、主要材料、设备需用数量等；标底价格的相关费用，如人工、材料、机械台班的市场价格、赶工措施费、现场因素费、不可预见费等。审查标底的方法类似于施工图预算的审查方法。

在施工招标阶段，监理工程师应当在建设单位授权的范围内，对工程施工招标范围、内容、工作程序、合同安排等方面提出建议或直接参与具体工作。除了审核或编制招标文件、招标标底之外，监理工程师也参与或组织现场考察和标前会议，评审投标书，在确定招标单位后，协助建设单位与施工单位签订施工承包合同。

4.4.4.3　承包合同价格的分类

工程建设承包合同根据计价方式的不同，可以划分总价合同、单价合同、成本加酬金合同三大类型。对于监理工程师来说，把握各类合同的计价方法、优缺点和适用条件，对于协助建设单位签订合同以及未来的履行合同等均具有非常重要的意义。

（1）总价合同　所谓总价合同是指支付给承包方的款项在合同中是一个“规定的金额”，即总价。它是以工程量清单、设计图样和工程说明书为依据，由承包方与发包方协商确定的。总价合同按其履行过程中是否允许调值又可分为以下两种不同形式。

a. 不可调值总价合同　不可调值总价合同的价格计算是以工程量清单、图样及规定、规范为基础，承发包双方就承包项目协商一个固定的总价，并由承包方一笔包死，不能变化。它只有在设计和工程范围有所变更的情况下，才能随之做出相应的变更。采用这种合同时，承包方要承担实物工程量、工程单价、地质条件、气候和其他一切客观因素带来的风险。在合同执行过程中，承发包双方均不能因工程量、设备、材料价格、工资等变动和地质条件恶劣、气候恶劣等理由，提出对合同总价调值的要求，因此承包方要在投标时对一切费用的上升可能做出估计并包含在投标报价之中。由于承包方要为许多不可预见的因素付出代价，并加大不可预见费用，可能导致这种合同的报价较高。不可调值总价合同适用于工期较短（一般不超过一年），对最终产品的要求又非常明确的工程项目。

b. 可调值总价合同　可调值总价合同的总价也是以工程量清单、图样及规定、规范为基础，但它是按“时价”进行计算的，是一种相对固定的价格。在合同执行过程中，由于通货膨胀而使所用的工料成本增加时，允许利用调值条款对合同总价进行相应的调值。其有关调值的特定条款，往往在合同的专用条款中列明，调值工作必须按照这些条款进行。它与不可调值总价合同的区别在于，对合同实施中出现的风险做了分摊，发包方承担了通货膨胀的风险，而承包方只承担了实施中实物工程量、工期等因素的风险。可调值总价合同适用于工程内容和技术经济指标规定比较明确且工期较长（一年以上）的项目。

（2）单价合同　当施工图不完整或准备发包的工程项目内容、技术经济指标尚不能明确、具体地予以规定时，往往要采用单价合同形式。

a. 估算工程量单价合同　估算工程量单价合同要求承包商在报价时，按照招标文件中提供的估算工程量，填报分部分项工程单价。最后结算的工程总价应按承包方实际完成工作量乘以分部分项工程单价计算。这种合同的工程量是估算工程量，承包方只需经过复核并填上适当的单价，承担的风险较小，发包方只需审核单价是否合理。因此，对于双方都方便。但在合同实施过程中，需要建立健全有关的档案资料，并及时确认承包方实际完成的工程量。估算工程量单价合同一般适用于工程性质比较清楚（具备初步设计图样），但工程量计算不十分准确的情况。目前国际上采用这种合同形式的比较多。

b. 纯单价合同　采用纯单价合同时，发包方只给出发包工程的有关分部分项工程以及工程范围，不需对工程量作任何规定。承包方在投标时只需对这种给定范围的分部分项工程做出报价，而工程量则按实际完成的数量结算。因此，发包方必须对工程的划分做出明确的规定，以使承包方能够合理定价。纯单价合同形式主要适用于没有施工图样、工程量不明，却急需开工的紧迫工程。

（3）成本加酬金合同　该合同形式主要适用于工程内容及其技术经济指标尚未全面确定，投标报价的依据尚不充分而发包方因工期要求紧迫，必须发包的工程；或者发包方与承包方之间具有高度的信任；或承包方在某些方面具有独特的技术、特长和施工经验。

成本加酬金合同的重要特征是承包方因施工成本实报实销而对降低成本不感兴趣，发包方对工程总价难以实施有效的控制。因此，采用这种合同形式时，有关条款必须非常严格。成本加酬金合同可有以下几种具体形式。

a. 成本加规定百分比酬金合同　发包方对承包方发生的实际直接成本全部据实补偿，并按其固定百分比付给承包方一笔酬金（利润）。

b. 成本加固定金额酬金合同　发包方对承包方发生的实际直接成本全部据实补偿，并按固定的金额付给承包方一笔酬金（利润）。

c. 成本加奖罚合同　首先确定一个目标成本，据此确定酬金的数额。当实际成本低于目标成本时，承包方可以获得实际成本、酬金，以及根据成本降低额算得到的奖金；当实际成本高于目标成本时，承包方仅能得到成本和酬金的补偿，并处以一笔罚金。

d. 最高限额成本加固定最大酬金合同　确定最高限额成本、报价成本、最低成本，并据此支付工程款项。若实际成本低于最低成本，承包方可以得到成本费用、酬金以及与发包方分享节约额；若实际工程成本在最低成本和报价成本之间，承包方只能得到成本、酬金；若实际工程成本在报价成本与最高限额成本之间，则承包方只能获得全部成本的补偿；若实际工程成本超过最高限额成本时，其超过的部分得不到支付。

在工程实践中，监理工程师应根据建设工程的特点，协助建设单位在合同条款的拟定、合同价格、结算方式、费用索赔等方面仔细斟酌，做到科学、公正、合理。为选择合适的合同计价方式，一般应考虑以下因素：

a. 项目的复杂程度　规模大且技术复杂的工程项目，承包风险较大，各项费用不易准确估算，不易采用固定总价合同。或者有把握的部分采用固定总价合同，估算不准的部分采用单价合同或成本加酬金合同。有时，在同一工程中采用不同的合同形式，是业主和承包商合理分担工程实施中不确定风险因素的有效办法。

b. 工程设计工作的深度　工程招标时所依据的设计文件的深度，即工程范围的明确程度和预计完成工程量的准确程度，经常是选择合同计价方式时应考虑的重要因素。

c. 工程施工的难易程度　如果施工中有较大部分采用新技术和新工艺，发包方和承包方在此方面都没有经验，且在国家颁布的标准、规范、定额中又没有可作为依据的标准时，为了避免投标人盲目地提高承包价格或由于对施工难度估计不足而导致承包亏损，不宜采用固定总价合同，较为保险的做法是选用成本加酬金合同。

d. 工程进度要求的紧迫程度　对一些紧急工程，如灾后恢复工程、要求尽快开工且工期较紧的工程等，可能仅有实施方案，还没有施工图纸，因此不可能让承包商报出合理的价格。此时，采用成本加酬金合同比较合理。

4.4.5　工程施工阶段的投资控制

在工程施工阶段的投资控制中，监理工程师应做好的主要工作包括编制施工阶段资金使用计划、工程计量、工程变更控制、索赔的控制、工程价款的结算及投资偏差分析。

4.4.5.1　编制施工阶段资金使用计划

投资总目标是由若干具体的、更具可操作性的分目标组成的。因此，监理工程师必须编制资金使用计划，合理、细致地确定建设项目投资控制的目标值，包括建设项目的总目标值、分目标值、各个详细目标值等。

(1) 按投资构成分解的资金使用计划　工程建设投资主要由建筑安装工程费、设备工器具购置费及工程建设其他费等构成。而且，建筑安装工程费与设备工器具购置费在性质上存在较大的差异。因此，按投资构成分解的资金使用计划主要指将建筑工程费、安装工程费、设备工器具购置费等进行详细的分解（如图 4-22 所示）。

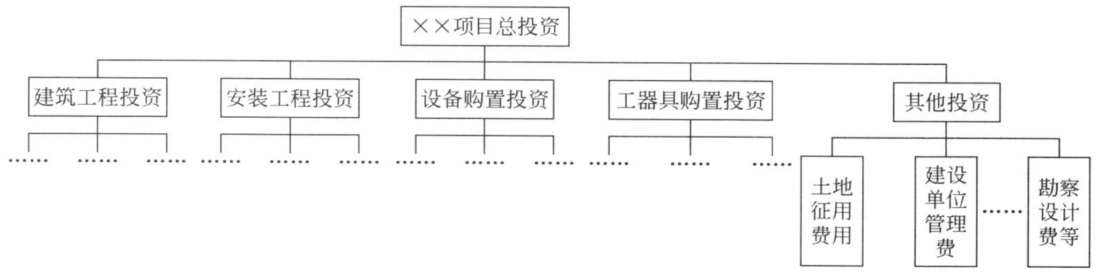

图 4-22　投资构成分解的资金使用计划

(2) 按子项目分解的资金使用计划　大、中型建设项目通常由多个单项工程、单位工程以及最基本的分部分项工程组成。因此，按子项目分解的资金使用计划就是将项目投资分解到各个单项工程、单位工程，乃至分部分项工程。见图 4-23。

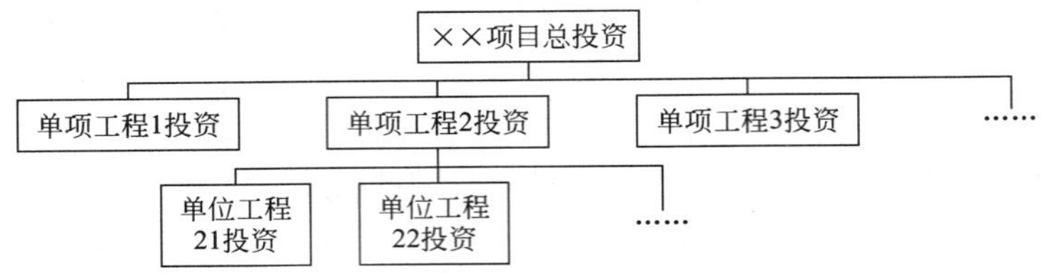

图 4-23 按子项目分解的资金使用计划

(3) 按时间进度分解的资金使用计划 建设项目的投资通常是分阶段发生的，其资金使用是否合理与资金的时间安排密切相关。因此，编制按时间进度分解的资金使用计划，通常可利用进度控制中的网络图进一步扩充而得。具体说，就是在绘制网络图时，一方面要确定完成某项工作所需时间，另一方面也要确定完成这一工作的合理预算支出，进而反映不同阶段的投资控制目标（如图 4-24 和图 4-25 所示）。

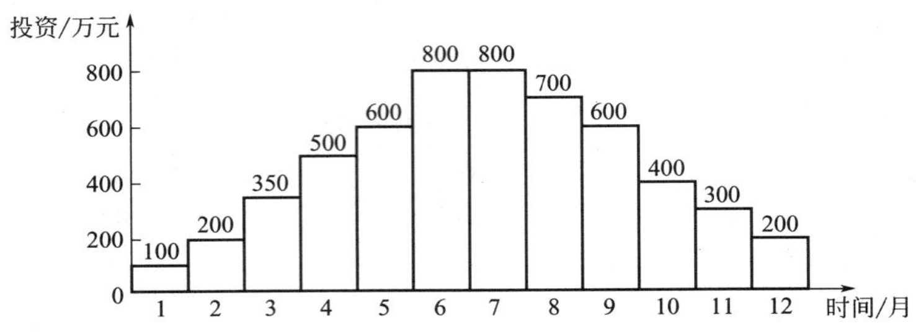

图 4-24 按时间进度分解的资金使用计划

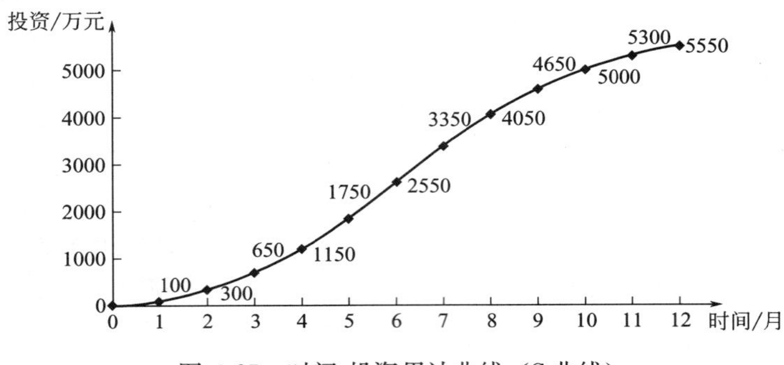

图 4-25 时间-投资累计曲线（S 曲线）

4.4.5.2 工程计量

工程计量是指根据设计文件及承包合同中关于工程量计算的规定，项目监理机构对承包单位申报的已完成工程量进行的核验。

只有经监理工程师对已完工程进行了计量确认，发包方才有可能向承包单位支付相应的款项。因此，工程计量是控制投资的关键环节，也是约束承包单位履行合同义务、强化合同管理的重要手段。

(1) 工程计量的程序 根据我国建设工程施工合同（示范文本）的有关规定，工程计量的一般程序如下：承包人应按专用条款约定的时间，向监理工程师提交已完工程量的报告；监理工程师接到报告后 7 天内按设计图样核实已完工程量，并在计量前 24h 通知承包人，承包人为计量提供便利条件并派人参加。承包人收到通知后不参加计量，计量结果有效，作为工程价款支付的依据；监理工程师收到承包人报告后7天内未进行计量，从第8天起，承包人报告中开列的工程量即视为已被确认，作为工程价款支付的依据。监理工程师不按约定时间通知承包人，使承包人不能参加计量，计量结果无效。对承包人超出设计图样范围或因承包人原因造成返工的工程量，监理工程师不予计量。

（2）工程计量的依据　工程计量的依据一般包括质量合格证书，工程量清单前言、技术规范中的“计量支付”条款和设计图样等。

a. 质量合格证书　对于承包商已完成的工程，并不是全部进行计量，只有质量达到合同标准的已完工程才予以计量。

b. 工程量清单前言和技术规范　工程量清单前言、技术规范的“计量支付”条款规定了清单中每一项工程的计量方法，同时还规定了按规定的计量方法确定的单价所包括的工作内容和范围。因此，工程量清单前言和技术规范是计量工程量的依据。

c. 设计图样　单价合同以实际完成的工程量进行结算，但经监理工程师计量的工程数量，并不一定是承包商实际施工的数量。监理工程师对承包商超出设计图样要求增加的工程量和自身原因造成返工的工程量，不予计量。

（3）工程计量的方法　工程计量有许多方法，包括均摊法、凭据法、估价法、断面法、图样法及分解计量法。不同的方法有各自相应的适用条件与特点。监理工程师应根据需要计量项目的具体特征，选择适当的计量方法。

4.4.5.3　工程变更控制

在工程项目的实施过程中，由于多方面的情况变更，经常出现工程量变化、施工进度变化，以及发包方与承包方在执行合同中的争执等许多问题。这些问题的产生，一方面是由于勘察设计工作不细，以致在施工过程中发现许多招标文件中没有考虑或估算不准确的工程量，因而不得不改变施工项目或增减工程量；另一方面是由于发生不可预见的事件，如自然或社会原因引起的停工或工期拖延等。由于工程变更所引起的工程量的变化、承包商的索赔等，都有可能使项目投资超出原来的预算投资，监理工程师必须严格予以控制，密切注意其对未完工程投资的影响。

（1）项目监理机构对工程变更的管理

a. 设计单位对原设计存在的缺陷提出的工程变更，应编制设计变更文件；建设单位或承包单位提出的变更，应提交总监理工程师，由总监理工程师组织专业监理工程师审查，审查同意后，应由建设单位转交原设计单位编制设计变更文件；当工程变更涉及安全、环保等内容时，应按规定经有关部门审定。

b. 项目监理机构应了解实际情况和收集与工程变更有关的资料。

c. 总监理工程师必须根据实际情况、设计变更文件和其他有关资料，按照施工合同的有关款项，在指定专业监理工程师完成下列工作后，对工程变更的费用和工期做出评估。

① 确定工程变更项目与原工程项目之间的类似程度和难易程度；

② 确定工程变更项目的工程量；

③ 确定工程变更的单价或总价。

d. 总监理工程师应就工程变更费用及工期的评估情况与承包单位和建设单位进行协调。

e. 总监理工程师签发工程变更单。

工程变更单应包括工程变更要求、工程变更说明、工程变更费用和工期、必要的附件等内容，有设计变更文件的工程变更应附设计变更文件。

f. 项目监理机构根据项目变更单监督承包单位实施。

在建设单位和承包单位未能就工程变更的费用等方面达成协议时，项目监理机构应提出一个暂定的价格，作为临时支付工程款的依据。该工程款最终结算时，应以建设单位与承包单位达成的协议为依据。在总监理工程师签发工程变更单之前，承包单位不得实施工程变更。未经总监理工程师审查同意而实施的工程变更，项目监理机构不得予以计量。

(2) 我国现行工程变更价款的确定方法　根据建设工程施工合同（示范文本）的有关规定，承包人在工程变更确定后 14 天内，提出变更工程价款的报告，经监理工程师确认后调整合同价款。确定变更合同价款依据的方法如下。

a. 合同中已有适用于变更工程的价格，按合同已有的价格变更合同价款；

b. 合同中只有类似于变更情况的价格，可以参照类似价格变更合同价款；

c. 合同中没有适用或类似于变更工程的价格，由承包人提出适当的变更价格，经工程师确认后执行。

(3) FIDIC 合同条件下工程变更价款的确定方法　除非合同另有规定，当发生工程变更时，如果监理工程师认为适当，应以合同中规定的费率及价格进行估价；如合同中未包括适用于该变更工程的费率或价格，则应在合理的范围内使用合同中类似的费率或价格作为估价的基础；若合同中没有与变更项目相同或类似的项目，在监理工程师与业主和承包商适当协商后，由监理工程师和承包商商定一个合适的费率或价格作为结算的依据；若双方意见不一致时，监理工程师有权单方面确认其认为合适的费率或价格。为了支付的方便，在费率和价格未取得一致意见前，监理工程师应确定暂行费率或价格，作为临时支付工程款的依据。

4.4.5.4　**索赔控制**

索赔是指在合同履行过程中，对于并非自己的过错，而是由于对方的责任所造成的实际损失向对方提出经济补偿和（或）时间补偿的要求。索赔是工程承包中经常发生的正常现象。由于施工现场条件、气候条件的变化，施工进度、物价的变化，以及合同条款、规范、标准文件和施工图纸的变更、差异、延误等因素的影响，使得工程承包中不可避免地出现索赔。《中华人民共和国民法通则》第一百一十一条规定，当事人一方不履行合同义务或履行合同义务不符合约定条件的，另一方有权要求履行或者采取补救措施，并有权要求赔偿损失。这即是索赔的法律依据。

(1) 索赔的分类　可以从不同的角度、以不同的标准对索赔进行分类。

a. 按索赔发生的原因分类　按索赔发生的原因，索赔可以分为施工准备、进度控制、质量控制、费用控制及管理等原因引起的索赔。这种分类能明确指出每一项索赔的根源所在，使业主和工程师便于审核分析。

b. 按索赔的目的分类　按索赔的目的，索赔可以分为工期索赔和费用索赔。其中，工期索赔就是要求业主延长施工时间，使原规定的工程竣工日期顺延，从而避免了违约罚金的发生；费用索赔就是要求业主补偿费用损失，进而调整合同价款。

c. 按索赔的依据分类　按索赔的依据，索赔可以分为合同规定的索赔、非合同规定的索赔以及道义索赔（额外支付）。其中，合同规定的索赔指索赔涉及的内容在合同文件中能够找到依据，业主或承包商可以据此提出索赔要求，这种在合同文件中有明文规定的条款，常称为“明示条款”。一般凡是工程项目合同文件中有明示条款的，这类索赔不大容易发生争议；非合同规定的索赔指索赔涉及的内容在合同文件中没有专门的文字叙述，但可以根据该合同条件某些条款的含义，推论出有一定的索赔权。这种隐含在合同条款中的要求，常称为“默示条款”。“默示条款”是国际上用到的一个概念，它包含合同明示条款中没有写入、

⑤ 执行合同约定的单价　对照施工承包合同的有关条款，审查竣工结算的单价，执行合同约定的相应价格。

⑥ 审查各项费用的计取　按照建筑安装工程的取费标准、合同要求等，审核各项费率、价格指数或换算系数是否正确，价差调整计算是否符合要求，再核实特殊费用和计算程序。要注意各项费用的计取基数。

⑦ 防止各种计算误差　工程竣工结算子目多、篇幅大，往往有计算误差，应认真核算，防止因计算误差多计或少算。

(5) 保修金的返还　工程质量保修金可以为合同价款的3%或5%，以专用条款中的约定为准。发包人应在质量保修期满后的14天内，将扣除维修费用后剩余的保修金及利息返还承包人。

(6) 工程价款的动态结算　工程价款的动态结算就是要把各种动态因素渗透到结算过程中，使结算基本能反映实际消耗的费用。常用的动态结算办法包括按实际价格结算法、按主材计算价差法、竣工调价系数法及调值公式法（又称动态结算公式法），其中调值公式法是相对较科学合理的动态结算方法，按照国际惯例，对建设工程已完成投资费用的结算，一般采用此法。事实上，绝大多数情况下，发包方和承包方在签订的合同中就明确规定了调值公式。

利用调值公式进行价格调整时，监理工程师应做的工作包括以下方面。

a. 确定计算物价指数的品种　一般只计算那些对项目投资影响较大的因素，如设备、水泥、钢材、木材和工资等。

b. 明确经双方商定的调整因素　在签订合同时要写明考核的几种物价波动到何种程度才进行调整，一般都在±10%左右。

c. 明确考核的地点和时点　地点一般在工程所在地，或指定的某地市场。时点指的是某月某日的市场价格。这里要确定两个时点价格，即基准日期的市场价格（基础价格）和与特定付款证书有关的期间最后一天的49天前的时点价格。这两个时点就是计算调值的依据。

d. 确定各成本要素的系数和固定系数。各成本要素的系数要根据各成本要素对总造价的影响程度而定。各成本要素系数之和加上固定系数应该等于1。

调值公式表达式见式（4-5）

$$P=P_0\left(a_0+a_1\frac{A}{A_0}+a_2\frac{B}{B_0}+a_3\frac{C}{C_0}+a_4\frac{D}{D_0}\right) \tag{4-5}$$

式中　P——调值后合同价款或工程实际结算款；

P_0——合同价款中工程预算进度款；

a_0——固定要素，代表合同支付中不能调整的部分；

a_1，a_2，a_3，a_4——代表有关成本要素（如：人工费用、钢材费用、水泥费用与运输费等）在合同总价中所占的比重 $a_0+a_1+a_2+a_3+a_4=1$；

A_0，B_0，C_0，D_0——基准日期与 a_1、a_2、a_3、a_4 对应的各项费用的基期价格指数或价格；

A，B，C，D——与特定付款证书有关的期间最后一天的49天前与 a_1、a_2、a_3、a_4 对应的各成本要素的现行价格指数或价格。

式（4-14）中各部分成本的比重系数在许多标书中要求承包方在投标时即提出，并在价格分析中予以论证。但也有的是由发包方在招标书中即规定一个允许范围，由投标人在此范围内选定。

4.4.5.6　投资偏差分析

在确定了投资控制目标之后，为了有效地进行投资控制，监理工程师就必须定期地进行投资计划值与实际值的比较，当实际值偏离计划值时，分析产生偏差的原因，采取适当的纠偏措施，尽可能地降低投资超支。

（1）投资偏差的概念　在投资控制中，把投资的实际值与计划值的差异叫做投资偏差，即：

$$投资偏差=已完工程实际投资-已完工程计划投资 \tag{4-6}$$

若投资偏差结果为正，表示投资超支；若结果为负，表示投资节约。但必须特别指出，进度偏差对投资偏差分析的结果有重要影响，如果不加考虑就不能正确反映投资偏差的实际情况。例如，某一阶段的投资超支，可能是由于进度超前导致的，也可能是由于物价上涨导致的。所以，必须引入进度偏差的概念。

$$进度偏差1=已完工程实际时间-已完工程计划时间 \tag{4-7}$$

为了与投资偏差联系起来，进度偏差也可表示为：

$$进度偏差2=拟完工程计划投资-已完工程计划投资 \tag{4-8}$$

所谓拟完工程计划投资，是指根据进度计划安排，在某一确定时间内所应完成的工程内容的计划投资。即：

$$拟完工程计划投资=拟完工程量(计划工程量)\times 计划单价 \tag{4-9}$$

若进度偏差为正值，表示工期拖延；若进度偏差为负值，表示工期提前。

另外，在进行投资偏差分析时，还要考虑以下几组投资偏差参数。

a. 局部偏差和累计偏差　所谓局部偏差，有两层含义：一是对于整个项目而言，指各单项工程、单位工程及分部分项工程的投资偏差；另一含义是对于整个项目已经实施的时间而言，指每一控制周期所发生的投资偏差。累计偏差是一个动态的概念，其数值总是与具体的时间联系在一起，第一个累计偏差在数值上等于局部偏差，最终的累计偏差就是整个项目的投资偏差。

局部偏差的引入，可使项目投资管理人员清楚地了解偏差发生的时间及部位，从而有利于分析其产生的原因。而累计偏差所涉及的工程内容较多、范围较广，而且产生原因也较复杂，因而累计偏差分析必须以局部偏差分析为基础。

b. 绝对偏差和相对偏差　绝对偏差是指投资实际值与计划值比较所得到的差额，绝对偏差的结果很直观，有助于投资管理人员了解项目投资出现偏差的绝对数额，并依此采取一定措施，制订或调整投资支付计划和资金筹措计划。但是，绝对偏差有其不容忽视的局限性。如同样是1万元的投资偏差，对于总投资1000万元的项目和总投资10万元的项目而言，其严重性显然是不同的。因此有必要引入相对偏差这一参数。

$$相对偏差=\frac{绝对偏差}{投资计划值}=\frac{投资实际值-投资计划值}{投资计划值} \tag{4-10}$$

与绝对偏差一样，相对偏差可正可负。正值表示投资超支，反之表示投资节约。两者都只涉及投资的计划值和实际值，既不受项目层次的限制，也不受项目实施时间的限制，因而在各种投资比较中均可采用。

c. 偏差程度　偏差程度指投资实际值对计划值的偏离程度，其表达式为：

$$投资偏差程度=\frac{投资实际值}{投资计划值} \tag{4-11}$$

偏差程度可按照局部偏差和累计偏差，分为局部偏差程度和累计偏差程度。注意累计偏差程度并不等于局部偏差程度的简单相加。若以月为控制周期，则可用式（4-12）和式（4-13）表示局部偏差程度和累计偏差程度。

$$\text{投资局部偏差程度}=\frac{\text{当月投资实际值}}{\text{当月投资计划值}} \tag{4-12}$$

$$\text{投资累计偏差程度}=\frac{\text{累计投资实际值}}{\text{累计投资计划值}} \tag{4-13}$$

将偏差程度与进度结合起来，可引入进度偏差程度的概念，即：

$$\text{进度偏差程度}=\frac{\text{拟完工程计划时间}}{\text{已完工程计划时间}} \tag{4-14}$$

$$\text{进度偏差程度}=\frac{\text{拟完工程计划投资}}{\text{已完工程计划投资}} \tag{4-15}$$

上述各组偏差和偏差程度变量都是投资比较的基本内容和主要参数。投资比较的程度越深，为下一步的偏差分析提供的支持就越有力。

（2）偏差分析的方法　偏差分析可采用不同的方法，常用的有横道图法、表格法和曲线法。

a. 横道图法　用横道图法进行投资偏差分析，是用不同的横道标识已完工程计划投资、拟完工程计划投资和已完工程实际投资，横道的长度与其金额成正比（如图 4-26 所示）。

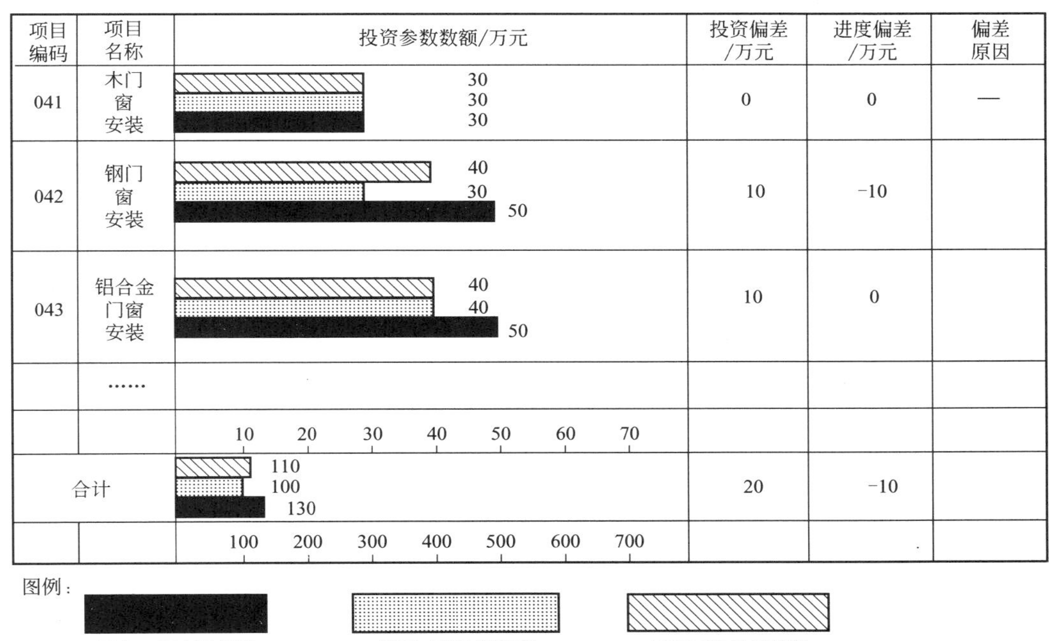

图 4-26　横道图法的投资偏差分析

横道图法具有形象、直观、一目了然等优点，它能够准确表达出投资的绝对偏差，而且能一眼感受到偏差的严重性。但是，这种方法反映的信息量少，一般在项目的较高管理层应用。

b. 表格法　表格法是进行偏差分析最常用的一种方法。它将项目编号、名称、各投资参数以及投资偏差数综合归纳入一张表格中，并且直接在表格中进行比较。由于各偏差参数都在表中列出，使得投资管理者能够全面了解并处理这些数据。

用表格法进行偏差分析具有灵活、适用性强，信息量大，可借助于计算机处理等优点。可以根据项目的具体情况、数据来源、投资控制工作的要求等条件来设计表格，因而表格法适用性较强，信息量大，可以反映各种偏差变量和指标，对全面深入地了解项目投资的实际情况非常有益，另外，表格法还便于用计算机辅助管理，提高投资控制工作的效率（如表4-5所示）。

表 4-5 投资偏差分析表

项目编码	(1)	051	052	053
项目名称	(2)	木门窗安装	钢门窗安装	铝合金窗安装
单位	(3)			
计划单价	(4)			
拟完工程量	(5)			
拟完工程计划投资	(6)＝(4)×(5)	30	30	40
已完工程量	(7)			
已完工程计划投资	(8)＝(4)×(7)	30	40	40
实际单价	(9)			
其他款项	(10)			
已完工程实际投资	(11)＝(7)×(9)＋(10)	30	50	50
投资局部偏差	(12)＝(11)－(8)	0	10	10
投资局部偏差程度	(13)＝(11)÷(8)	1	1.25	1.25
投资累计偏差	(14)＝∑(12)			
投资累计偏差程度	(15)＝∑(11)÷∑(8)			
进度局部偏差	(16)＝(6)－(8)	0	－10	0
进度局部偏差程度	(17)＝(6)÷(8)	1	0.75	1
进度累计偏差	(18)＝∑(16)			
进度累计偏差程度	(19)＝∑(6)÷∑(8)			

c. 曲线法（赢值法） 曲线法是用投资累计曲线（S形曲线）来进行投资偏差分析的一种方法，在用曲线法进行投资偏差分析时，应当引入三条投资参数曲线，即已完工程实际投资曲线a、已完工程计划投资曲线b、和拟完工程计划投资曲线p。见图4-27，曲线a与曲线b的竖向距离表示投资偏差，曲线b与曲线p的水平距离表示进度偏差。

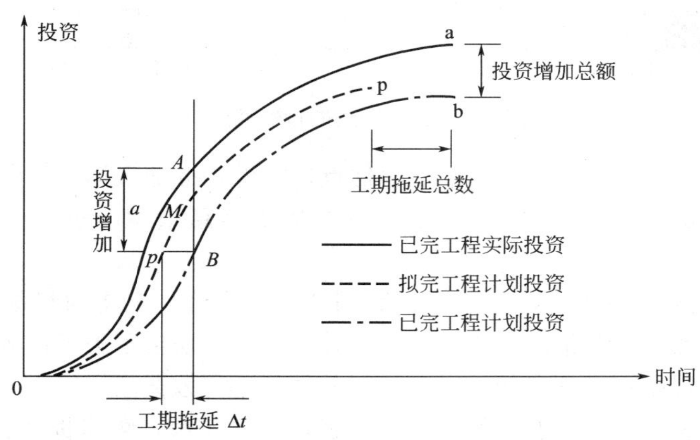

图 4-27 三条投资参数曲线

用曲线法进行偏差分析同样具有形象、直观的特点，但这种方法很难直接用于定量分析，只能对定量分析起一定的指导作用。

(3) 偏差原因分析　偏差分析的一个重要目的就是要找出引起偏差的原因，并据此采取有针对性的措施，减少或避免相同原因的再次发生。在进行偏差原因分析时，首先应当将已经导致和可能导致偏差的各种原因逐一列举出来。导致不同工程项目产生投资偏差的原因具有一定共性，因而可以通过对已建项目的投资偏差产生原因进行归纳、总结，为在建项目采取预防措施提供依据。一般来说，产生投资偏差的原因见图4-28所示。

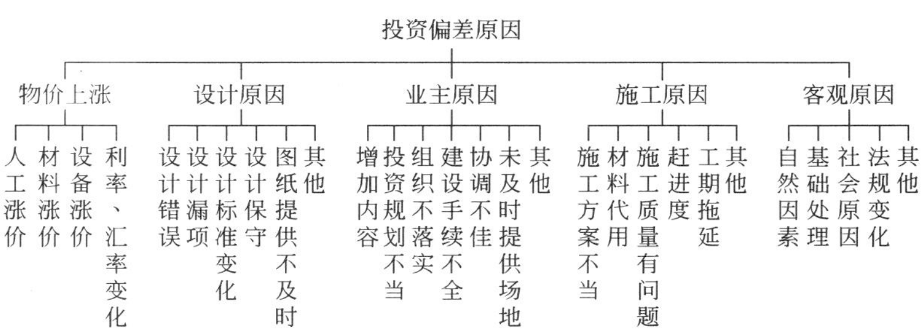

图4-28　投资偏差原因

(4) 纠偏　对偏差产生原因进行分析的目的，是为了有针对性地采取纠偏措施，从而实现投资的动态控制和主动控制。

纠偏首先要确定纠偏的主要对象。图4-28中，有些偏差是无法避免和控制的，如客观原因造成的偏差，充其量只能对其中少数原因做到防患于未然，力求减少该原因所导致的经济损失。由于施工原因所导致的经济损失，通常是由承包商自己承担的，从投资控制的角度应加强合同的管理，避免被承包商索赔。监理工程师应重视纠正业主原因或设计原因造成的投资偏差。在确定了纠偏的主要对象之后，就需要采取有针对性的纠偏措施。纠偏可采用组织措施、经济措施、技术措施和合同措施等。

4.4.6 竣工决算

4.4.6.1 竣工决算的内容

竣工决算是建设工程从筹建到竣工投产全过程中发生的所有实际支出，包括设备工器具购置费、建筑安装工程费和其他费用等。竣工决算由竣工财务决算报表、竣工财务决算说明书、竣工工程平面示意图、工程造价比较分析四部分组成。其中，竣工财务决算报表和竣工财务决算说明书属于竣工财务决算的内容。竣工财务决算是竣工决算的组成部分，是正确核定新增资产价值、反映竣工项目建设成果的文件，是办理固定资产交付使用手续的依据。竣工决算是建设工程经济效益的全面反映，是项目法人核定各类新增资产价值、办理其交付使用的依据。

4.4.6.2 竣工决算的编制

(1) 竣工决算的编制依据

① 经批准的可行性研究报告及其投资估算；

② 经批准的初步设计或扩大初步设计及其概算或修正概算；

③ 经批准的施工图设计及其施工图预算；

④ 设计交底或图纸会审纪要；

⑤ 招投标的标底、承包合同、工程结算资料；

⑥ 施工记录或施工签证单以及其他施工中发生的费用记录，如：索赔报告与记录、停

（交）工报告等；

⑦ 竣工图及各种竣工验收资料；

⑧ 历年基建资料、历年财务决算及批复文件；

⑨ 设备、材料调价文件和调价记录；

⑩ 有关财务核算制度、办法和其他有关资料、文件等。

(2) 竣工决算的编制方法　根据《基本建设财务管理若干规定》，竣工决算的编制步骤如下。

① 收集、整理、分析原始资料。

② 对照、核实工程变动情况，重新核实各单位工程、单项工程造价。首先，将竣工资料与原设计文件进行查对、核实，必要时可实地测量，确认实际变更情况；然后，根据审定后的施工单位竣工结算等原始资料，按照有关规定对原概（预）算进行增减调整，并重新核定工程造价。

③ 将审定后的待摊投资、设备工器具投资、建筑安装工程投资、工程建设其他投资进行严格划分、核定后，分别计入相应的建设成本栏目内。

④ 编制竣工财务决算说明书，并力求内容全面、简明扼要、文字流畅、说明问题。

⑤ 填报竣工财务决算报表。

⑥ 做好工程造价对比分析。

⑦ 清理、装订竣工图。

⑧ 按国家规定上报、审批、存档。

4.4.6.3　竣工项目保修费用的处理

建设项目竣工验收后，虽然通过了交工前的各种检验，但仍可能存在质量问题或隐患，直到使用过程中才能逐步显现出来。为了使项目达到最佳的使用状态，降低生产运行费用、发挥最大的经济效益，监理工程师应督促设计单位、施工单位、设备材料供应单位在保修期内认真做好回访与保修工作，以实现质量保修期间的投资控制。

由于建筑工程情况比较复杂，有些问题往往是由于多种原因造成的。因此，监理工程师在费用的处理上，必须根据造成问题的原因以及具体的返修内容，与有关单位共同协商处理办法。一般来说，根据责任单位的不同，保修费用处理可能有如下几种情况。

a. 若为设计原因造成的问题，则应由原设计单位负责。原设计单位或建设单位委托新的设计单位修改设计方案，建设单位向施工单位提出新的委托，由施工单位进行处理或返修，其新增费用由原设计单位负责。监理工程师还应准确地确定由此给建设单位造成的其他损失，并向原设计单位提出索赔。

b. 因施工单位的施工质量原因造成的问题，由施工单位负责进行保修，其费用由施工单位负责。由此给建设单位造成的损失，监理工程师应向承包商提出索赔。

c. 因设备质量原因造成的问题，由设备供应单位负责进行保修，其费用由设备供应单位负责。由此给建设单位造成的损失，监理工程师应向设备供应单位提出索赔。

d. 如因用户在使用后有新的要求或用户使用不当需进行局部处理和返修时，由用户与施工单位协商解决，或用户另外委托施工单位。费用由用户自己负责。

4.5　建设工程安全监理

建设工程安全目标与质量、进度和投资目标有密切联系，安全目标实现与否会影响其他三大目标的实现。因此对建设项目实施安全监督管理，就成为建设工程监理的重要组成部分，也是建设工程安全生产管理的重要保障。

4.5.1 建设工程安全监理概述

4.5.1.1 建设工程安全监理的含义

建设工程安全监理，是指监理工程师对建设工程中的人、材料、机械、方法、环境及施工全过程的安全生产进行监督管理，采取组织、技术、经济和合同措施，保证建设行为符合国家安全生产、劳动保护、环境保护、消防等法律法规、标准规范和有关方针、政策的要求，有效地将建设工程安全风险控制在允许的范围内，以确保施工安全。

建设工程安全监理是建设工程安全生产的重要保障。所谓安全生产是指使生产过程处于避免人身伤害、设备损坏及其他不可接受的损害风险（危险）的状态。不可接受的损害风险（危险）通常指：超出了法律、法规和规章的要求；超出了方针、目标和企业规定的其他要求；超出了人们普遍接受（通常是隐含的）要求。因此，安全与否要对照风险接受程度来判断，是一个相对的概念。

4.5.1.2 建设工程安全监理的依据

建设工程安全监理的主要依据包括有关安全生产、劳动保护、环境保护等相关的法律、法规和规范、建设工程批准文件和设计文件、建设工程委托监理合同和有关的建设工程合同等。

有关建设工程安全生产、劳动保护、环境保护等法律、法规和标准规范包括：《中华人民共和国建筑法》、《中华人民共和国安全生产法》、《建设工程安全生产管理条例》、《中华人民共和国劳动法》、《中华人民共和国环境保护法》、《中华人民共和国消防法》等法律法规，《建筑施工企业安全生产许可证管理规定》、《建设工程施工现场管理规定》、《建筑安全生产监督管理规定》、《工程建设监理规定》等部门规章和地方性法规等，也包括《工程建设标准强制性条文》、《建设工程监理规范》及有关的工程安全技术标准、规范、规程等。

监理工程师应当熟悉和掌握这些工作依据，以便依法开展建设工程安全监理工作。

4.5.1.3 我国建设工程安全责任体系

《建设工程安全生产管理条例》，对建设单位、勘察单位、设计单位、施工单位、工程监理单位及其他与建设工程安全生产有关的单位所承担建设工程安全生产责任做出了明确规定。

（1）建设单位的安全责任　建设单位在工程建设中居主导地位，对建设工程的安全生产负有重要责任。建设单位应在工程概算中确定并提供安全作业环境和安全施工措施费用；不得要求勘察、设计、施工、工程监理等单位违反国家法律、法规和工程建设强制性标准的规定，不得任意压缩合同约定的工期；有义务向施工单位提供工程所需的有关资料；有责任将安全施工措施报送有关主管部门备案；应当将拆除工程发包给有建筑业企业资质的施工单位等。

（2）工程监理单位的安全责任　工程监理单位是建设工程安全生产的重要保障。监理单位应审查施工组织设计中的安全技术措施或专项施工方案是否符合工程建设强制性标准，发现存在安全事故隐患时，应当要求施工单位整改或暂停施工并报告建设单位。施工单位拒不整改或者拒不停止施工的，应当及时向有关主管部门报告。监理单位应当按照法律、法规和工程建设强制性标准实施监理，并对建设工程安全生产承担监理责任。

（3）勘察、设计单位的安全责任　勘察单位应当按照法律、法规和工程建设强制性标准进行勘察，提供的勘察文件应当真实、准确，满足建设工程安全生产的需要。在勘察作业时，应当严格执行操作规程，采取措施保证各类管线、设施和周边建筑物、构筑物的安全。

设计单位应当按照法律、法规和建设工程强制性标准进行设计，应当考虑施工安全操作和防护的需要，对涉及施工安全的重点部位和环节在设计文件中予以注明，并对防范生产安全事故提出指导意见。对采用新结构、新材料、新工艺的建设工程和特殊结构的建设工程，设计单位应当在设计中提出保障施工作业人员安全和预防生产安全事故的措施建议。设计单位和注册建筑师等注册执业人员应当对其设计负责。

(4) 施工单位的安全责任　施工单位在建设工程安全生产中处于核心地位。施工单位必须建立本企业安全生产管理机构和配备专职安全管理人员，应当在施工前向作业班组和人员作出安全施工技术要求的详细说明，应当对因施工可能造成损害的毗邻建筑物、构筑物和地下管线采取专项防护措施，应当向作业人员提供安全防护用具和安全防护服装，并书面告知危险岗位操作规程。施工单位应对施工现场安全警示标志使用、作业和生活环境等进行管理，应在施工起重机械和整体提升脚手架、模板等自升式架设设施验收合格后进行登记。施工单位应落实安全生产作业环境及安全施工措施所需费用，应对安全防护用具、机械设备、施工机具及配件在进入施工现场前进行查验，合格后方能投入使用。严禁使用国家明令淘汰、禁止使用的危及施工安全的工艺、设备、材料。

(5) 其他参与单位的安全责任

a. 提供机械设备和配件的单位应当按照安全施工的要求配备齐全有效的保险、限位等安全设施和装置。

b. 出租机械设备和施工机具及配件的单位应当具有生产（制造）许可证、产品合格证；应当对出租的机械设备和施工机具及配件的安全性能进行检测，在签订租赁协议时，应当出具检测合格证明；禁止出租检测不合格的机械设备和施工机具及配件。

c. 拆装单位在施工现场安装、拆卸施工起重机械和整体提升脚手架、模板等自升式架设设施必须具有相应等级的资质。安装、拆卸施工起重机械和整体提升脚手架、模板等自升式架设设施，应当编制拆装方案，制定安全施工措施，并由专业技术人员现场监督。

施工起重机械和整体提升脚手架、模板等自升式架设设施安装完毕后，安装单位应当自检，出具自检合格证明，并向施工单位进行安全使用说明，办理签字验收手续。

d. 检验检测机构对检测合格的施工起重机械和整体提升脚手架、模板等自升式架设设施，应当出具安全合格证明文件，并对检测结果负责。

对在建设项目实施过程中出现的安全问题，监理工程师应根据相关方应承担的安全责任进行处理。

4.5.1.4　建设工程安全监理的原则

(1) 坚持安全第一，预防为主的原则　建设工程安全生产关系到人民生命和财产的安全，因此在建设工程监理中应自始至终把“安全第一”作为建设工程安全监理的基本原则。在进行目标控制时由于被动控制是通过不断纠正偏差来实现的，而这种偏差对控制工作来说，则是一种损失，因此安全监理工作应重点做好主动控制，对影响工程安全的各种因素进行合理预测，并采取相应的措施，以减少安全事故发生所带来的损失。

(2) 坚持系统控制的原则　安全监理是与进度控制、质量控制及投资控制同时进行的，是整个建设工程目标控制系统的一个组成部分，在进行安全监理时，必须协调好与其他目标的关系，做好建设项目目标的相互协调和相互平衡。

（3）坚持全过程监控的原则　建设工程的实施要经历决策阶段、勘察设计阶段、招投标阶段、施工阶段直至竣工验收，任何一个阶段安全监理工作做不好都会影响到整个建设工程安全目标的实现，甚至影响质量、进度和投资目标的实现。因此，对于为建设单位提供全过程服务的监理单位，应对建设工程的各个阶段实施安全监理。

（4）坚持全方位监控的原则　建设工程在实施过程中存在众多因素影响到安全目标的实现，如人的行为、物的状态、生产环境与自然环境因素、安全管理因素等，任何一个因素控制不当，都会影响到安全目标的实现。因此，要对影响到安全目标实现所涉及的各种因素进行全方位监控。

（5）坚持动态控制的原则　建设工程在实施过程中存在大量的不确定性因素，任何一个因素的变化都会导致安全控制系统的变化。所以在进行安全监理过程中，需要不断地将安全控制实施情况与目标值进行比较，当出现偏差时采取纠正措施或调整、修改原计划，即进行动态监控以满足建设工程的需要。

4.5.1.5　建设工程安全监理的措施

（1）组织措施　组织措施即从安全监理的组织管理方面采取相应的措施，如落实安全控制的组织机构和人员，明确各级目标控制人员的任务、职能分工、权力和责任，制定安全监理工作流程等，从组织形式、人员配备及相关制度上保证安全监理目标的实现。

（2）技术措施　技术措施不仅可以解决建设工程实施中所遇到的技术问题，而且对纠正安全监理目标偏差也有相当重要的作用。在运用技术措施纠偏时，要尽可能提出多个备选方案，并且要对不同的技术方案进行技术经济比较分析，从中选择最优的技术方案。

（3）经济措施　经济措施指通过经济手段来保证安全监理目标的实现，如可通过落实安全生产责任制、安全生产奖惩制度等与经济挂钩，并对实现者进行及时兑现，以提高安全生产的积极性，保证安全目标的实现。

（4）合同措施　合同是进行建设工程安全监理的重要依据，合同措施也是监理工程师实施安全监理的主要措施，监理工程师应在合同的签订方面协助业主确定合同的形式，拟定合同条款，参与合同谈判，以保证合同的形式、内容有利于合同的管理及安全目标的实现。

4.5.1.6　建设工程安全监理的作用

（1）有利于防止或减少安全事故，保障人民群众生命和财产安全　我国建设工程规模逐步加大，建设领域安全事故起数和伤亡人数一直居高不下，个别地区施工现场安全生产情况仍十分严峻，建设工程监理安全控制可及时发现建设工程实施过程中出现的安全隐患，并要求承包单位及时整改、消除，从而有利于防止或减少生产安全事故的发生，也就保证了广大人民群众的生命和财产安全。

（2）有利于提高建设工程安全生产管理水平　通过监理工程师对建设工程施工生产的安全监督管理，以及监理工程师的审查、督促、检查等手段，促使承包单位进行安全生产，改善劳动作业条件，提高安全技术措施等，从而提高建设工程安全生产管理水平。

（3）有利于规范工程建设参与各方主体的安全生产行为　建设工程在实施过程中涉及多方参与主体，监理工程师通过对建设工程安全生产的全过程进行动态监督管理，可以有效地规范各参与主体的安全生产行为，最大限度地避免不当安全生产行为的发生。

（4）有利于实现工程投资效益最大化　实行建设工程监理安全控制，监理工程师通过对承包单位的安全生产进行监督管理，可有效地预防安全事故的发生，从而保证了建设工程各项目标的实现，有利于投资的正常回收，实现投资效益的最大化。

4.5.2 建设工程施工安全监理工作内容

4.5.2.1 施工准备阶段安全监理工作内容

施工准备阶段安全监理，是指监理工程师在正式施工前进行的安全预控，主要工作内容包括以下方面。

（1）认真审查施工单位的资质　根据《建筑施工企业安全生产许可证管理规定》，进行建设工程施工的企业必须取得建设行政主管部门颁发的安全生产许可证，对于一些特种作业人员，必须经过专门的作业培训，并取得特种作业操作资格证书后方可上岗。监理单位应认真审查施工单位的资质及项目管理人员及技术人员是否合格，对于不合格的人员，监理单位有权要求施工单位予以更换。

（2）认真审查施工单位有关施工安全的工作文件　监理单位应当要求施工单位在开工前提交表4-6所列的施工安全工作文件，对其进行认真审查。应着重审查其是否具有真实性、可行性、可靠性和全面性。在审查中应特别注意以下环节：

a. 是否具有健全有效的安全工作机制和管理制度；

b. 是否安排了强有力的安全工作主管和合格、有经验的专职安全人员；

c. 是否具有符合安全要求的平面布置，其工地临时用电、消防、危险品库、围档防护等涉及安全的设施是否符合规定；

d. 总体（全场、建设工程）和专项施工安全技术措施是否达到了全面、周到、细致、可行，并具有可靠的设计计算；

e. 是否具有冬雨期等季节性施工措施和符合要求的应对突发事件的预案；

f. 是否具有能够实施的经常性的安全教育检查工作；

g. 是否严格执行了对职工的安全防护品使用和健康保护的要求。

表4-6　监理单位应审查的施工安全工作文件

序号	施工安全文件的名称
1	全场性或建设工程的施工组织设计或安全技术措施
2	专项、专业或特种工程的施工方案和安全技术措施
3	施工临时用电、工地防火、围档和环境保护措施
4	安全文明工地管理办法
5	全场和项目的安全施工的组织保证体系
6	企业或项目的安全施工的制度保证体系
7	项目施工的安全工作要点
8	职工安全施工教育提纲或培训教材
9	施工安全主管人员和专职安全人员的个人情况材料
10	安全隐患整改和突发事态应急处置管理办法

（3）对分包单位的监控　正式开工前，监理工程师要检查、督促施工总承包单位对分包商在施工过程中所涉及的危险源应予以识别、评价和控制策划，并将与策划结果有关的文件和要求事先通知分包单位，以确保分包单位能遵守施工总承包单位的施工组织设计的相关要求，如对分包单位自带的机械设备的安装、验收、使用、维护和操作人员持证上岗的要求，相关安全风险及控制要求等。

（4）严把开工关　在总监理工程师发出开工通知书之前，监理工程师应认真检查施工单位的施工人员、施工机械设备、施工场地等是否存在安全隐患，经检查合格后，方可发出开工指令，以避免在工程施工过程中发生安全事故。

4.5.2.2　施工过程中的安全监理

施工过程体现在一系列的现场施工作业和管理活动中，监理工程师对施工作业和管理活动的监督管理效果将直接影响到施工过程的安全控制效果，监理工程师对施工过程的安全控制应重点做好以下工作。

(1) 安全物资的监控　监理单位在安全物资进场时要认真进行核查，以保证安全物资的质量，严禁施工单位使用质量不合格的安全物资；在安全物资的使用过程中，监理单位应监督施工单位对安全物资品牌、规格、型号和验收状态做出识别标志，以避免安全物资的混用、错用，同时为了防止安全物资的损坏和变质，监理单位应检查施工单位对安全物资的储存方式是否正确，并且在储存期间应要求施工单位对安全物资的防护和质量进行检查。

(2) 施工机械设备的安全监控　监理单位在施工过程中重点检查施工单位是否按规定选用、安装（拆除)、验收、检测、使用、保养、维修、改造或报废施工机械设备，租赁设备是否按合同规定履行各自的安全生产管理职责；对于大型设备，监理单位重点审查装拆大型设备的单位及人员是否具有相应的资质及资格，大型的起重设备装拆有无经审批的专项方案，装拆工作是否按规定做好了监控和管理，安装后的大型设备是否经检测合格后才投入使用。

(3) 安全防护设施搭设、拆除及使用维护的监控

① 监理单位应监督检查施工单位是否按照安全技术方案的要求搭设安全防护设施；

② 监理单位应对洞口、临边、高处作业所采取的安全防护设施如通道、防护栅栏、电梯井内隔离网、楼层周边和预留洞口的防护设施、基坑临边防护设施、悬空或攀登作业防护设施的搭设、拆除进行监控。

③ 建设工程多为露天作业，且现场情况多变，又是多工种立体交叉作业，安全设施在投入使用后，在施工过程中往往出现缺陷和问题，施工人员在施工过程中也往往会发生违章现象，因此，监理工程师要对安全设防护设施在日常运行和使用过程中易发生事故的主要环节、部位进行动态的检查，对检查过程中发现的问题责成施工单位及时整改，情节严重的，应当要求施工单位暂时停止施工，并及时报告建设单位，以保持安全防护设施完好有效，达到安全目标。

(4) 安全检测工具的监控　监理单位应督促施工单位按有关规定配备相应的安全检测工具，如卡尺、塞尺、传感器、力矩扳手、电阻测试仪、绝缘电阻测试仪、声级机等，并且要对所配备的安全检测工具进行质量检验，严禁无生产许可证和产品合格证或证件不齐全的检测工具应用到建设工程的安全控制中；在建设工程实施的过程中，监理单位还应监督施工单位对安全检测工具按要求复检，对达不到规定性能、精度状况的工具严禁在工程建设中使用。

(5) 对重大危险源及与之相关的重点部位、过程和活动的监控　监理工程师要根据已识别的重大危险源，确定与之相关的需要进行重点监控的重点部位、过程和活动，如深基坑施工、大型构件吊装、高大模板施工等，监理单位应选派熟悉相应操作过程和操作规程的监理员对监控对象进行监控。对于重点监控对象，监理员必须进行连续的旁站监控，并做好记录。

(6) 施工现场临时用电的监控　监理单位应定期对施工现场临时用电进行检查，对变配电装置、架空线路或电缆干线的敷设、分配电箱等用电设备进行检查，并做好检查记录，对所出现的问题及时责成施工单位进行整改，情节严重的，应当要求施工单位暂时停止施工，并及时报告建设单位。在工程实施过程中，监理单位应督促施工单位对用电设备进行日常检

查、维护和保养，以保证安全目标的实现。

(7) 施工现场消防安全的监控　监理单位应对施工现场木工间、油漆仓库、氧气与乙炔瓶仓库等重点防火部位进行定期检查，督促施工单位采取相应的防火措施。监理单位还应对施工单位的消防安全责任制的落实情况进行检查监督，并督促施工单位定期对消防设施、器材等进行检查、维护，以确保其完好、有效。

(8) 施工现场及毗邻区于地下管线、建（构）筑物等的专项防护的监控　监理单位应对施工现场及毗邻区域内地下管线，如供水、排水、供电等地下管线，所采取的专项防护措施的实施情况进行检查，在检查中所出现的问题应及时通知施工单位进行整改，情节严重的，应当要求施工单位暂时停止施工，并及时报告建设单位，做好检查记录。

(9) 安全自检工作的监控　监理单位对安全设施、临时用电设备等的验收核查，是对施工单位安全工作质量进行复核与确认，监理单位的核查不能代替施工单位的自检，且监理单位的核查必须是在施工单位自检的基础上进行的。为此，监理单位应监督施工单位安排专职安全生产管理人员对安全设施及安全措施的落实情况进行检查，未经自检或检查不合格的，不能报送监理工程师进行检查，对于需经行业检测的安全设施、施工机械等，未经行业检测或检测不合格的，不能报送监理工程师进行检查。

(10) 安全记录资料的监控　在建设工程施工过程中，施工安全记录资料应真实、齐全、完整，相关各方人员的签字齐备、字迹清楚、结论明确，与施工过程的进展同步。由于安全记录资料是为证明施工现场满足安全要求的程度或为安全计划实施的有效性提供客观证据的文件，还可为有追溯要求的各类检查、验收和采取纠正措施及预防措施等提供依据，在每一阶段施工或安装工作完成时，监理单位认真检查施工单位的安全资料的真实、齐全、完整性，督促施工单位安全资料的归档整理工作。

(11) 施工现场环境的安全监控　监理单位应对施工现场环境卫生安全定期进行监督检查，督促施工单位做好工作区的施工前期围挡、场地、道路、排水设施准备，按规划堆放物料，由专人负责场地清理、道路维护保洁、水沟与沉淀池的疏通和清理，督促施工作业人员做好班后清理工作以及对作业区域安全防护设施的检查维护工作。监理单位还应督促施工单位必须按卫生标准要求在施工现场设置宿舍、食堂等临时设施，要符合卫生、安全、健康的有关条件，杜绝由于卫生不符合标准所发生的事故。监理单位还应经常对临时建筑进行检查，保证临时建筑物的使用符合安全的要求。

(12) 严把安全验收关　在安全设施搭设、施工机械设备安装完成后，施工单位自检合格才能报请监理单位进行验收，监理单位必须严格遵守国家相关标准、规范、规程等规定，按照专项施工方案和安全技术措施的设计要求进行验收，严格把关，并做好记录，对验收过程中所出现的问题及时要求施工单位整改，验收合格后方可同意施工单位投入使用。

4.5.3 建设工程安全监理的方法

4.5.3.1 危险源的概念

危险源是可能导致人身伤害或疾病、财产损失、工作环境破坏或这些情况组合的危险因素和有害因素。危害因素强调突发性和瞬间作用的因素，有害因素强调在一定时期内的慢性损害和累积作用。

根据危险源在事故发生发展中的作用，把危险源分为两大类，即第一类危险源和第二类危险源。可能发生意外释放的能量的载体或危险物质称为第一类危险源，例如在隧道、沉井基础施工中，遇到放射性物质或有毒气体、液体。造成约束、限制能量措施失效或破坏的各种不安全因素称作第二类危险源，包括人的不安全行为、物的不安全状态和不良环境条件。

4.5.3.2　危险源与事故

事故的发生是两类危险源共同作用的结果，第一类危险源是事故发生的前提，第二类危险源的出现是第一类危险源导致事故的必要条件。在事故的发生和发展过程中，两类危险源相互依存，相辅相成。第一类危险源是事故的主体，决定事故的严重程度，第二类危险源出现的难易，决定事故发生的可能性大小。

4.5.3.3　危险源控制的方法

（1）危险源辨识与风险评价

a. 危险源辨识的方法。有专家调查法、安全检查表（SCL）法等。

① 专家调查法是通过向有经验的专家咨询、调查，辨识、分析和评价危险源的一类方法，其优点是简便、易行，其缺点是受专家的知识、经验和占有资料的限制，可能出现遗漏。常用方法有头脑风暴法（Brainstorming）和德尔非法（Delphi）。

② 安全检查表法是实施安全检查和诊断项目的明细表。运用已编制好的安全检查表，进行系统的安全检查，辨识工程项目存在的危险源。检查表的内容一般包括分类项目、检查内容及要求、检查后处理意见等。其优点是简单易懂，容易掌握，可以事先组织专家编制检查项目，使安全检查做到系统化、完整化。其缺点是一般只能做出定性评价。

b. 风险评价的方法。风险评价是评估危险源所带来的风险大小，确定风险是否可以接纳的全过程。根据评价结果对风险进行分级，按不同级别的风险有针对性地采取风险控制措施。具体方法可参考平面矩阵法或风险指数评价法、作业条件危险性评价法（LEC）。

（2）危险源的控制方法　不同类型的危险源，其控制的方法有所不同。

a. 第一类危险源的控制方法。

① 防止事故发生的方法有：消除危险源，限制能量或危险物质，隔离。

② 避免或减少事故损失的方法：隔离，个体防护，设置薄弱环节使能量或危险物质按人们的意图释放，避难与援救措施等。

b. 第二类危险源的控制方法。

① 减少故障，增加安全系数，提高可靠性，设置安全监控系统。

② 进行故障-安全设计，即故障发生后系统处于相对安全的状态，如应急设备具有自动灭火功能，故障发生后设备自锁等。

4.5.3.4　危险源风险管理的基本过程

项目监理机构应对危险源进行风险管理，其基本过程包括：识别危险源；评价危险源的安全风险；编制安全监理计划；实施安全措施计划；检查安全监理计划的执行情况，评价其执行效果，同时应注意是否存在遗漏的或新的危险源，及时识别和评价其安全风险，采取有效的控制措施。

4.5.4　建设工程施工安全监理工作程序

安全监理工作应按照一定的程序进行。在建设工程施工阶段，安全监理实施程序如下：

4.5.4.1　确定建设工程安全监理组织机构

应按照建设工程的规模、性质、委托监理合同的要求，组建项目监理机构，配备相应的监理人员，并在安全监理规划执行过程中及时根据工作需要进行调整。

4.5.4.2　编制建设工程安全监理规划（安全计划）

安全监理规划是工程监理单位接受建设单位（或业主）委托并签订委托监理合同之后，在项目总监理工程师的主持下，由专业监理工程师参加，根据委托监理合同，结合工程的具体实际情况，广泛收集工程信息和资料的情况下编制，并经工程监理单位技术负责人批准，用来指导项目监理机构全面开展安全监理工作的指导性文件。

4.5.4.3　**编制安全监理实施细则**

安全监理实施细则是在安全监理规划的基础上，由项目监理机构的专业监理工程师针对建设工程中某一专业或某一方面的安全监理工作编写，并经总监理工程师审批实施的操作性文件。

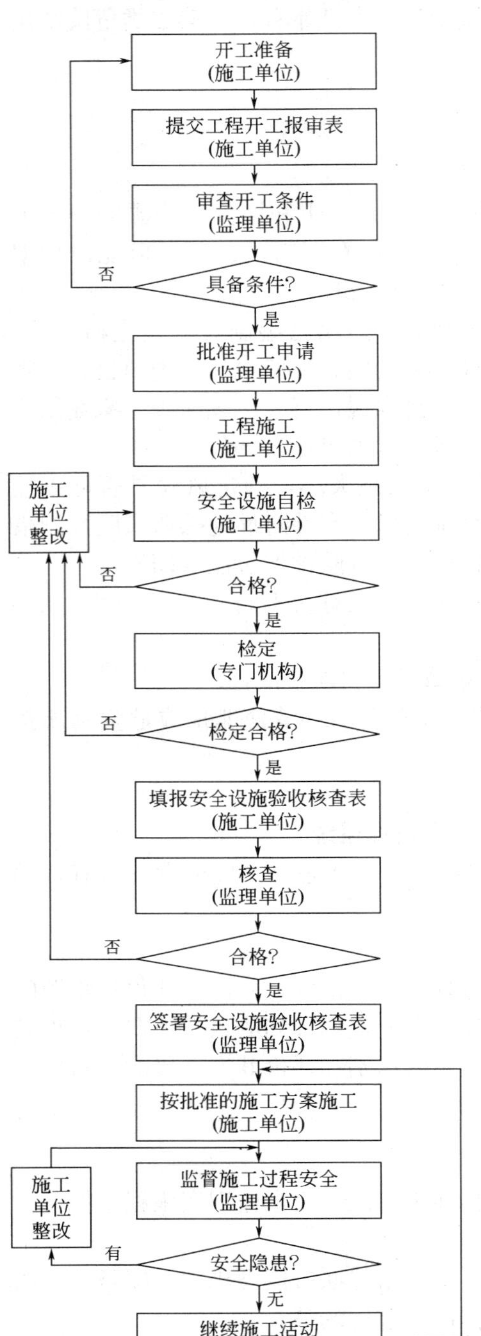

图 4-29　某项目从开工审批至施工过程安全监理工作流程

4.5.4.4　**实施安全监理**

根据安全监理规划（安全计划）以及安全监理实施细则，监理人员对建设工程实施安全监理，开展具体的监理工作。在实施过程中，应加强规范化工作，具体是：

（1）工作目标的规范化　每一项安全监理工作的具体目标都应是确定的，完成的时间也应有时限规定，检查和考核也应有明确要求。

（2）明确职责分工　建设工程安全监理工作是由不同专业、不同层次的专家群体共同来完成的，他们之间的职责分工是协调进行安全监理工作的前提和实现安全监理目标的重要保证。因此，职责分工必须是明确的、严密的、规范的。

（3）规范工作程序　这是指各项安全监理工作应按一定的顺序、程序先后展开，从而使安全监理工作能有序地达到目标。

4.5.4.5　**参与验收，签署建设工程监理意见**

工程监理单位应参加建设单位（或业主）组织的工程竣工验收，签署工程监理单位意见。

4.5.4.6　**向建设单位提交建设工程安全监理档案资料**

建设工程安全监理工作完成后，工程监理单位应按委托监理合同约定，向建设单位提交相应的监理档案资料。

4.5.4.7　**安全监理工作总结**

安全监理工作完成后，项目监理机构应及时从以下两方面进行安全监理工作总结。一是向建设单位提交安全监理工作总结，其内容包括：委托监理合同履行情况概述；安全监理任务或安全监理目标完成情况的评价等。二是向工程监理单位提交安全监理工作总结，其内容包括：安全监理工作的经验，如采用某种技术、方法的经验，采用某种经济措施、组织措施的经验，以及委托监理合同执行方面的经验等，安全监理工作中存在的问题及改进建议。

安全监理工作程序可以按照其内容逐步加以细

化，例如图4-29表示了某项目从开工审批至施工过程安全监理工作流程。

建设工程施工活动的特点，决定了施工生产的不安全隐患比较多地发生在高处作业、个体劳动保护、交叉作业、垂直运输、电气工具的使用等方面。随着建筑技术与建筑产品的演变和人类文明的不断进步，建设工程监理企业和监理工程师的安全监理工作也不断面临新的挑战，更加需要将建设项目的质量、进度、投资和安全目标作为一个目标系统，统筹监控、协调和平衡。完成这项任务的前提条件是有能够提供高智能服务的建设工程监理组织。

复习思考题

1. 试述目标控制的基本流程。在每个控制流程中有哪些基本环节？
2. 何谓主动控制？何谓被动控制？监理工程师应当如何认识它们之间的关系？
3. 建设工程的投资、进度、质量目标是什么关系？如何理解？
4. 建设工程投资、进度、质量控制的具体含义是什么？
5. 建设工程目标控制可采取哪些措施？
6. 试述工程建设各阶段对质量形成的影响。
7. 试述影响工程质量的因素。
8. 试述工程质量的特点。
9. 试述工程质量责任体系。
10. 施工图设计的深度要求是什么？
11. 施工质量控制的依据主要有哪些方面？
12. 施工阶段监理工程师进行质量监督控制可以通过哪些手段进行？
13. 监理工程师进行现场质量检验的方法有哪几类？其主要内容包括哪些方面？
14. 说明建筑工程施工质量不符合要求时应如何进行处理。
15. 试述工程质量问题处理的程序。
16. 试述工程质量事故处理的程序
17. 建设工程总投资的概念。
18. 建设工程投资的特点。
19. 建筑安装工程费用的构成。
20. 建设工程投资确定的依据。
21. 投资估算有哪些方法？其适用条件各是什么？
22. 预算审查的方法有哪些？
23. 工程价款现行结算办法和动态结算办法有哪些？
24. 工程变更价款的确定办法。
25. 索赔有哪些分类？
26. 偏差分析的方法有哪些？
27. 影响建设工程进度的因素有哪些？
28. 工程进度控制计划体系包括哪些内容？
29. 建设工程进度监测的系统过程。
30. 建设工程进度调整的系统过程。
31. 工程实际进度与计划进度的比较方法有哪些？各有何特点？
32. 分析进度偏差对后续工作及总工期的影响？
33. 计划的调整方法有哪些？如何进行调整？
34. 影响建设工程施工进度的因素有哪些？
35. 何谓安全生产？
36. 建设工程安全监理的含义是什么？

37. 建设工程安全监理有哪些依据?

38.《建设工程安全生产管理条例》对建设单位、勘察设计单位、施工单位、工程监理单位的安全生产责任有哪些规定?

39. 试述建设工程安全监理的原则及其作用。

40. 试述施工阶段安全监理的工作内容。

41. 何谓危险源? 危险源与事故之间有何关系?

42. 如何识别危险源?

43. 如何对危险源的风险性进行评价?

44. 试述危险源风险管理的基本过程。

45. 简述安全监理实施程序。

46. 了解我国工程监理企业和监理工程师实施安全监理工作的现状，谈谈自己对未来建设工程安全监理的设想和看法。

第 5 章　建设工程监理组织

导读： 精干、高效的项目监理机构，是实现建设工程监理目标的保障。本章阐明建设工程组织管理的基本模式与相应的监理模式；在介绍组织基本原理的基础上，重点介绍项目监理机构建立的步骤、组织结构形式、人员配备与岗位职责；明确工程监理的实施程序；介绍工程监理组织协调的内容与方法。要求学生在理解组织基本原理的基础上，掌握项目监理机构建立的步骤和监理人员的岗位职责；熟悉各种监理模式中主体之间的关系，项目监理机构的组织结构形式；了解工程监理的实施程序，项目监理机构组织协调的工作内容和方法。本章有助于学生理解项目监理机构形成和运行的机理。

5.1　组织的基本原理

5.1.1　组织的含义

所谓组织，就是为了使系统达到它特定的目标，使全体参加者经分工与协作以及设置不同层次的权力和责任制度而构成的一种人的组合体。它含有三层含义：①目标是组织存在的前提；②没有分工与协作就不是组织；③没有不同层次的权力和责任制度就不能实现组织活动和组织目标。

组织作为生产要素之一，有以下特点：组织不像其他要素可以相互替代，如增加机器设备可以替代劳动力，而组织不能替代其他要素，也不能被其他要素所替代。但是，组织可以使其他要素合理配合而增值，即可以提高其他要素的使用效益。随着现代化社会大生产的发展和生产要素复杂程度的提高，组织在提高经济与社会效益方面的作用也愈加显著。正如帕尔森（Parsons）所言："组织的发展已经成为高度分化的社会中的重要机制，通过这个机制，人们才有可能完成任务，达到对个人而言无法企及的目标。"

在现实社会中，人们很容易观察到功能上相同或相似的组织（如企业或学校），具有类似的部门设置和结构形式。这种组织同构的现象，反映了组织自身内在的规律，这些规律应得到充分的理解，并在实践中获得灵活的运用。

5.1.2　组织结构

组织内部构成和各部分间所确立的较为稳定的相互关系和联系方式，称为组织结构。以下几种提法反映了组织结构的基本内涵：①确定正式关系与职责的形式；②向组织各个部门或个人分派任务和各种活动的方式；③协调各个分离活动和任务的方式；④组织中权力、地位和等级关系。

（1）组织结构与职权的关系　组织结构与职权形态之间存在着一种直接的相互关系，这是因为组织结构与职位以及职位间关系的确立密切相关，因而组织结构为职权关系提供了一定的格局。组织中的职权指的就是组织中成员间的关系，而不是某一个人的属性。职权的概念是与合法地行使某一职位的权力紧密相关的，而且是以下级服从上级的命令为基础的。

（2）组织结构与职责的关系　组织结构与组织中各部门、各成员职责的分派直接有关。在组织中，只要有职位就有职权，而只要有职权也就有职责。组织结构为职责的分配和确定奠定了基础，而组织的管理则是以机构和人员职责的分派和确定为基础的，利用组织结构可以评价组织各个成员的功绩与过错，从而使组织中的各项活动有效地开展起来。

（3）组织结构图　组织结构图是组织结构简化了的抽象模型。但是，它不能准确、完整地表达组织结构，如它不能说明一个上级对其下级所具有的职权的程度以及平级职位之间相互作用的横向关系。尽管如此，它仍不失为一种表示组织结构的好方法。

5.1.3　组织设计

组织设计就是对组织活动和组织结构的设计过程，有效的组织设计在提高组织活动效能方面起着重大的作用。组织设计有以下要点：①组织设计是管理者在系统中建立最有效相互关系的一种合理化的、有意识的过程；②该过程既要考虑系统的外部要素，又要考虑系统的内部要素；③组织设计的结果是形成组织结构。

5.1.3.1　组织构成因素

组织构成一般是上小下大的形式，由管理层次、管理跨度、管理部门、管理职能四大因素组成。各因素是密切相关、相互制约的。

（1）管理层次　管理层次是指从组织的最高管理者到最基层的实际工作人员之间的等级层次的数量。

管理层次可分为四个层次，即决策层、协调层和执行层、操作层。决策层的任务是确定管理组织的目标和大政方针以及实施计划，它必须精干、高效；协调层主要是起到参谋助手和桥梁作用，其人员应有较高的业务工作能力；执行层的任务是直接调动和组织人力、财力、物力等具体活动内容，其人员应有实干精神并能坚决贯彻管理指令；操作层的任务是从事操作和完成具体任务，其人员应有熟练的作业技能。这三个层次的职能和要求不同，标志着不同的职责和权限，同时也反映出组织机构中人员数量的变化规律。

组织的最高管理者到最基层的实际工作人员权责逐层递减，而人数却逐层递增。

如果组织缺乏足够的管理层次将使其运行陷于无序的状态。因此，组织必须形成必要的管理层次。不过，管理层次也不宜过多，否则会造成资源和人力的浪费，也容易出现信息传递慢、指令失真、协调困难等问题。

（2）管理跨度　管理跨度是指一名上级管理人员所直接管理的下级人数。在组织中，某级管理人员管理跨度的大小直接取决于这一级管理人员所需要协调的工作量。管理跨度越大，领导者需要协调的工作量越大，管理的难度也越大。因此，为了使组织能够高效地运行，必须确定合理的管理跨度。

管理跨度的大小受很多因素的影响，它与管理人员的性格、才能、个人精力、授权程度以及被管理者的素质有关。此外，还与其职能的难易程度、工作的相似程度、工作制度和程序等客观因素有关。确定适当的管理跨度，需要积累经验并在实践中进行必要的调整。

（3）管理部门　组织中各部门的合理划分对发挥组织效应是十分重要的。如果部门划分不合理，会造成控制、协调困难，也会造成人浮于事，浪费人力、物力和财力。管理部门的划分要根据组织目标与工作内容确定，形成既有相互分工又有相互配合的组织机构。

（4）管理职能　组织设计确定各部门的职能，应使纵向的领导、检查、指挥灵活，达到指令传递快、信息反馈及时；使横向各部门间相互联系、协调一致，使各部门有职有责、尽职尽责。

5.1.3.2　组织设计原则

项目监理机构的组织设计一般需考虑以下几项基本原则。

（1）集权与分权统一的原则　在任何组织中都不存在绝对的集权和分权。在项目监理机构设计中，所谓集权，是指总监理工程师掌握项目监理机构的决策权、指挥权、评价权和奖惩权，各专业监理工程师只是其命令的执行者；所谓分权，是指总监理工程师按照权责统一的原则，授予下级监理人员一定的权力，下级监理人员分别在各自职权范围内行使相应的权力。

项目监理机构中集权、分权的程度，要根据建设工程的特点，监理工作的重要性，总监理工程师的能力、精力及各专业监理工程师的工作经验、工作能力、工作态度等因素进行综合考虑，必要时设置总监理工程师代表，以行使总监授予的一部分权力。

（2）专业分工与协作统一的原则　对于项目监理机构来说，分工就是将监理目标，特别是投资控制、进度控制、质量控制三大目标分成各部门以及各监理工作人员的目标和任务，明确干什么、谁来干、怎么干。在分工中特别要注意以下三个方面：①尽可能按照专业化的要求来设置组织机构；②工作上要有严密分工，每个人所承担的工作，应力求达到较熟悉的程度；③注意分工的经济效益。

在组织机构中还必须强调协作。所谓协作，就是明确组织机构内部各部门之间和各部门内部的协调关系与配合方法。在协作中应该特别注意以下两点：①主动协作。要明确各部门之间的工作关系，找出易出现矛盾之处，加以协调。②有具体可行的协作配合办法。对协作中的各项关系，应逐步规范化、程序化。

（3）管理跨度与管理层次统一的原则　在组织机构的设计过程中，管理跨度与管理层次成反比例关系。这就是说，当组织机构中的人数一定时，如果管理跨度加大，管理层次就可以适当减少；反之，如果管理跨度缩小，管理层次就会增多。一般来说，在设计项目监理机构的过程中，应该通盘考虑影响管理跨度的各种因素，并在实际运用中根据具体情况确定管理层次。

（4）权责一致的原则　应明确划分项目监理机构中各部门和岗位的职责与权力范围，做到责任和权力相一致。从组织结构的规律来看，一定的人总是在一定的岗位上担任一定的职务，这样就产生了与岗位职务相适应的权力和责任，只有做到有职、有权、有责，才能使组织机构正常运行。由此可见，组织的权责是相对于特定的岗位职务来说的，不同的岗位职务应有不同的权责。权责不一致就会损害组织的效能。权大于责容易产生随意指挥、滥用权力的官僚主义；责大于权就会影响管理人员的积极性、主动性和创造性，使组织缺乏活力。

（5）才职相称的原则　每项工作都应该确定为完成该工作所需要的知识和技能。可以通过考察组织成员的学历与经历，进行测验及面谈等方式，了解其知识、经验、才能和兴趣等，并进行评审比较。职务设计和人员评审都可以采用科学的方法，使每个人现有的和潜在的才能与其职务上的要求相适应，做到才职相称，人尽其才，才得其用，用得其所。

（6）经济效率原则　项目监理机构的设计，必须将经济性和高效率放在首位。组织结构中的每个部门、每个人为了一个统一的目标，应组合成最适宜的结构形式，实行最有效的内部协调，使事情办得简洁而正确，减少重复和扯皮。

（7）弹性原则　组织机构既要有相对的稳定性，不轻易变动，又要根据组织内部条件和外部环境的变化做出相应的调整，使组织机构具有一定的适应性和灵活性。

5.1.4　组织活动的基本原理

组织的目标必须通过组织活动来实现。组织活动具有其内在的规律性，它遵循以下基本原理：

5.1.4.1　要素有用性原理

一个组织机构中的基本要素有人力、物力、财力、信息、时间等。运用要素有用性原理，首先应看到人力、物力、财力等要素在组织活动中的有用性，充分发挥各要素的作用，根据各要素的作用及其重要性进行合理安排、组合和使用，做到人尽其才、财尽其利、物尽其用，尽最大可能提高各要素的使用效率和整体使用效果。

一切要素都有作用，这是要素的共性，然而要素不仅有共性，而且还有个性。例如，同样是监理工程师，由于专业、知识、能力、经验等方面的差异，所起的作用也就不同。因此，管理者在组织活动过程中不但要看到一切要素都有作用，还要具体分析各要素的特殊性，以便充分发挥每一要素的作用。

5.1.4.2 动态相关性原理

组织机构处在静止状态是相对的，处于变动状态则是绝对的。组织机构内部各要素之间既相互联系，又相互制约；既相互依存，又相互排斥，这种相互作用推动了组织活动的进行与发展。这种相互作用的因子，叫做相关因子。充分发挥相关因子的作用，是提高组织管理效应的有效途径。事物在组合过程中，由于相关因子的作用，可以发生质变。整体效应不等于其各局部效应的简单相加，这就是动态相关性原理。组织管理者的重要任务就在于使组织机构活动的整体效应大于其局部效应之和，否则，组织就失去了存在的意义。

5.1.4.3 主观能动性原理

人和宇宙中的各种事物，运动是其共有的根本属性，它们都是客观存在的物质，不同的是，人是有生命、有思想、有感情、有创造力的。人会制造工具，并使用工具进行劳动；在劳动中改造世界，同时也改造自己；能继承并在劳动中运用和发展前人的知识。人是生产力中最活跃的因素，组织管理者的重要任务就是要把人的主观能动性发挥出来。

5.1.4.4 规律效应性原理

组织管理者在管理过程中要掌握规律，按规律办事，把注意力放在抓事物内部的、本质的、必然的联系上，以达到预期的目标，取得良好效应。规律与效应的关系非常密切，一个成功的管理者懂得，只有努力地揭示规律，才有取得效应的可能，而要取得好的效应，就要主动研究规律，按规律办事。

5.2 建设工程组织管理的基本模式与监理模式

建设工程组织管理模式对建设工程的规划、控制、协调起着重要作用。不同的组织管理模式有不同的合同体系和管理特点。本节介绍建设工程组织管理的基本模式。

5.2.1 平行承发包模式与监理模式

5.2.1.1 平行承发包模式

所谓平行承发包，是指业主将建设工程的设计、施工以及材料和设备采购的任务，经过分解分别发包给若干个设计单位、施工单位、材料和设备供应单位，并分别与各方签订合同。

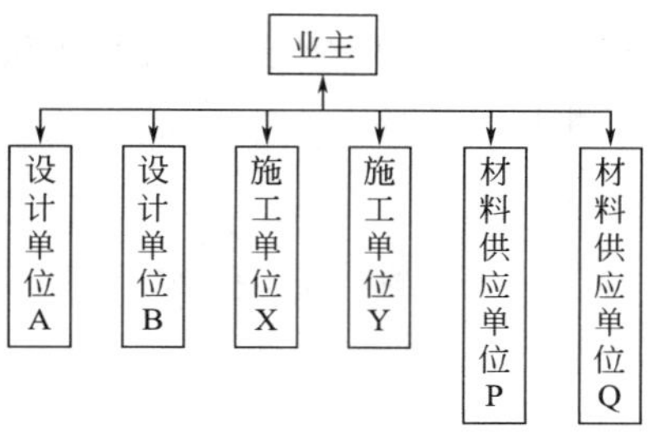

业主
设计单位A　设计单位B　施工单位X　施工单位Y　材料供应单位P　材料供应单位Q

图 5-1 平行承发包模式

各设计单位、施工单位、材料和设备供应单位之间的关系是平行的，其合同结构如图 5-1 所示。

采用这种模式首先应合理地分解建设项目的任务，然后进行分类综合，确定每个合同的发包内容，以便选择适当的承建单位。

在进行任务分解与确定合同数量、内容时应考虑以下因素。

(1) 工程情况　建设工程的性质、规模、结构等是决定合同数量和内容的重要因素。规模大、范围广、专业多的建设工程往往比规模小、范围窄、专业单一的建设工程合同数量要多。建设工程实施时间的长短、计划的安排也会影响合同数量。例如，对分期建设的两个单项工程，就可以考虑分成两个合同分别发包。

(2) 市场情况　首先，由于各类承建单位的专业性质、规模大小在不同市场的分布状况不同，建设工程的分解发包应力求使其与市场结构相适应。其次，合同任务和内容要对市场具有吸引力。中小合同对中小型承建单位有吸引力，又不妨碍大型承建单位参与竞争。另外，还应按市场惯例做法、市场范围和有关规定来决定合同内容和大小。

(3) 贷款协议要求　对两个以上贷款人的情况，可能贷款人对贷款使用范围、承包人资格等有不同要求，因此，需要在确定合同结构时予以考虑。

平行承发包模式的优点有：

(1) 有利于缩短工期　由于设计和施工任务经过分解分别发包，设计阶段与施工阶段有可能形成搭接关系，从而缩短整个建设项目工期。

(2) 有利于质量控制　整个工程经过分解分别发包给各承建单位，合同约束与相互制约使每一部分能够较好地实现质量要求。如主体工程与装修工程分别由两个施工单位承包，当主体工程不合格时，装修单位是不会同意在不合格的主体工程上进行装修的，这形成了一种有利于质量控制的约束机制。

(3) 有利于业主选择承建单位　在大多数国家的建筑市场中，专业性强、规模小的承建单位一般占有较大比重。平行承发包模式的合同内容比较单一、合同价值小、风险小，使许多提供专业化服务的中小企业有机会参与竞争。因此，业主可以在很大范围内选择承建单位，为择优选择承建单位创造了条件。

平行承发包模式的缺点如下。

(1) 合同数量多，会造成合同管理困难　合同关系复杂，使建设项目系统内结合部位数量增加，组织协调工作量大。因此，应加强合同管理的力度，加强各承建单位之间的横向协调工作，沟通各种渠道，使工程有条不紊地进行。

(2) 投资控制难度大　这主要表现在：①总合同价不易确定，影响投资控制实施；②工程招标任务量大，需控制多项合同价格，增加了投资控制难度；③在施工过程中设计变更和修改较多，导致投资增加。

5.2.1.2　平行承发包模式条件下的监理模式

与建设工程平行承发包模式相适应的监理模式有以下两种主要形式。

(1) 业主委托一个监理单位监理　这种监理委托模式是指业主只委托一家监理单位为其提供监理服务。这种模式要求被委托的监理单位应该具有较强的合同管理与组织协调能力，并能做好全面规划工作。监理单位的项目监理机构可以组建多个监理分支机构，对各承建单位分别实施监理。在具体的监理过程中，项目总监理工程师应重点做好总体协调工作，加强横向联系，保证建设工程监理工作的有效运行。这种模式如图 5-2 所示。

(2) 业主委托多个监理单位监理　这种监理委托模式是指业主委托多个监理单位为其提供监理服务。采用这种模式，业主分别委托几家监理单位针对不同的承建单位实施监理。由于业主分别与多个监理单位签订委托监理合同，所以各监理单位之间的相互协作与配合需要业主进行协调。采用这种模式，监理单位对象相对单一，便于管理。但建设项目的监理工作

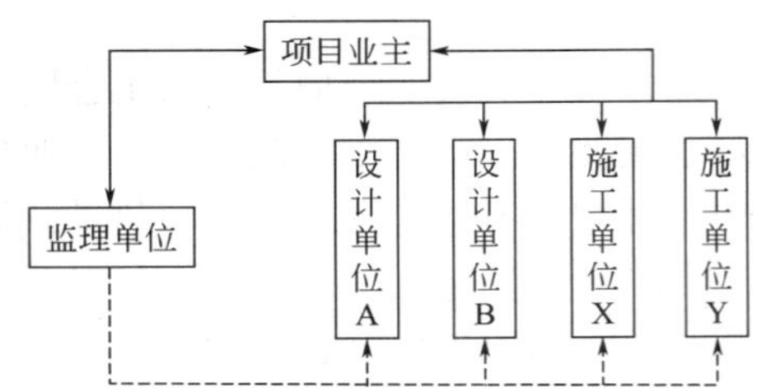

图 5-2　业主委托一个监理单位进行监理的模式

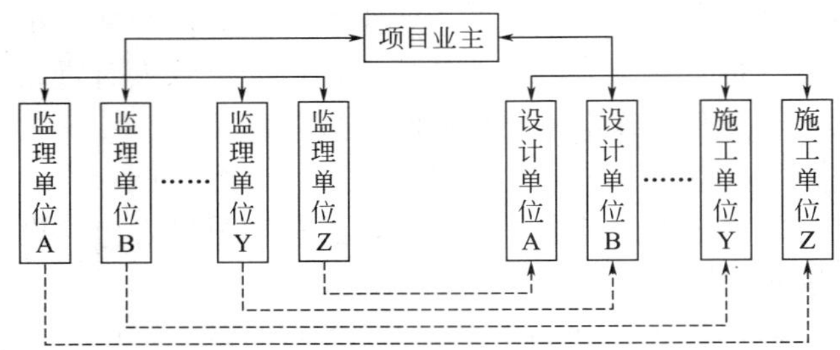

图 5-3　业主委托多家监理单位进行建立的模式

被肢解，各监理单位各负其责，缺少一个对建设工程进行总体规划与协调控制的监理单位。这种模式如图 5-3 所示。

5.2.2　设计或施工总分包模式与监理模式

5.2.2.1　设计或施工总分包模式

所谓设计或施工总分包，是指业主将全部设计或施工任务发包给一个设计单位或一个施工单位作为总包单位，总包单位可以将其部分任务再分包给其他承包单位，形成一个设计总包合同或一个施工总包合同以及若干个分包合同的结构模式。图 5-4 是设计和施工均采用总分包模式合同结构图。

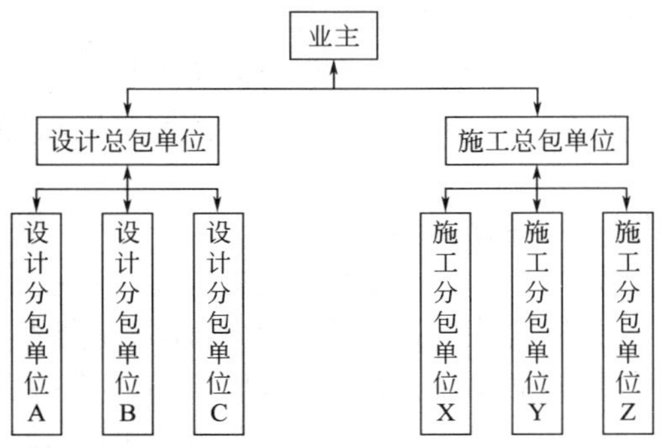

图 5-4　设计和施工总分包模式

设计或施工总分包模式的优点如下。

(1) 有利于建设工程的组织管理　由于业主只与一个设计总包单位或一个施工总包单位签订合同，工程合同数量比平行承发包模式要少很多，有利于业主的合同管理，也使业主协调工作量减少，可发挥监理与总包单位多层次协调的积极性。

(2) 有利于投资控制　总包合同价格可以较早确定，并且监理单位也易于控制。

(3) 有利于质量控制　在质量方面，既有分包单位的自控，又有总包单位的监督，还有

5.4.1.2　确定监理工作内容

根据监理目标和委托监理合同中规定的监理任务，明确列出监理工作内容，并进行分类归并与组合。监理工作的归并与组合应便于监理目标控制，并综合考虑建设项目的组织管理模式、工程结构特点、合同工期要求、工程复杂程度、工程管理及技术特点；还应考虑监理单位自身组织管理水平、监理人员数量与业务特长等。

如果实施建设项目全过程监理，监理工作任务可按设计、施工阶段分别归并和组合。图5-10分别列出了设计、施工阶段投资、进度、质量目标控制的部分监理工作内容。

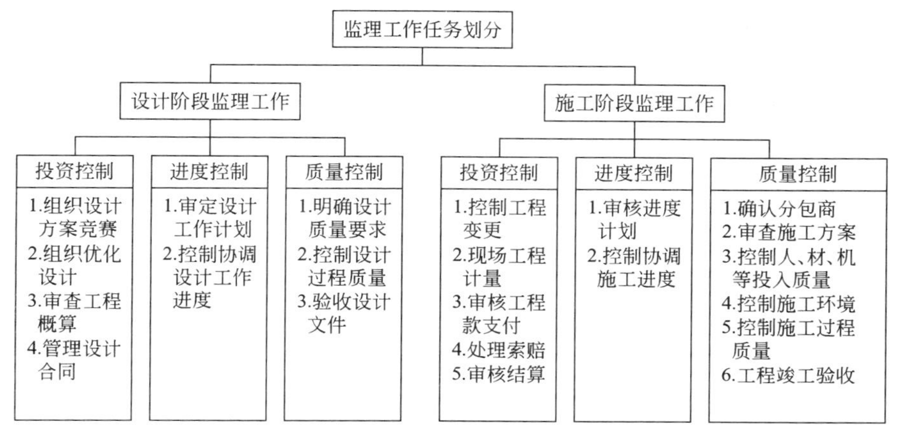

图5-10　实施阶段监理工作划分

5.4.1.3　项目监理机构的组织结构设计

（1）选择组织结构形式　由于建设工程规模、性质、建设阶段等的不同，在设计项目监理机构的组织结构时，应选择适宜的组织结构形式以适应监理工作的需要。组织结构形式选择的基本原则是：有利于工程合同管理，有利于监理目标控制，有利于决策指挥，有利于信息的沟通。

（2）确定管理层次和管理跨度　项目监理机构中一般应有三个层次。

a. 决策层　由总监理工程师和其助手组成，主要根据建设工程委托监理合同的要求和监理活动内容进行科学化、程序化决策与管理。

b. 中间控制层（协调层和执行层）　由各专业监理工程师组成，具体负责监理规划的落实，监理目标控制及合同实施的管理。

c. 作业层　主要由监理员、检查员等组成，具体负责监理活动的操作实施。项目监理机构中管理跨度的确定应考虑监理人员的素质、管理活动的复杂性和相似性、监理业务的标准化程度、各项规章制度的建立健全情况、建设工程的集中或分散情况等，按监理工作实际需要确定。

（3）设置项目监理机构部门　设置项目监理机构中各职能部门，应依据监理机构目标、监理机构可利用的人力和物力资源以及建设项目的合同结构情况，将投资控制、进度控制、质量控制、安全管理、合同管理、组织协调等监理工作内容按不同的职能活动或按子项分解，形成相应的管理部门。

（4）制定岗位职责和考核标准　岗位职务及职责的确定，要有明确的目的性，不可因人设事。根据责权一致的原则，应进行适当的授权，以承担相应的职责；并应确定考核标准，对监理人员的工作进行定期考核，包括考核内容、考核标准及考核时间。表5-1和表5-2分别为项目总监理工程师和专业监理工程师岗位职责考核标准的简单样式。在实际工作中，对监理人员的考核通常在两个层次上进行。一个是工程监理企业对监理人员的考核；另一个是在项目监理机构内部进行的考核。其考核的标准也会因企业和项目监理机构组织与管理的规范化程度而异。

表 5-1 项目总监理工程师岗位职责与考核标准

项目	职责内容	考核要求	
		标准	时间
工作目标	1. 投资控制	符合投资控制分解目标	月末
	2. 进度控制	符合进度控制计划目标 符合合同工期	月末
	3. 质量控制	符合质量控制目标	工程各阶段
基本职责	1. 根据监理合同，建立和有效管理项目监理机构	1. 监理组织机构科学合理 2. 监理机构有效运行	月末
	2. 主持编写与组织实施监理规划；审批监理实施细则	1. 对监理工作系统策划 2. 监理实施细则符合监理规划要求，具有可操作性	从规划或细则编制后至开始实施前
	3. 审查分包单位资质	符合合同要求	
	4. 监督和指导专业监理工程师对项目投资、进度、质量的控制工作；审核、签发有关文件；处理有关事项	1. 监理工作处于正常工作状态 2. 工程处于受控状态	月末
	5. 做好监理过程中有关各方的协调工作	工程处于受控状态	月末
	6. 主持整理建设项目的监理资料	及时、准确、完整	按合同约定

表 5-2 专业监理工程师岗位职责与考核标准

项目	职责内容	考核要求	
		标准	时间
工作目标	1. 投资控制	符合投资控制分解目标	周(月)末
	2. 进度控制	符合进度控制计划目标	周(月)末
	3. 质量控制	符合质量控制分解目标	工程各阶段
基本职责	1. 熟悉工程情况，制订本专业监理工作计划和监理实施细则	反映专业特点，具有可操作性	从计划后至实施前
	2. 具体负责本专业的监理工作	1. 工程监理工作有序 2. 工程处于受控状态	周(月)末
	3. 做好监理机构内各部门之间的监理任务的衔接、配合工作	监理工作各负其责，相互配合	周(月)末
	4. 处理与本专业有关的问题；对投资、进度、质量有重大影响的监理问题应及时报告总监	1. 工程处于受控状态 2. 及时、真实	周(月)末
	5. 负责与本专业有关的签证、通知、备忘录，及时向总监理工程师提交报告、报表资料等	及时、准确、完整	周(月)末
	6. 管理本专业建设工程的监理资料	及时、准确、完整	周(月)末

（5）选派监理人员　根据监理工作的任务，选择适当的监理人员，包括总监理工程师、专业监理工程师和监理员，必要时可配备总监理工程师代表。监理人员的选择除应考虑个人素质外，还应考虑人员总体构成的合理性与协调性。

我国《建设工程监理规范》规定，项目总监理工程师应由具有 3 年以上同类工程监理工作经验的人员担任；总监理工程师代表应由具有 2 年以上同类工程监理工作经验的人员担任；专业监理工程师应由具有 1 年以上同类工程监理工作经验的人员担任。并且项目监理机构的监理人员应专业配套、数量满足建设工程监理工作的需要。

5.4.1.4　制定工作流程和信息流程

为使监理工作科学、有序地进行，应按监理工作的客观规律制定工作流程，规范化地开展监理工作。工作流程包括：①管理工作流程，如质量控制、进度控制、投资控制、安全管理、合同管理等监理工作流程。②信息处理工作流程，如与监理月度报告有关的数据处理流程等。

监理工作流程应视需要逐层细化。例如，质量控制总体工作流程只是对质量控制工作的先后顺序做出总体概括性的描述；而隐蔽工程质量控制、材料和设备质量控制、工序质量过程控制、工程质量验收（检验批与分项工程、分部工程、单位工程等）、工程竣工验收等监理工作流程，则规定了质量控制作业环节的监理工作流程。再比如，投资控制工作流程可以细化为工程计量、工程付款、竣工结算等监理工作流程。

工作流程通常用图的形式表示，即所谓的工作流程图。它反映一个组织系统中各项工作之间的逻辑关系。工作流程图是一个重要的组织工具，如图 5-11 所示。其中，矩形框表示工作，如图 5-11（a）所示，箭线表示工作之间的逻辑关系，菱形框表示判别条件。也可用两个矩形框分别表示工作和工作的执行者，如图 5-11（b）所示。

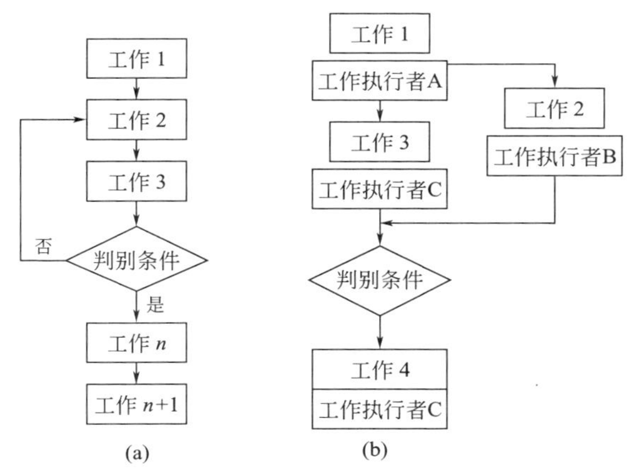

图 5-11　工作流程图示例

例如图 5-12 为某建设项目设计变更工作流程。

5.4.2　项目监理机构的组织形式

项目监理机构的组织形式是指项目监理机构所采用的组织结构模式，它可以用组织结构图来描述。组织结构图是一个重要的组织工具，反映一个组织系统中各组成部门（组成元素）之间的组织关系（指令关系）。在组织结构图中，矩形框表示工作部门，上级工作部门对其直接下属工作部门的指令关系用单向箭线表示（如图 5-13 所示）。

项目监理机构常用的组织形式有以下几种。

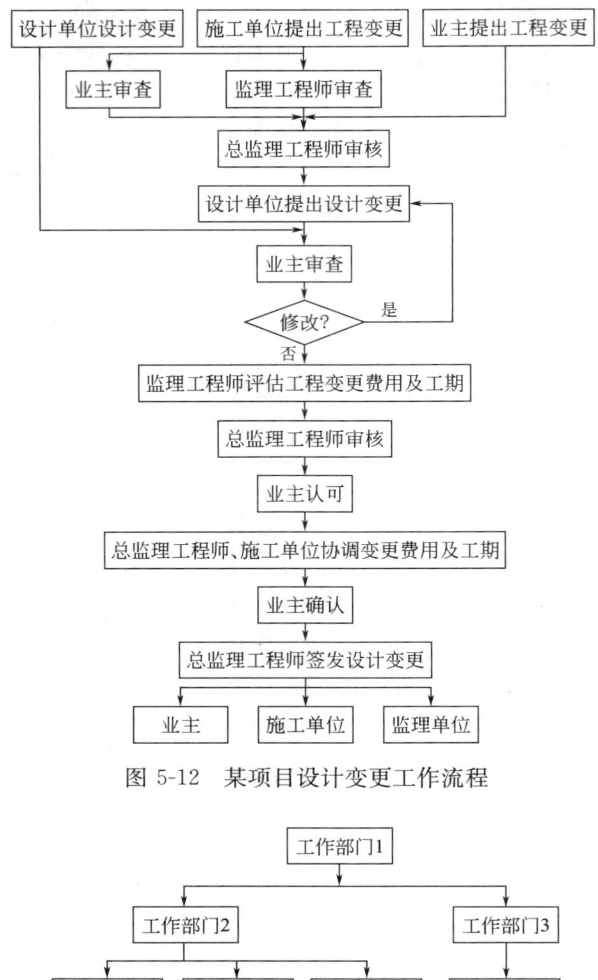

图 5-12　某项目设计变更工作流程

图 5-13　组织结构图

5.4.2.1　**直线制监理组织形式**

这种组织形式的特点是项目监理机构中任何一个下级只接受唯一上级的命令。各级部门主管人员对所属部门的问题负责，项目监理机构中不再另设职能部门。

这种组织形式适用于能划分为若干相对独立的子项目的大、中型建设工程。如图 5-14 所示，总监理工程师负责整个工程的监理规划制订与实施，并负责整个工程范围内有关方面的组织、指挥、协调工作；子项目监理组分别负责各子项目的目标控制，具体组织与管理现场专业或专项监理组的工作。

如果业主委托监理单位对建设工程实施全过程监理，项目监理机构的部门还可以按不同的建设阶段分解设立直线制监理组织形式，如图 5-15 所示。

直线制监理组织形式的主要优点是组织机构简单，权力集中，命令统一，职责分明，决策迅速，隶属关系明确，每一个工作部门只有惟一个指令源，避免了由于矛盾的指令而影响组织系统的运行。缺点是由于没有设置职能部门，就要求总监理工程师博晓各种业务，通晓多种知识技能，成为“全能”式人物。另外，在一个特大型组织系统中，由于直线制组织结

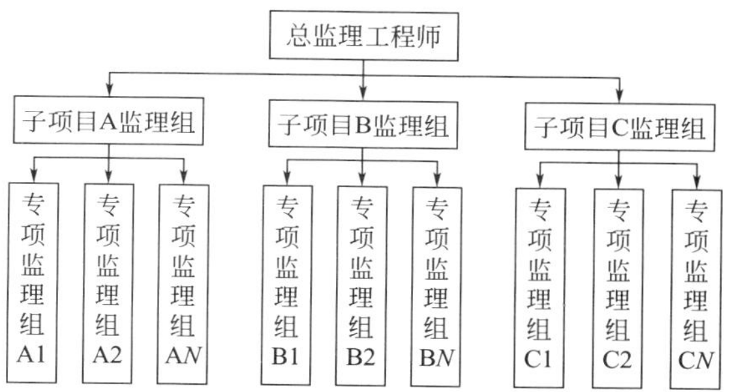

图 5-14　按子项目分解的直线制监理组织形式

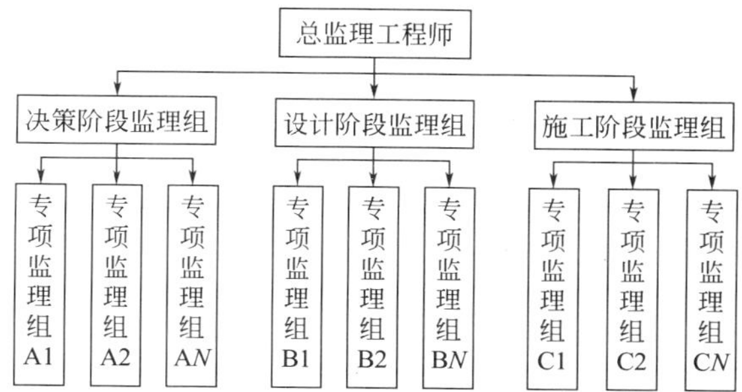

图 5-15　按建设阶段设计的直线制监理组织形式

构指令路径过长，有可能会造成组织系统在一定程度上运行困难。

5.4.2.2　职能制监理组织形式

职能制监理组织形式是把管理部门和人员分为两类：一类是直线指挥部门和人员；另一类是职能部门和人员。监理机构内的职能部门按总监理工程师授予的权力和监理职责，有权对下级部门发布指令。如图 5-16 所示。此种组织形式一般适用于大、中型建设项目。

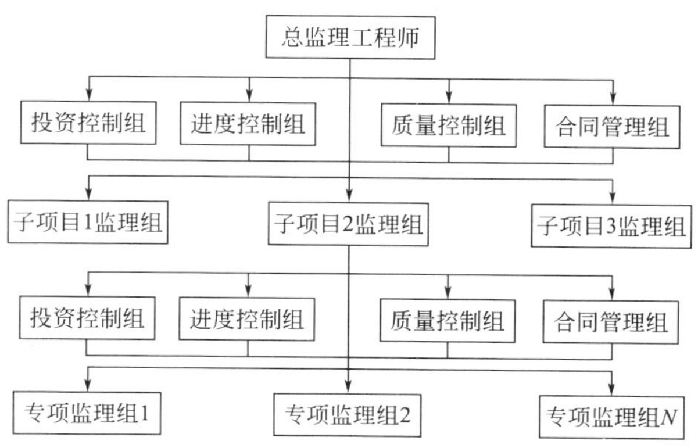

图 5-16　职能制监理组织形式

这种组织形式的主要优点是加强了项目监理目标控制的职能化分工，能够发挥职能机构的专业管理作用，提高管理效率，减轻总监理工程师的负担。但由于下级部门可能得到其直接和非直接的上级工作部门下达的工作指令，它就会有多个矛盾的指令源。如果上级指令相互矛盾，将使下级部门在工作中无所适从，如此会影响项目监理机构管理机制的有效运行。

5.4.2.3　直线职能制监理组织形式

直线职能制监理组织形式是吸收了直线制监理组织形式和职能制监理组织形式的优点而

形成的一种组织形式。指挥部门拥有对下级直接指挥和发布命令的权力，并对该部门的工作全面负责；职能部门是直线指挥者的参谋，它们只能对下级部门进行业务指导和监督，而不能对其直接发布指令，如图 5-17 所示。

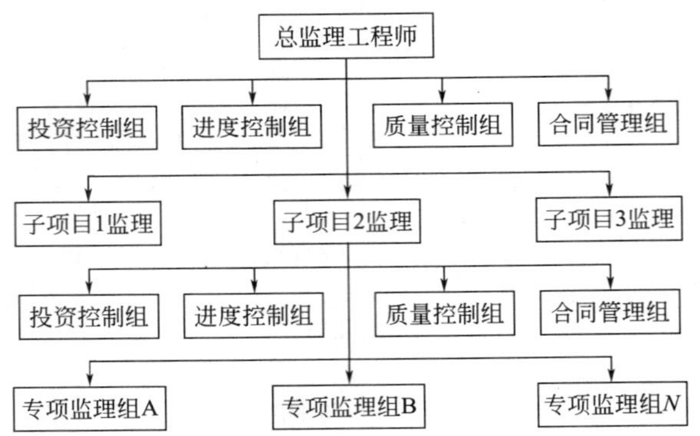

图 5-17 直线职能制监理组织形式

这种形式保持了直线制组织实行直线领导、统一指挥、职责清楚的优点，另一方面又保持了职能制组织目标管理专业化的优点；其缺点是职能部门与指挥部门易产生矛盾，信息传递路线长，不利于互通情报。

5.4.2.4 **矩阵制监理组织形式**

矩阵制监理组织形式是由纵横两套管理系统组成的矩阵性组织结构，一套是纵向的职能系统，另一套是横向的子项目系统，如图 5-18 所示。在矩阵组织结构中，每一项纵向和横向交汇的工作指令来自于纵向和横向两个工作部门，因此其指令源为两个。当纵向和横向工作部门的指令发生矛盾时，由该组织系统的最高指挥者进行协调或决策。

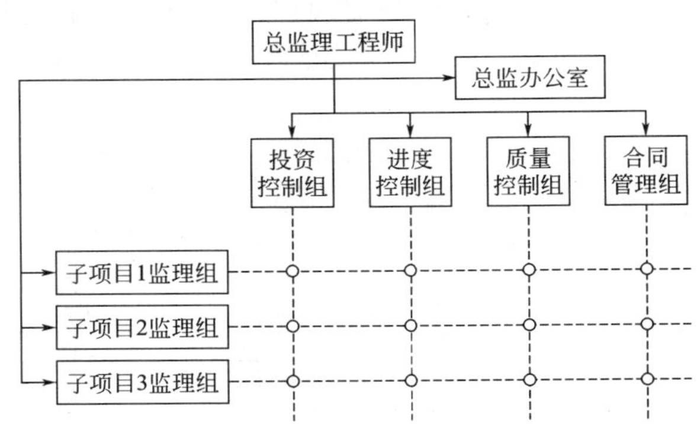

图 5-18 矩阵制监理组织形式

这种形式的优点是加强了各职能部门的横向联系，具有较大的机动性和适应性，把上下左右集权与分权实行最优的结合，有利于集中优势解决复杂难题，有利于监理人员业务能力的培养。缺点是纵横向协调工作量大，处理不当会造成扯皮现象，产生矛盾。

5.4.3 项目监理机构的人员配备与职责分工

5.4.3.1 项目监理机构的人员配备

在监理机构人员配置过程中，应根据监理的任务范围、内容、期限以及工程的类别、规模、技术复杂程度、工程环境等因素，综合权衡后合理地配备监理人员（数量和专业），以符合委托监理合同中对监理深度和密度的要求，体现项目监理机构的整体素质，满足监理目标控制的要求。

（1）项目监理机构的人员结构　项目监理机构应具有合理的人员结构，其合理性主要指以下两个方面。

a. 合理的专业结构　即项目监理机构应由与建设项目的性质（民用项目或专业性强的生产性项目）及业主对工程监理的要求（全过程监理或某一阶段、某一方面的目标控制）相适应的各专业人员组成，也就是各专业人员要配套。

一般来说，项目监理机构应具备与所承担的监理任务相适应的专业人员。但是，当监理工程局部有某些特殊性，或业主提出某些特殊的监理要求而需要采用某种特殊的监控手段时，如局部的钢结构、网架、罐体等质量监控需采用无损探伤、X光及超声探测仪，水下及地下混凝土桩基需采用遥测仪器探测等，此时，将这些局部的专业性强的监控工作另行委托给有相应资质的咨询机构来承担，也应视为保证监理机构有合理的专业人员。

b. 合理的技术职务、职称结构　为了提高项目监理机构的管理效率和经济性，应根据建设工程的特点和建设工程监理工作的需要确定监理人员技术职称和职务结构。合理的技术职称结构表现在高级职称、中级职称和初级职称有与监理工作要求相称的比例。一般来说，在项目决策、设计阶段，项目监理机构具有高级职称与中级职称的人员在整个监理人员构成中应占绝大多数。在施工阶段，项目监理机构可有适当一些初级职称人员从事具体操作，如承担旁站、填记日志、现场检查、工程计量等工作。这里所谓初级职称指助理工程师、助理经济师等，还包括具有相应能力、实践经验丰富的技工。从我国目前工程监理企业在施工阶段所起的主要作用来看，项目监理机构人员技术职称结构如表5-3所示。

表5-3　施工阶段项目监理机构人员技术职称结构

层　次	人　员	职　能	职称职务要求
决策层	总监理工程师、总监理工程师代表、专业监理工程师	项目监理规划、决策、组织、指挥、协调、监控、评价、激励等	高、中级职称
执行层/协调层	专业监理工程师	项目监理实施的具体组织、指挥、控制、协调	高、中、初级职称
作业层/操作层	监理员	具体业务的执行	中、初级职称

（2）项目监理机构监理人员数量的确定　影响项目监理机构人员数量的主要因素有：工程建设强度；建设工程复杂程度；监理单位的业务水平；项目监理机构的组织结构和任务职能分工等。

a. 工程建设强度　工程建设强度是指单位时间内投入建设工程的资金数量，可表示为：

$$工程建设强度=投资/工期$$

其中，投资和工期是指由监理单位所承担项目的建设投资和工期。一般投资费用可按工程估算、概算或合同价计算，工期可根据进度总目标及其分解目标计算。

显然，工程建设强度越大，所需要投入的项目监理人数就越多。

b. 建设工程复杂程度　根据一般工程的情况，工程复杂程度涉及以下各项因素：设计活动多少、工程地点位置、气候条件、地形条件、工程地质、施工方法、工程性质、工期要求、材料供应、工程分散程度等。

根据上述各项因素的具体情况，可将工程分为若干工程复杂程度等级。不同等级的工程需要配备的项目监理人员数量有所不同。例如，可将工程复杂程度按五级划分：简单、一般、一般复杂、复杂、很复杂。工程复杂程度定级可采用定量办法：对构成工程复杂程度的每一因素通过专家评估，根据工程实际情况给出相应权重，将各影响因素的评分加权平均后根据其值的大小确定该工程的复杂程度等级。例如，将工程复杂程度按 10 分制计评，则平均分值 1～3 分、3～5 分、5～7 分、7～9 分者依次为简单工程、一般工程、一般复杂工程和复杂工程，9 分以上为很复杂工程。

显然，简单工程需要的项目监理人员较少，而复杂工程需要的项目监理人员较多。

c. 监理单位的业务水平　每个监理单位的业务水平和对某类工程的熟悉程度不完全相同，在监理人员素质、管理水平和监理的设备手段等方面也存在差异，这都会直接影响到监理效率的高低。高水平的监理单位可以投入较少的监理人力完成一个建设工程的监理工作，而一个经验不多或管理水平不高的监理单位则需投入较多的监理人力。因此，各监理单位应当根据自己的实际情况制定监理人员需要量定额。

d. 项目监理机构的组织结构和任务职能分工　项目监理机构的组织结构情况关系到具体的监理人员配备，务必使项目监理机构任务职能分工的要求得到满足。必要时，还需要根据项目监理机构的职能分工对监理人员的配备作进一步的调整。

有时监理工作需要委托特殊专业咨询机构或工程检测、鉴定机构进行。这时，项目监理机构的监理人员数量可适当减少。

项目监理机构人员数量的确定方法可按如下步骤进行。

a. 确定项目监理机构人员需要量定额　根据监理工程师的监理工作内容和工程复杂程度等级，测定、编制项目监理机构监理人员需要量定额，如表 5-4 所示。

表 5-4　监理人员需要量定额/(人·年/百万美元)

工程复杂程度	监理工程师	监理员	行政、文秘人员	工程复杂程度	监理工程师	监理员	行政、文秘人员
简单工程	0.20	0.75	0.10	复杂工程	0.50	1.50	0.35
一般工程	0.25	1.00	0.10	很复杂工程	>0.50	>1.50	>0.35
一般复杂工程	0.35	1.10	0.25				

b. 确定工程建设强度　根据监理单位承担的监理工程，确定工程建设强度。

例如：某工程分为 2 个子项目，合同总价为 3900 万美元，其中子项目 1 合同价为 2100 万美元，子项目 2 合同价为 1800 万美元，合同工期为 30 个月。

$$工程建设强度=3900\div30\times12=1560(万美元/年)=15.6(百万美元/年)$$

c. 确定工程复杂程度　按构成工程复杂程度的 10 个因素考虑，根据本工程实际情况分别按 10 分制打分。具体结果如表 5-5 所示。

表 5-5　工程复杂程度等级评定表

项　　次	影响因素	子项目 1	子项目 2
1	设计活动	5	6
2	工程位置	9	5
3	气候条件	5	5
4	地形条件	7	5
5	工程地质	4	7
6	施工方法	4	6
7	工期要求	5	5
8	工程性质	6	6
9	材料供应	4	5
10	分散程度	5	5
平均分值		5.4	5.5

根据计算结果，此工程为一般复杂工程等级。

d. 根据工程复杂程度和工程建设强度套用监理人员需要量定额　从定额中可查到相应项目监理机构监理人员需要量如下（人·年/百万美元）。

监理工程师：0.35；监理员 1.1；行政文秘人员 0.25。

各类监理人员数量如下。

监理工程师：　　0.35×15.6=5.46 人，按 6 人考虑；

监理员：　　1.10×15.6=17.16 人，按 17 人考虑；

行政文秘人员：　　0.25×15.6=3.9 人，按 4 人考虑。

e. 根据实际情况确定监理人员数量　本项目监理机构采用直线制组织结构如图 5-19 所示。

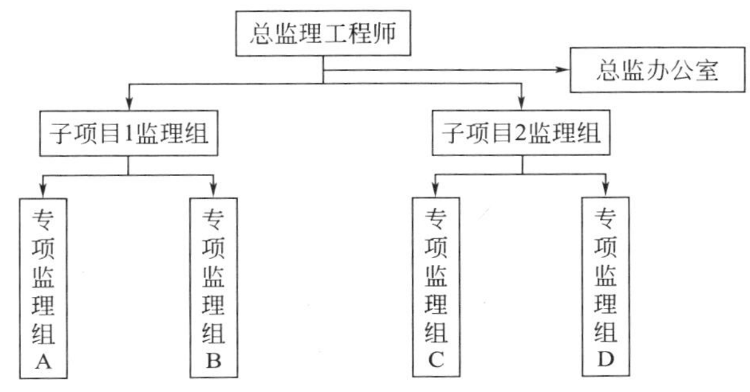

图 5-19　项目监理机构的直线制组织结构

根据项目监理机构情况决定每个部门各类监理人员如下：

监理总部（包括总监理工程师，总监理工程师代表和总监理工程师办公室）：总监理工程师 1 人，总监理工程师代表 1 人，行政文秘人员 2 人。

子项目 1 监理组：专业监理工程师 2 人，监理员 9 人，行政文秘人员 1 人。

子项目 2 监理组：专业监理工程师 2 人，监理员 8 人，行政文秘人员 1 人。

项目监理机构的监理人员数量和专业配备应随工程施工进展情况作相应的调整，从而满足不同阶段监理工作的需要。施工阶段项目监理机构的监理人员数量一般不少于 3 人。

5.4.3.2　项目监理机构各类人员的基本职责

监理人员的基本职责应按照工程建设阶段和建设工程的情况确定。

按照《建设工程监理规范》的规定，项目总监理工程师、总监理工程师代表、专业监理工程师和监理员应分别履行以下职责：

（1）总监理工程师的职责

① 确定项目监理机构人员的分工和岗位职责；

② 主持编写项目监理规划、审批项目监理实施细则，并负责管理项目监理机构的日常工作；

③ 审查分包单位的资质，并提出审查意见；

④ 检查和监督监理人员的工作，根据工程项目的进展情况可进行人员调配，对不称职的人员应调换其工作；

⑤ 主持监理工作会议，签发项目监理机构的文件和指令；

⑥ 审定承包单位提交的开工报告、施工组织设计、技术方案、进度计划；

⑦ 审核签署承包单位的申请、支付证书和竣工结算；

⑧ 审查和处理工程变更；

⑨ 主持或参与工程质量事故的调查；

⑩ 调解建设单位与承包单位的合同争议、处理索赔、审批工程延期；

⑪ 组织编写并签发监理月报、监理工作阶段报告、专题报告和项目监理工作总结；

⑫ 审核签认分部工程和单位工程的质量检验评定资料，审查承包单位的竣工申请，组织监理人员对待验收的工程项目进行质量检查，参与工程项目的竣工验收；

⑬ 主持整理工程项目的监理资料。

以上总监理工程师的岗位职责主要是针对施工阶段而言的。实际上，我国总监理工程师在施工阶段所承担的职责已经超出了上述内容。按照《建设工程安全管理条例》，监理单位要依法承担安全监理责任。2006 年建设部市场管理司印发了《关于落实建设工程安全生产监理责任的若干意见》(建市［2006］248 号)，要求项目总监理工程师要对工程项目的安全生产监督管理工作负责，并根据工程项目特点，明确监理人员的安全监理职责，并在有关技术文件报表上签署意见。

在一些情况下，项目总监需要配备总监代表才能有效地完成监理任务。在这种情况下，项目总监可以经监理单位法定代表人同意后，书面授权总监代表行使其部分职责和权力。

(2) 总监理工程师代表的职责　按照《建设工程监理规范》的规定，总监代表应负责总监指定或交办的监理工作，按照总监的授权，行使总监的部分职责和权力。但是，项目总监不得将下列工作委托总监代表：

① 主持编写项目监理规划、审批项目监理实施细则；

② 签发工程开工、复工报审表、工程暂停令、工程款支付证书、工程竣工报验单；

③ 审核签认竣工结算；

④ 调解建设单位与承包单位的合同争议，处理索赔；

⑤ 根据工程项目的进展情况进行监理人员的调配，调换不称职的监理人员。

(3) 专业监理工程师的职责

① 负责编制本专业的监理实施细则；

② 负责本专业监理工作的具体实施；

③ 组织、指导、检查和监督本专业监理员的工作，当人员需要调整时，向总监理工程师提出建议；

④ 审查承包单位提交的涉及本专业的计划、方案、申请、变更，并向总监理工程师提出报告；

⑤ 负责本专业分项工程验收及隐蔽工程验收；

⑥ 定期向总监理工程师提交本专业监理工作实施情况报告，对重大问题及时向总监理工程师汇报和请示；

⑦ 根据本专业监理工作实施情况做好监理日记；

⑧ 负责本专业监理资料的收集、汇总及整理，参与编写监理月报；

⑨ 核查进场材料、设备、构配件的原始凭证、检测报告等质量证明文件及其质量情况，根据实际情况认为有必要时对进场材料、设备、构配件进行平行检验，合格时予以签认；

⑩ 负责本专业的工程计量工作，审核工程计量的数据和原始凭证。

(4) 监理员的职责

① 在专业监理工程师的指导下开展现场监理工作；

② 检查承包单位投入工程项目的人力、材料、主要设备及其使用、运行状况，并做好检查记录；

③ 复核或从施工现场直接获取工程计量的有关数据并签署原始凭证；

④ 按设计图及有关标准，对承包单位的工艺过程或施工工序进行检查和记录，对加工制作及工序施工质量检查结果进行记录；

⑤ 担任旁站工作，发现问题及时指出并向专业监理工程师报告；

⑥ 做好监理日记和有关的监理记录。

5.5　建设工程监理的组织协调

建设工程监理目标的实现，需要监理工程师扎实的专业知识和对监理程序的有效执行，此外，还要求监理工程师有较强的组织协调能力。通过组织协调，使影响监理目标实现的各方主体有机配合，使监理工作实施和运行过程顺利。

5.5.1　建设工程监理组织协调概述

5.5.1.1　组织协调的概念

协调就是联结、联合、调和所有的活动及力量，使各方配合得适当，其目的是促使各方协同一致，以实现预定目标。协调工作应贯穿于整个建设工程实施及其管理过程中。

建设工程系统就是一个由人员、物质、信息等构成的人为组织系统。从系统方法的角度来看，建设工程的协调一般有三大类：一是“人员/人员界面”；二是“系统/系统界面”；三是“系统/环境界面”。

建设工程组织是由各类人员组成的工作班子，由于每个人的性格、习惯、能力、岗位、任务、作用的不同，即使只有两个人在一起工作，也有潜在的人员矛盾或危机。这种人与人之间的间隔，就是所谓的“人员/人员界面”。

建设工程系统是由若干个子项目组成的完整体系，子项目即子系统。由于子系统的功能、目标不同，容易产生各自为政的趋势和相互推诿的现象。这种子系统之间的间隔，就是所谓的“系统/系统界面”。

建设工程系统是一个典型的开放系统。它具有环境适应性，能主动从外部世界取得必要的能量、物质和信息。在取得的过程中，不可能没有障碍和阻力。这种系统与环境之间的间隔，就是所谓的“系统/环境界面”。

项目监理机构的协调管理就是在“人员/人员界面”、“系统/系统界面”、“系统/环境界面”之间，对所有的活动及力量进行联结、联合、调和的工作。系统方法强调，要把系统作为一个整体来研究和处理，因为总体的作用规模要比各子系统的作用规模之和要大。为了顺利实现建设工程系统目标，必须重视协调管理，发挥系统整体功能。在建设工程监理中，要保证项目的参与各方围绕建设工程开展工作，使项目目标顺利实现。组织协调工作最为重要，也最为困难，是监理工作能否成功的关键，只有通过积极的组织协调才能实现整个系统全面协调控制的目的。

5.5.1.2　组织协调的范围和层次

从系统方法的角度看，项目监理机构协调的范围分为系统内部的协调和系统外部的协调，系统外部协调又分为近外层协调和远外层协调。近外层和远外层的主要区别是，建设工程与近外层关联单位一般有合同关系，与远外层关联单位一般没有合同关系。

5.5.2 项目监理机构组织协调的工作内容

5.5.2.1 项目监理机构内部的协调

（1）项目监理机构内部人际关系的协调　项目监理机构是由人组成的工作体系，工作效率很大程度上取决于人际关系的协调程度。因此，总监理工程师应首先抓好人际关系的协调，做好以下几方面工作，以激励项目监理机构的成员。

a. 在人员安排上要量才录用　对项目监理机构各种人员，要根据每个人的专长进行安排，做到人尽其才。人员的搭配应注意能力互补和性格互补，人员配置应尽可能少而精，防止力不胜任和忙闲不均现象。

b. 在工作委任上要职责分明　对项目监理机构内的每一个岗位，都应订立明确的目标和岗位责任制，通过理清职能，使管理职能不重叠、不疏漏，做到事事有人管，人人有专责，同时明确岗位职权。

c. 在成绩的评价上要实事求是　谁都希望自己的工作做出成绩，并得到肯定。但工作成绩的取得，不仅需要主观努力，而且需要一定的工作条件和相互配合。要发扬民主作风，实事求是地评价成员的工作业绩，以免使人员无功自傲或有功受屈，使得每个成员热爱自己的工作，并对工作充满信心和希望。

d. 在矛盾调解上要恰到好处　人员之间的矛盾总是存在的，一旦出现矛盾就应进行调解，要多听取项目监理机构成员的意见和建议，及时沟通，使人员始终处于团结、和谐、热情高涨的工作气氛之中。

（2）项目监理机构内部组织关系的协调　项目监理机构是由若干部门（专业组）组成的工作体系。每个专业组都有自己的目标和任务。如果每个子系统都从建设工程的整体利益出发，理解和履行自己的职责，则整个系统就会处于有序、良性的运行状态，否则整个系统便处于无序、紊乱的状态，导致功能失调，效率下降。

项目监理机构内部组织关系的协调可从以下几方面进行。

a. 在职能划分的基础上设置组织机构，根据工程对象及委托监理合同所规定的工作内容，确定职能划分，并相应设置配套的组织机构。

b. 明确规定每个部门的目标、职责和权限，最好以规章制度的形式做出明文规定。

c. 事先约定各个部门在工作中的相互关系。在工程建设中许多工作是由多个部门共同完成的，其中有主办、牵头和协作、配合之分，事先约定，才不至于出现误事、脱节等贻误工作的现象。

d. 建立信息沟通制度，如采用工作例会、业务碰头会、发会议纪要、工作流程图或信息传递卡等方式来沟通信息，这样可以使局部了解全局，服从并适应全局需要。

e. 及时消除工作中的矛盾或冲突。总监理工程师应采用民主的作风，注意从心理学、行为科学的角度激励每个成员的工作积极性；采用公开的信息政策，让大家了解建设工程实施情况、遇到的问题或危机；经常性地指导工作，和成员一起商讨遇到的困难和问题，多倾听他们的意见、建议，鼓励大家同舟共济。

（3）项目监理机构内部需求关系的协调　建设工程监理实施中需要人员、设备、材料等各种资源。然而资源是有限的，因此协调好内部的需求关系至关重要。这项工作一般有以下环节。

a. 对监理设备、材料的平衡　建设工程监理开始时，要做好监理规划和监理实施细则的编写工作，提出合理的监理资源配置，要注意把握其期限上的及时性、规格上的明确性、数量上的准确性、质量上的规定性。

b. 对监理人员的平衡　要抓住调度环节，注意各专业监理工程师的配合。一个工程包括许多分部分项工程，其复杂性和技术要求各不相同，这就存在监理人员配备、衔接和调度问题。例如在某工程主体施工阶段，土建工程主要是钢筋混凝土工程，监理人员应以土建监理工程师为主；在工程设备安装阶段，则应配备适当的设备安装监理工程师。监理力量的安排必须考虑到工程进展情况，作出合理的配置，以保证工程监理目标的实现。

5.5.2.2　与业主之间工作关系的协调

工程监理实践证明，监理目标的顺利实现和与业主之间工作关系协调得好坏有很大的关系。

我国长期的计划经济体制使得业主合同意识差、工作随意性大，主要体现在：①沿袭计划经济时期的基建管理模式，搞“大业主，小监理”，在一个建设工程上，业主的管理人员要比监理人员多或管理层次多，对监理工作干涉多，并插手监理人员应做的具体工作；②不把合同中规定的权力授权给监理单位，致使监理工程师有责无权，发挥不了作用；③科学管理意识差，在建设工程目标确定上随意压工期、减费用，在建设工程实施过程中变更过多，给项目监理机构进行质量、进度、投资控制带来困难。因此，与业主之间工作关系的协调成为监理工作的难点。对此，监理工程师应从以下几方面加强与业主之间工作关系的协调。

（1）监理工程师首先要理解建设工程总目标，理解业主的意图　对于未能参加项目决策过程的监理工程师，必须了解项目构思的基础、起因和出发点，否则可能难以全面认识和理解监理目标和任务，给监理工作造成很大的困难。

（2）利用工作之便做好监理宣传工作　增进业主对监理工作的理解，特别是对建设工程管理各方职责及监理程序的理解；主动帮助业主处理建设工程中的事务性工作，以自己规范化、标准化、制度化的工作去影响和促进双方工作协调一致。

（3）尊重业主，与业主携手投入建设工程全过程　项目监理机构应满足业主的合法要求。对业主提出的某些不适当的要求，可以寻找适当的时机、采取适当的方式加以说明或解释。只要不属于原则性问题，也可以酌情让步执行。对于原则性问题，可采取书面报告等方式说明原委，尽量避免发生误解，以使建设工程顺利进行。

5.5.2.3　与承包商的协调

监理工程师对建设项目的质量、进度和投资控制，都是通过承包商的工作来实现的。所以，通过以下方面做好与承包商的协调工作，是监理工程师组织协调工作的重要内容。

（1）坚持原则，实事求是，严格按规范、规程办事，讲究科学态度　监理工程师在监理工作中应强调各方面利益的一致性和建设工程总目标；监理工程师应鼓励承包商及时告知建设工程的实施状况、实施结果和所遇到的困难和意见，以寻找出对目标控制不利的干扰因素。双方相互理解得越多、越深刻，监理工作中的对抗和争执就越少。

（2）协调不仅是方法、技术问题，更多的是语言艺术、感情交流和用权适度问题　有时尽管协调意见是正确的，但由于方式或表达不妥，反而会激化矛盾。而高超的协调能力则往往能起到事半功倍的效果，令各方面都满意。

（3）施工阶段的协调工作内容　施工阶段协调工作的主要内容包括以下方面。

a. 与承包商项目经理关系的协调　从承包商项目经理及其工地工程师的角度来说，他们最希望监理工程师是公正、通情达理并容易理解别人的；希望从监理工程师那里得到明确而不是含糊的指示，并且能够对他们所询问的问题给予及时的答复；希望监理工程师的指示能够在他们工作之前发出。他们可能对本本主义者以及工作方法僵硬的监理工程师最为反感。这些心理现象，作为监理工程师来说，应该非常清楚。一个既懂得坚持原则、又善于理解承包商意见、工作方法灵活、随时可能提出或愿意接受变通办法的监理工程师，更容易被承包商所接受。

b. 进度问题的协调　由于影响进度的因素错综复杂，因而进度问题的协调工作也十分复杂。实践证明，以下两项协调工作很有效：①业主和承包商双方共同商定一级网络计划，并由双方主要负责人签字，作为工程施工合同的附件；②设立提前竣工奖，由监理工程师按一级网络计划节点考核，分期支付阶段工期奖，如果整个工程最终不能保证工期，由业主从工程款中将已付的阶段工期奖扣回并按合同规定予以罚款。

c. 质量问题的协调　在质量控制方面应实行监理工程师质量签字认可制度。对没有出厂证明、不符合使用要求的原材料、设备和构件，不准使用；对工序交接实行报验签证；对不合格的工程部位不予验收签字，也不予工程计量，不予支付工程款。在建设工程实施过程中，设计变更或工程内容的增减是经常出现的，有些是合同签订时无法预料和明确规定的。对于这种变更，监理工程师要认真研究，合理计算价格，与有关方面充分协商，达成一致意见，并实行监理工程师签证制度。

d. 对承包商违约行为的处理　在施工过程中，监理工程师对承包商的某些违约行为进行处理是一件很慎重而又难免的事情。当发现承包商采用一种不适当的方法进行施工，或是用了不符合合同规定的材料时，监理工程师除了立即制止外，可能还要采取相应的处理措施。遇到这种情况，监理工程师应该考虑的是自己的处理意见是否是监理权限以内的，根据合同要求，自己应该怎么做等。在发现质量缺陷并需要采取措施时，监理工程师必须立即通知承包商。监理工程师要有时间期限的概念，否则承包商有权认为监理工程师对已完成的工程内容已经认可。

监理工程师最担心的可能是工程总进度和质量受到影响。有时，监理工程师会发现，承包商的项目经理或某个工地工程师不称职。此时明智的做法是继续观察一段时间，待掌握足够的证据时，总监理工程师可以正式向承包商发出警告。万不得已时，总监理工程师有权要求撤换承包商的项目经理或工地工程师。

e. 合同争议的协调　对于工程中的合同争议，监理工程师应首先采用协商解决的方式，协商不成时才由当事人向合同管理机关申请调解。只有当对方严重违约而使自己的利益受到重大损失且不能得到补偿时，才采用仲裁或诉讼手段。如果遇到非常棘手的合同争议问题，不妨暂时搁置等待时机，另谋良策。

f. 对分包单位的管理。主要是对分包单位明确合同管理范围，分层次管理。将总包合同作为一个独立的合同单元进行投资、进度、质量控制和合同管理，不直接和分包合同发生关系。对分包合同中的工程质量、进度进行直接跟踪、监控，通过总包单位进行调控、纠偏。分包单位在施工中发生的问题，由总包单位负责协调处理，必要时，监理工程师帮助协调。当分包合同条款与总包合同发生抵触，以总包合同条款为准。此外，分包合同不能解除总包单位对总包合同所承担的任何责任和义务。分包合同发生的索赔问题，一般由总包单位负责，涉及总包合同中业主的义务和责任时，由总包单位通过监理工程师向业主提出索赔，由监理工程师进行协调。

g. 处理好人际关系。在监理过程中，监理工程师处于一种十分特殊的位置。业主希望得到专业化的高质量服务，而承包商则希望监理单位能对合同条件有一个公正的解释。因此，监理工程师必须善于处理各种人际关系，既要严格遵守职业道德，礼貌而坚决地拒收任何礼金，以保证行为的公正性，也要利用各种机会增进与各方面人员的友谊与合作，以利于工作进展顺利。否则，便有可能引起业主或承包商对其可信赖程度的怀疑。

5.5.2.4　与设计单位的协调

监理单位通过以下方面协调与设计单位的工作，以加快工程进度，确保质量，降低消耗。

（1）真诚尊重设计单位的意见　在设计单位向承包单位介绍工程概况、设计意图、技术要求、施工难点等相关内容时，注意标准过高、设计遗漏、图纸差错等设计问题，并尽可能将这些问题解决在施工之前；施工阶段，严格按图施工；结构工程验收、专业工程验收、项目竣工验收等工作，邀请设计代表参加；若发生质量事故，认真听取设计单位的处理意见，充分尊重设计单位。

（2）监理中发现设计问题，应及时向设计单位提出，以免造成大的损失　若监理单位掌握比原设计更先进的新技术、新工艺、新材料、新结构、新设备时，可主动向设计单位提出改进建议。为使设计单位有修改设计的余地而不影响施工进度，协调各方达成协议，约定一个期限，争取设计单位、承包单位的理解和配合。

（3）注意信息传递的及时性和程序性　监理工作联系单、工程变更单传递，要按规定的程序进行传递。

这里要注意的是，在施工监理的条件下，监理单位与设计单位都是受业主委托进行工作的，两者之间并没有合同关系，所以监理单位主要是和设计单位做好交流工作，协调要靠业主的支持。我国《建筑法》指出，工程监理人员发现工程设计不符合建筑工程质量标准或者合同约定的质量要求的，应当报告建设单位要求设计单位改正。

5.5.2.5　与政府部门及其他单位的协调

一个建设工程的开展还会受到政府部门、金融组织、社会团体、项目所在地居民、新闻媒介等其他有关单位的影响。它们对建设工程起着一定的监督、支持作用，这些关系若协调不好，建设工程实施也可能严重受阻。

（1）与政府部门的协调

a. 工程质量监督站是由政府授权的工程质量监督的实施机构，对委托监理的工程，质量监督站主要是核查勘察设计单位、施工单位和监理单位的资质，监督这些单位的质量行为和工程质量。监理单位在进行工程质量控制和质量问题处理时，要做好与工程质量监督站的交流和协调。

b. 如遇重大质量事故，在承包商采取急救、补救措施的同时，监理单位应敦促承包商立即向政府有关部门报告情况，接受检查和处理。

c. 建设工程合同应按照有关规定报政府建设管理部门备案；征地、拆迁、移民要争取政府有关部门的支持和协作；现场消防设施的配置，宜请消防部门检查和验收；要敦促承包商在施工中注意防止环境污染，坚持做到文明施工。

（2）协调与社会团体的关系　一些大中型建设项目建成后，不仅会给业主带来效益，还会给该地区的经济发展带来好处，同时给当地人民生活带来方便，因此必然会引起社会各界关注。业主和监理单位应把握机会，争取社会各界（包括项目所在地居民）对建设工程的关心和支持。这是一种争取良好社会环境的协调。

从组织协调的范围看，这种协调工作属于远外层的管理。根据目前的工程监理实践，对远外层关系的协调，一般由业主主持，监理单位主要是协调近外层关系。如业主将部分或全部远外层关系协调工作委托监理单位承担，则应在委托监理合同专用条件中明确委托的工作和相应的报酬。

5.5.3 建设工程监理组织协调的方法

监理工程师可采用以下方法进行组织协调工作。

5.5.3.1 会议协调法

会议协调法是建设工程监理中最常用的一种协调方法，实践中常用的会议协调法包括第一次工地会议、监理例会、专业性监理会议等。

（1）第一次工地会议　第一次工地会议是建设工程尚未全面展开前，履约各方相互认识、确定联络方式的会议，也是检查开工前各项准备工作是否就绪并明确监理程序的会议。第一次工地会议应在项目总监理工程师下达开工令之前举行，会议由建设单位主持召开，监理单位、总承包单位的授权代表参加，也可邀请分包单位参加，必要时邀请设计单位的有关人员参加。

（2）监理例会。

a. 监理例会是由总监理工程师主持，按一定程序召开的，研究施工中出现的计划、进度、质量及工程款支付等问题的工地会议。

b. 监理例会应当定期召开，通常每周召开一次。

c. 参加人包括：项目总监理工程师（也可为总监理工程师代表）、其他有关监理人员、承包单位项目经理和其他有关人员。必要时，还可邀请其他有关单位的代表参加。

d. 会议的主要议题如下：对上次会议存在问题的解决情况和纪要的执行情况进行检查；明确工程进展情况；预测下月（或下周）的工作进度，落实保证进度的相应措施；明确施工质量、加工订货与材料质量及其供应情况；落实质量改进措施；解决有关技术问题；明确工程款支付与索赔处理情况；需要协调的其他有关事宜。

e. 会议纪要由项目监理机构起草，经与会各方代表会签，然后分发给有关单位。会议纪要内容包括：会议地点及时间；出席者姓名、职务及其所代表的单位；会议中发言者的姓名及其所发表的主要内容；决定有关事项；有关事项分别由何人何时执行等。

（3）专业性监理会议　除定期召开工地监理例会以外，还应根据需要组织召开一些专业性协调会议，例如专业采购协调会、业主指定的分包单位与总包单位之间的协调会、专业性较强的分包单位进场协调会等。这种会议一般由监理工程师主持召开。

5.5.3.2 交谈协调法

在实践中，并不是所有问题都需要通过开会来解决，有时可采用“交谈”的方法。交谈包括面对面的交谈和电话交谈两种形式。无论是内部协调还是外部协调，这种方法使用频率都是相当高的。其作用主要在于：

（1）保持信息畅通　由于交谈具有方便性和及时性，且在许多情况下可以是非正式的，没有合同效力，所以建设工程参与各方之间以及监理机构内部成员之间关系的协调大多采用这一方法进行。

（2）寻求协作和帮助　在寻求别人协作和帮助时，往往要及时了解对方的反应和意见，以便采取相应的对策。另外，相对于书面寻求协作，人们较难于拒绝面对面的请求。因此，采用交谈方式请求协作和帮助比采用书面方法实现目的的可能性要大。

（3）及时发布工程指令　在实践中，监理工程师一般都采用交谈方式先发布口头指令，这样，一方面可以使对方及时地执行指令，另一方面可以和对方进行交流，了解对方是否正确理解了指令。随后，再以书面形式加以确认。

5.5.3.3 书面协调法

当会议或者交谈不方便或不必要时，或者需要精确地表达自己的意见时，就会用到书面协调的方法。书面协调方法的特点是具有合同效力，一般常用于以下几方面：

（1）不需双方直接交流的书面报告、报表、指令和通知等。

（2）需要以书面形式向各方提供详细信息和情况通报的报告、信函和备忘录等。

（3）事后对会议记录、交谈内容或口头指令的书面确认。

5.5.3.4　访问协调法

访问法主要用于外部协调中，有走访和邀访两种形式。走访是指监理工程师在建设工程施工前或施工过程中，对与工程施工有关的各政府部门、公共事业机构、新闻媒介或工程毗邻单位等进行访问，向他们解释工程的情况，了解他们的意见。邀访是指监理工程师邀请上述各单位（包括业主）代表到施工现场对工程进行指导性巡视，了解现场工作。因为在多数情况下，这些部门或机构并不完全了解工程的有关情况，如果其中一些组织对项目实施进行不适当的干预，很可能对项目建设活动产生不利影响。在这种情况下，访问法可能是一个相当有效的协调方法。

5.5.3.5　情况介绍法

情况介绍法通常是与其他协调方法紧密结合在一起的，它可能是在一次会议前，或是一次交谈前，或是一次走访或邀访前向对方进行的情况介绍。形式上主要是口头的，有时也伴有书面的。介绍往往作为其他协调的引导，目的是使别人先了解情况。因此，监理工程师应重视任何场合下的每一次介绍，要使别人能够理解自己介绍的内容，说明问题和困难，表明希望得到的协助。

总之，组织协调是一种管理艺术和技巧，监理工程师尤其是总监理工程师需要掌握领导科学、心理学、行为科学方面的知识和技能，如激励、交际、表扬和批评的艺术、开会的艺术、谈话的艺术、谈判的技巧等，灵活运用各种组织协调的方法，在监理工作中实现有效的组织协调。

复习思考题

1. 什么是组织和组织结构？
2. 组织设计应该遵循哪些原则？
3. 组织活动的基本原理是什么？
4. 建设工程监理实施的程序是什么？
5. 建设工程监理实施的基本原则有哪些？
6. 简述建立项目监理机构的步骤？
7. 项目监理机构中的人员如何配备？
8. 项目监理机构中各类人员的基本职责是什么？
9. 项目监理机构协调的工作内容有哪些？
10. 建设工程监理的中心任务是对建设工程项目进行有效的目标控制。为了实现监理工作目标，监理工程师除了严格执行监理工作流程之外，还应具有较强的组织协调能力。他们通常采用一些方法进行组织协调工作。问题：

（1）监理工程师一般采用哪些组织协调的方法？其中最常用的是哪种方法？它包括哪些具体的方式。

（2）第一次工地例会的目的是什么？应在什么时间举行？由谁主持召开？

（3）监理工程师发布指令属于哪一类组织协调的方法？

第6章　建设工程监理规划

导读：本章介绍了建设工程监理规划的概念、作用、编制依据、编制要求和审核内容，重点介绍了监理规划的编制内容，包括建设工程概况、监理工作范围、目标、工作内容、工作依据、项目监理机构、监理工作程序、方法与措施、监理工作制度、监理设施等；此外，明确了监理大纲、监理规划和监理实施细则三者之间的区别与联系。要求学生掌握监理规划的概念，熟悉监理规划的编制内容和编写要求；了解监理大纲、监理规划和监理实施细则的区别与联系。本章有助于学生认识和理解监理规划在建设工程监理活动中的重要性，培养制订工作规划和计划的思维模式与思想方法。

6.1　概述

6.1.1　建设工程监理工作文件的构成

建设工程监理工作文件是指监理单位投标时编制的监理大纲、监理合同签订以后编制的监理规划和监理实施细则。

6.1.1.1　监理大纲

监理大纲又称监理方案，它是监理单位在业主开始委托监理的过程中，特别是在业主进行监理招标过程中，为承揽到监理业务而编写的监理方案性文件。

监理单位编制监理大纲有以下两个作用：一是使业主认可监理大纲中的监理方案，从而承揽到监理业务；二是为项目监理机构今后开展监理工作制订基本的方案。

为使监理大纲的内容和监理实施过程紧密结合，监理大纲的编制人员除了监理单位经营部门或技术管理部门的人员之外，也应包括拟订的项目总监理工程师。总监理工程师参与编制监理大纲，有利于充分理解业主的需求，使所编制的监理大纲更具有针对性，进而使业主愿意接受监理单位所提供的服务；此外，也有助于在监理委托合同签订后，进一步有针对性地制订监理规划，指导项目监理机构迅速、有效地全面展开监理工作。

监理大纲的内容应当根据业主所发布的监理招标文件的要求而制定，一般来说，应该包括如下主要内容。

(1) 拟派往项目监理机构的监理人员情况介绍　在监理大纲中，监理单位需要介绍拟派往所承揽或投标工程的项目监理机构的主要监理人员，并对他们的资格情况进行说明。其中，应该重点介绍拟派往投标工程的项目总监理工程师的有关情况，这往往决定承揽监理业务的成败。

(2) 拟采用的监理方案　监理单位应当根据业主所提供的工程信息，并结合自己为投标所初步掌握的工程资料，制订出拟采用的监理方案。监理方案的主要内容包括：项目监理机构的组织设计方案、建设工程目标控制方案、工程建设有关合同的管理方案、项目监理机构在监理过程中进行组织协调的方案等。

(3) 将提供给业主的监理阶段性文件　在监理大纲中，监理单位还应该明确未来工程监理工作中向业主提供的阶段性监理文件，这将有助于满足业主掌握工程建设过程相关信息（监理服务阶段性成果）的需要，也便于业主能直观地了解监理单位所提供的监理服务，包括与其相关的一些载体。

6.1.1.2　监理规划

监理规划是监理单位接受业主委托并签订委托监理合同之后，在项目总监理工程师的主持下，根据委托监理合同，在监理大纲的基础上，结合工程的具体情况，广泛收集工程信息和资料的情况下制订，经监理单位技术负责人批准，用来指导项目监理机构全面开展监理工作的指导性文件。

从内容范围上讲，监理大纲与监理规划都是围绕着整个项目监理机构所开展的监理工作来编写的，但监理规划的内容要比监理大纲更翔实、更全面。

6.1.1.3　监理实施细则

监理实施细则（简称监理细则），是在监理规划的基础上，由项目监理机构的专业监理工程师针对建设工程中某一专业或某一方面的监理工作而编写，并经总监理工程师批准实施的操作性文件。监理实施细则的作用是指导本专业或本子项目开展具体的监理工作。

6.1.1.4　三者之间的关系

监理大纲、监理规划、监理实施细则是相互关联的，都是建设工程监理工作文件的组成部分，它们之间存在着明显的依据性关系。在编写监理规划时，要以监理大纲为依据编写监理规划要求的有关内容；编制监理实施细则应在监理规划的指导下进行。在实际工作中，并非每个建设项目都一定要分别编写这三种文件。对于一些简单的工程监理活动，可以将监理规划和监理实施细则合并编写为一份监理工作文件；对于一些无须招标、由业主直接委托监理的项目，也可以简化为直接编写监理规划。

6.1.2　建设工程监理规划的作用

6.1.2.1　指导项目监理机构全面开展监理工作

监理规划的基本作用就是指导项目监理机构全面开展监理工作。建设工程监理的中心任务是协助业主实现建设工程的总目标。实现建设工程总目标是一个系统的过程，它需要制订计划、建立组织、配备合适的监理人员、进行有效的领导、控制项目的目标。只有系统地做好上述工作，才能完成建设工程监理的任务。监理规划对项目监理机构开展的各项监理工作做出了全面、系统的组织和安排，它包括确定监理工作目标，制定监理工作程序，确定目标控制、合同管理、信息管理、组织协调等各项工作的方法、手段和措施，它是完成监理工作目标的首要环节。

6.1.2.2　监理规划是建设监理主管机构对监理单位监督管理的依据

政府建设监理主管机构对建设工程监理单位要实施监督、管理和指导，对其人员素质、专业配备及其监理业绩要进行核查和考评，以确认其资质等级符合有关管理规定，以使整个建设工程监理行业能够持续健康地发展。要做到这一点，政府建设行政主管部门除了进行一般性的资质管理工作之外，更为重要的是通过监理单位的实际监理工作来认定其能力和水平，而监理单位的实际能力和水平可以从监理规划及其实施效果中充分地体现出来。因此，政府建设监理主管机构对监理单位进行考核时，十分重视检查监理规划，把监理规划作为监督、管理和指导监理单位开展监理活动的重要依据。

6.1.2.3　监理规划是业主确认监理单位履行合同的主要依据

作为监理委托方，业主需要而且应当了解和确认监理单位如何履行监理合同，如何落实各项监理服务工作，有权监督监理单位是否全面、认真地执行监理合同，是否满足合同的要求。监理规划能够为业主全面而详细地监督监理合同的履行情况提供依据，是业主确认监理单位是否履行监理合同的主要说明性文件。

6.1.2.4 **监理规划是监理单位内部考核的依据和重要的存档资料**

从监理单位内部管理制度化、规范化、科学化的要求出发，需要对各项目监理机构（包括总监理工程师和专业监理工程师等）的工作进行考核，其主要依据就是经过内部主管负责人审批的监理规划。通过考核，可以对有关监理人员的监理工作水平和能力做出客观、正确的评价，从而有助于监理单位在人力资源管理方面（监理人员的任用和培训等）采取相应的对策，也有利于在其他工程上更加合理地安排监理人员，提高监理工作的质量和效率。

监理规划的内容应随着工程的进展而逐步调整、补充和完善，它在一定程度上真实地反映了一个建设项目监理活动的全貌。因此，它也是工程监理单位的重要存档资料。

6.2 监理规划的编写

6.2.1 监理规划编写的依据

监理规划编写的依据主要包括：建设工程外部环境调查研究资料；建设工程有关法律法规、标准规范；政府批准的工程建设文件；建设工程监理合同；其他建设工程合同；监理大纲；业主的正当要求；建设工程实施过程中输出的有关工程信息等。

(1) 建设工程外部环境调查研究资料　建设工程外部环境调查研究资料主要包括自然条件、社会和经济条件方面的资料。其中自然条件方面的资料主要包括工程建设所在地点的地质、水文、气象、地形以及自然灾害发生情况等方面的资料；社会和经济条件方面的资料主要包括工程建设所在地的政治局势、社会治安、建筑市场情况、材料和设备厂家、勘察和设计单位、施工承包单位、工程咨询单位、交通设施、通信设施、公用设施、能源和后勤供应、金融市场等情况。

(2) 建设工程法律法规和标准规范　建设工程法律法规和标准规范具体包括三个层次：

① 国家颁布的有关建设工程法律、行政法规、部门规章和规范性文件；

② 工程所在地或所属部门颁布的建设工程相关的法规、规章和相关政策文件；

③ 有关工程技术与管理的标准、规范。

(3) 政府批准的工程建设文件　政府批准的工程建设文件包括政府工程建设主管部门批准的可行性研究报告、立项批文、政府规划部门颁发的建设用地规划许可证、建设工程规划许可证、批准的设计文件、施工许可证等。

(4) 建设工程监理合同　在编写监理规划时，须依据建设工程监理合同中规定的监理单位和监理工程师的权利和义务、监理工作范围和内容、有关建设工程监理规划方面的要求等来编写。

(5) 其他建设工程合同　在编写监理规划时，应考虑其他建设工程合同中关于业主和承建单位权利和义务的内容。

(6) 监理大纲　在编写监理规划时，要依据监理大纲中的监理组织计划，拟投入的主要监理人员，投资、进度、质量控制方案，合同管理方案，信息管理方案，定期提交给业主的监理工作阶段性成果等内容来编写。

(7) 业主的正当要求　根据监理单位应竭诚为客户服务的宗旨，在不超出合同职责范围的前提下，监理单位应最大限度地满足业主的正当要求，将如何实现其要求充分体现在监理规划当中。

(8) 建设工程实施过程中输出的有关工程信息　监理规划是动态的监理规划，要根据建设工程实施过程中输出的有关工程信息做出相应的调整。输出的有关工程信息主要包括方案设计、初步设计、施工图设计文件，工程招投标情况，重大工程变更等。

6.2.2 监理规划编写的要求

(1) 基本构成内容应当力求统一 监理规划在总体内容组成上应力求做到统一，这是监理工作规范化、制度化、科学化的要求。监理规划基本构成内容的确定，首先应明确建设工程监理的主要内容，包括建设工程投资、进度、质量和安全控制，建设工程合同管理、信息管理，有关单位间工作关系的协调；其次应描述完成工程监理任务所需要的组织、应用的方法、采取的措施等。在监理规划的编制工作中，其基本构成内容可以根据委托监理合同确定的监理范围和深度等具体情况加以取舍。

(2) 监理规划的内容应具有针对性 监理规划的基本构成内容应当统一，但具体内容要有针对性。因为监理规划是指导一个特定的建设项目监理工作的技术组织文件，它的具体内容应与该建设项目的具体情况相适应。

每一个监理规划都是针对特定建设项目所制订的监理工作计划，都必然有它自己的投资控制目标、进度控制目标、质量控制目标、安全控制目标，有其独特的监理组织机构和与项目相适应的目标控制措施以及合同管理、信息管理制度。只有监理规划具有针对性，它才能真正起到指导监理工作的作用。

(3) 监理规划应当遵循建设工程的运行规律 监理规划是针对特定建设项目的监理工作而编写的。不同的建设项目有其不同的特点、建设条件和建设活动的运行方式，存在其内在的规律性。这也决定了建设工程监理规划只有遵循建设工程运行的客观规律，才能有效地指导项目监理机构开展工作。此外，在建设工程运行过程中，内部条件和外部环境都会发生变化，为了使建设活动能够在监理规划的有效控制之下，监理规划还要进行不断的补充、修改和完善。

(4) 项目总监理工程师是监理规划编写的主持人 监理规划应当在项目总监理工程师主持下进行编写，这是建设工程监理施行项目总监理工程师负责制的要求。在编制监理规划的过程中，还应充分发挥项目监理机构中专业监理工程师的主动性和创造性，组织专业监理工程师共同参与编写；充分听取业主的意见，以最大限度地满足他们的合理要求；听取被监理方的意见，以保证编写的监理规划更趋于切合实际。监理规划的编写工作还应按照监理单位的有关要求进行。

(5) 监理规划一般要分阶段编写 监理规划的内容与工程进展密切相关，因此，监理规划的编写需要有一个过程，需要将编写的整个过程划分为若干个阶段。

监理规划编写阶段可按工程实施的各阶段来划分，前一阶段工程实施所输出的工程信息就成为后一阶段监理规划的编制依据。例如，在设计的前期阶段，应完成规划的总框架并将设计阶段的监理工作进行“近细远粗”的规划；设计阶段结束后，施工招标阶段监理规划的大部分内容就能够落实；随着工程施工合同逐步签订，施工阶段监理规划所需的工程信息基本齐备，就可以编制完整的施工阶段监理规划；在施工阶段，有关监理规划的主要工作是根据工程进展情况对监理规划进行调整、修改，使它能够动态地规划整个建设工程监理工作。

(6) 监理规划的表达方式应当格式化、标准化 为使监理规划显得更加明确、简洁和直观，需要选择最有效的方式、方法来表示监理规划的各项内容。图、表和简单的文字说明是常采用的方法。在编写监理规划各项内容时，应采用什么表格、图示以及哪些内容需要采用简单的文字说明等，应有统一规定，以便采用格式化、标准化的表达方式。

（7）监理规划须经过审核　监理规划在编写完成后，必须经过审核、批准，才能作为有效的监理工作文件。监理单位的技术主管部门是内部审核单位，监理单位的技术负责人负责对监理规划进行审批。此外，监理规划一般还要经过业主的认可。

6.3　监理规划的内容及其审核

6.3.1　监理规划的内容

监理规划是在签署工程建设监理委托合同后，在掌握更详细的有关资料的基础上编制的。其内容与深度比工程建设监理大纲更为详细和具体。建设工程监理规划通常包括以下内容：

6.3.1.1　建设工程概况

建设工程概况主要编写内容有：

（1）建设工程名称。

（2）建设工程地点。

（3）建设工程组成及建筑规模。

（4）主要建筑结构类型。

（5）预计工程投资总额　预计工程投资总额可以按两种费用编列：①建设工程投资总额；②建设工程投资组成。

（6）建设工程计划工期　可以用建设工程的计划持续时间或以建设工程开工、竣工的具体日历时间表示：

a. 以计划持续时间表示，其形式为：建设工程计划工期为___个月或___天。

b. 以开竣工的具体日历时间表示为：建设工程计划工期由___年___月___日至___年___月___日。

（7）建设工程质量要求　应具体提出建设工程的质量目标要求。

（8）建设工程安全监理目标。

（9）建设工程建设单位、设计单位及施工单位名称。

（10）建设工程项目结构图与编码系统。

6.3.1.2　监理工作范围

监理工作范围是指监理单位所承担监理任务的工程范围。如果监理单位承担全部工程项目的工程建设监理任务，其监理工作范围为全部工程项目；否则应按照监理单位所承担的项目的建设阶段或子项目划分，确定工程监理工作范围。

6.3.1.3　监理工作内容

监理工作内容主要依据委托监理合同的规定，结合建设工程监理的实际情况来编写。对于提供全过程监理服务的项目，在监理规划中可以按照项目实施的不同阶段，分别编写监理工作内容。例如项目立项阶段、设计阶段、施工招标阶段、施工准备阶段、施工阶段、工程竣工验收阶段的监理工作内容，以及业主委托的其他服务相应的监理工作内容等。对于提供项目实施过程中某一个或几个阶段监理服务的项目，在监理规划中则分别描述相应阶段的监理工作内容。

（1）项目立项阶段监理工作的主要内容

① 协助业主准备工程报建手续。

② 可行性研究咨询或监理。

③ 组织或参与项目技术、经济等方面的论证。

（2）设计阶段监理工作的主要内容

① 结合建设工程特点，收集设计所需的技术经济资料。

② 编写设计要求文件。

③ 组织建设工程设计方案竞赛或设计招标，协助业主选择勘察设计单位。

④ 拟定和商谈设计委托合同内容。

⑤ 向设计单位提供设计所需的基础资料。

⑥ 配合设计单位开展技术经济分析，优化设计方案。

⑦ 配合设计进度，组织设计单位与有关部门如规划、消防、环保、土地、人防、防汛、园林以及供水、供电、供气、供热、电信等部门的协调工作。

⑧ 组织各设计单位之间的协调工作。

⑨ 参与主要设备、材料的选型。

⑩ 审核设计概算、施工图预算。

⑪ 审核主要设备、材料清单。

⑫ 审核工程设计图纸，检查设计文件是否符合设计技术规范及标准，检查施工图纸是否满足施工需要。

⑬ 检查和控制设计进度。

⑭ 组织设计文件的报批。

（3）施工招标阶段监理工作的主要内容

① 拟订建设工程施工招标方案并征得业主同意。

② 准备建设工程施工招标条件。

③ 办理施工招标申请。

④ 协助业主编写施工招标文件。

⑤ 标底经业主认可后，报送所在地方建设工程招标管理部门审核。

⑥ 协助业主组织建设工程施工招标工作。

⑦ 组织现场踏勘与答疑会，回答投标人提出的问题。

⑧ 协助业主组织开标、评标及定标工作。

⑨ 协助业主与中标单位商签施工合同。

（4）材料、设备采购供应的监理工作内容　对于由业主负责采购供应的材料、设备等物资，监理工程师应负责制订计划，监督合同的执行情况。具体内容如下。

① 制订材料、设备供应计划和相应的资金需求计划。

② 通过质量、价格、供货期、售后服务等条件的分析和比选，确定材料、设备等物资的供应单位。对于重要设备，还应访问现有使用用户，并考察生产单位的质量保证体系。

③ 协助业主拟定并商签材料、设备的订货合同。

④ 监督合同的实施，确保材料、设备的按时、按质、按量供应。

（5）施工准备阶段监理工作的主要内容

① 审查分包单位的资质。

② 监督检查施工单位质量保证体系及安全技术措施，督促其完善质量管理程序与制度。

③ 参加设计单位向施工单位的技术交底。

④ 审查施工单位上报的实施性施工组织设计，重点检查施工方案、劳动力、材料、机械设备的组织及保证工程质量、安全、工期和费用等方面的措施，并提出监理意见。

⑤ 在单位工程开工前检查施工单位的复测资料，特别是两个相邻施工单位之间的测量资料、控制桩是否交接清楚，手续是否完善，质量有无问题，并对贯通测量、中线及水准桩的设置、固桩情况进行审查。

⑥ 对重点工程部位的中线、水平控制进行复查。

⑦ 监督落实各项施工条件，审批一般单项工程、单位工程的开工报告，并报业主备查。

⑧ 监督业主“七通一平”的实施，并及时办理向承包单位移交施工现场。

（6）施工阶段监理工作的主要内容

a. 施工阶段的质量控制

① 对所有的隐蔽工程在进行隐蔽以前进行检查和验收，对重点工程要派监理人员驻点跟踪监理，签署重要的分项工程、分部工程和单位工程质量验收记录。

② 对施工测量、放样等进行检查，对发现的质量问题应及时通知施工单位纠正，并做好监理记录。

③ 检查确认运到现场的工程材料、构件和设备质量，并应查验试验、化验报告单、出厂合格证是否齐全、合格。监理工程师有权禁止不符合质量要求的材料、设备进入工地和投入使用。

④ 监督施工单位严格按照施工规范、设计图纸要求进行施工，认真履行施工合同。

⑤ 对工程主要部位、主要环节及技术复杂工程加强检查。

⑥ 检查施工单位的工程质量自检工作，数据是否齐全，填写是否正确，并对施工单位质量自检工作做出综合评价。

⑦ 对施工单位的检验测试仪器、设备、度量衡定期检验，不定期地进行抽验，以保证度量数据的准确性。

⑧ 监督施工单位对各类土木和混凝土试件按规定进行抽样试验。

⑨ 监督施工单位认真处理施工中发生的一般质量事故，并认真做好监理记录。

⑩ 对大、重大质量事故以及其他紧急情况，应及时报告业主。

b. 施工阶段的进度控制

① 监督施工单位严格按施工合同规定的工期组织施工。

② 控制工期的重点工程，审查施工单位提出的保证进度的具体措施，如发生偏差，应及时分析原因，采取措施。

③ 建立工程进度台账，核对工程形象进度，按月、季向业主报告施工进度计划的执行情况及存在的问题。

c. 施工阶段的投资控制

① 根据建设工程的特点、建设工程相关合同等，明确投资控制的重点，并制定相应的措施。

② 审查施工单位申报的月、季度计量报表，认真核对其工程数量，不超计、不漏计，严格按合同规定进行计量支付签证。

③ 保证支付签证的各项工程质量合格、数量准确。

④ 建立计量支付签证台账，定期与施工单位核对清算。

⑤ 在业主授权范围内审核工程变更。

d. 施工阶段的安全控制

① 督促承包单位建立健全安全保证体系。

② 根据建设工程的特点、建设工程相关合同等，明确安全控制的重点，识别危险源，

并制定安全事故应对策略。

③ 审查施工组织设计中的安全技术措施或者专项施工方案是否符合工程建设强制性标准。

④ 发现存在安全事故隐患的，要求施工单位整改或停工处理。

⑤ 加强对施工现场的安全监督，确保临时建筑、临时用电、安全防护设施使用安全。

（7）工程竣工验收阶段建设监理工作的主要内容

① 督促、检查施工单位及时整理竣工文件和验收资料，受理单位工程竣工验收报告，提出监理意见。

② 根据施工单位的竣工报告，提出工程质量验收报告。

③ 组织工程预验收，参加业主组织的竣工验收。

（8）合同管理工作的主要内容

① 拟定本建设工程合同体系及合同管理制度，包括合同草案的拟定、会签、协商、修改、审批、签署、保管等工作制度及流程。

② 协助业主拟定工程的各类合同条款，并参与各类合同的商谈。

③ 合同执行情况的分析和跟踪管理。

④ 协助业主处理与工程有关的索赔事宜及合同争议事宜。

（9）业主委托的其他服务　监理单位及其监理工程师受业主委托，还可承担以下几方面的服务。

① 协助业主准备工程条件，办理供水、供电、供气、电信线路等申请或签订协议。

② 协助业主制订产品营销方案。

③ 为业主培训技术人员。

以上罗列了项目实施不同阶段一般性的监理工作内容提要。在实际编制监理规划的过程中，应按照委托监理合同约定的工作范围，针对项目的实际情况，系统地、有重点地描述监理工作内容。

6.3.1.4　监理工作目标

建设工程监理目标是指监理单位所承担的建设工程监理工作预期达到的目标。通常以建设工程的投资、进度、质量目标的控制值来表示，可以如下形式表达。

（1）投资控制目标　以___年预算为基价，静态投资为___万元（或合同价为___万元）。

（2）工期控制目标　___个月或自___年___月___日至___年___月___日。

（3）质量控制目标　建筑工程质量合格及业主的其他要求。

6.3.1.5　监理工作依据

a. 建设工程相关的法律、法规、标准和规范。

b. 政府批准的工程建设文件。

c. 建设工程监理合同。

d. 其他建设工程合同。

e. 与建设工程有关的其他文件、资料和信息。

6.3.1.6　项目监理机构的组织形式

项目监理机构的组织形式应根据建设工程委托监理合同规定的服务内容、服务期限、工程类别、规模、技术复杂程度等因素确定，一般可用组织结构图表示。

6.3.1.7　项目监理机构的人员配备计划

项目监理机构中涉及总监理工程师、专业监理工程师和监理员的配备，应根据监理对象组成专业配套、人员数量和素质满足建设工程监理需要的监理组织。

6.3.1.8 项目监理机构的人员岗位职责

明确项目监理机构各职能部门的职责分工和不同岗位的职责分工。

6.3.1.9 监理工作程序

监理工作程序比较简单明了的表达形式是监理工作流程图。一般可针对不同的监理工作内容分别制定相应的监理工作程序，编制监理工作程序时应注意以下几点：

a. 应根据工程特点制定监理工作总程序，并按工作内容分别制定具体的监理工作流程。

b. 应体现事前控制和主动控制的要求。

c. 应结合工程项目的特点，注重监理工作的效果，明确工作内容、行为主体、考核标准、工作时限。

d. 监理工作程序应符合委托监理合同和施工合同的规定。

e. 监理工作程序应体现出动态性的特点，在监理工作实施过程中，根据实际情况的变化对监理工作程序进行调整和完善。

6.3.1.10 监理工作方法与措施

建设工程监理目标控制的方法与措施应重点围绕投资控制、进度控制、质量控制、安全管理等内容展开。

（1）投资目标控制的方法和措施

a. 投资目标分解　投资目标可视工程的具体情况采用不同方式进行分解。例如按建设工程的投资费用组成分解；按年度、季度分解；按建设工程实施阶段分解；按建设工程组成分解等。

b. 编制资金使用计划　通常有两种编制方法，可以按时间进度编制资金计划，也可按不同子项目编制资金使用计划。

c. 投资目标实现的风险分析。

d. 投资控制的工作流程与措施。

① 投资控制工作流程包括投资控制总工作流程和经过分解的主要投资控制流程，如工程款支付工作流程、工程结算工作流程等。它们可以用工作流程图来表示。

② 投资控制的具体措施有：

※ 投资控制的组织措施。建立项目监理机构，明确职能分工，建立有关制度，落实投资控制责任。

※ 投资控制的技术措施。在设计阶段，推行限额设计和优化设计；在招标阶段，合理确定标底及合同价；对材料、设备采购，通过质量与价格比选，合理确定生产和供应单位；在施工阶段，通过审核施工组织设计和施工方案，使组织施工合理化。

※ 投资控制的经济措施。及时分析比较投资控制目标值和实际值，对产生的投资节约按合同规定予以奖励等。

※ 投资控制的合同措施。按合同条款支付工程款，防止过早、过量的支付。正确处理索赔事宜，减少对施工单位的索赔等。

e. 投资控制的动态比较。

① 投资目标分解值与概算值的比较。

② 概算值与施工图预算值的比较。

③ 合同价与实际投资的比较等。

f. 投资控制的规范性记录和表格。

（2）进度目标控制方法和措施

a. 工程总进度计划。

b. 总进度目标分解。

① 年度、季度进度目标。

② 各阶段的进度目标。

③ 各子项目进度目标。

c. 进度目标实现的风险分析。

d. 进度控制的工作流程与措施。

① 进度控制工作流程包括进度控制总工作流程和经过分解的主要进度控制流程，如设计进度计划的审批流程、施工进度计划的审批流程等。它们可以用工作流程图来表示。

② 进度控制的具体措施。

※ 进度控制的组织措施。落实进度控制责任，建立进度控制协调制度。

※ 进度控制的技术措施。建立多级网络计划体系，监控承包单位的作业实施计划。

※ 进度控制的经济措施。对工期提前或延误者实行奖励或处罚；合理使用建设资金等。

※ 进度控制的合同措施。按合同要求及时协调各方的工作进度等。

e. 进度控制的动态比较。

① 进度目标分解值与进度实际值的比较；可采用横道图比较法、S 型曲线法、前锋线法等进行进度控制。

② 进度目标值的预测分析。

f. 进度控制的规范性记录和表格。

（3）质量目标控制方法与措施

a. 质量控制目标的描述　可以从以下方面描述质量控制的目标：

① 设计质量控制目标；

② 材料质量控制目标；

③ 设备质量控制目标；

④ 土建施工质量控制目标；

⑤ 设备安装质量控制目标；

⑥ 其他说明。

b. 质量目标实现的风险分析。

c. 质量控制的工作流程与措施。

① 质量控制工作流程包括质量控制总工作流程和经过分解的主要质量控制流程，如隐蔽工程验收工作流程、工程材料和构配件质量控制流程、工程竣工验收工作流程等。质量控制工作流程可以用工作流程图来表示。

② 质量控制的具体措施。

※ 质量控制的组织措施。建立项目监理机构，明确职责分工，制定有关质量控制制度，落实质量控制责任。

※ 质量控制的技术措施。督促施工单位健全和完善质量保证体系；认真审核施工方案等。

③ 质量控制的经济措施与合同措施。严格质检和验收，不符合合同规定质量要求的，拒付工程款；对施工技术方案进行技术经济分析，选择成本较低的方案，在合同中明确有关质量的规定等。

d. 质量目标状况的动态分析　可运用常用的质量统计分析方法，如分层法、调查表法、排列图法、因果分析图法、相关图法、直方图法、控制图法等掌握质量特征。比较分析质量目标的分解值与预测值和实际值，发现偏差，寻找产生偏差的原因，以便采取预防和纠正措施。

e. 质量控制的规范性记录和表格。

(4) 工程安全监理方法与措施

a. 安全监理目标的确定及分解。

b. 安全监理目标实现的风险分析。

c. 安全监理工作流程与措施。

① 安全监理工作流程可以用安全监理工作流程图来表示。

② 安全监理的具体措施。

※ 安全监理的组织措施。建立项目监理机构，明确职责分工，制定有关安全监理制度，落实安全控制责任。

※ 安全监理的技术措施。协助完善安全保证体系；认真进行重大风险源的分析等。

※ 安全监理的经济措施与合同措施。建立相应的奖惩措施，保证安全控制资金的正确使用，在合同中明确有关安全控制的规定等。

d. 安全目标状况的动态分析。

e. 安全的规范性记录和表格。

(5) 合同管理的方法与措施

a. 合同结构，用合同结构图的形式表示。

b. 合同目录一览表，如表 6-1 所示。

表 6-1　合同一览表

序　号	合同编号	合同名称	承包单位	合同价	合同工期	质量要求

c. 合同管理的工作流程与措施。

d. 合同执行情况的动态分析。

e. 合同争议的调解与索赔处理程序。

f. 合同管理的规范性记录和表格。

(6) 信息管理

a. 信息分类表　如表 6-2 所示。

表 6-2　信息分类表

序　号	信息类别	信息名称	信息管理要求	责任人

b. 信息管理工作流程图。

c. 信息管理的具体措施。

d. 信息管理的规范性记录和表格。

（7）组织协调

a. 与建设工程有关的单位　它涉及建设工程系统内的各种组织，包括业主、设计单位、施工单位、材料和设备供应单位、资金提供单位等；也涉及建设工程系统外的各种组织，包括政府建设行政主管部门、政府其他有关部门、工程毗邻单位、社会团体等。

b. 协调分析　主要对建设工程系统内部及系统外部的协调工作进行分析。

c. 协调工作程序。

d. 协调工作的规范性记录和表格。

6.3.1.11　监理工作制度

（1）建设项目立项阶段的监理工作制度

① 可行性研究报告的评审制度。

② 工程估算审核制度。

③ 技术咨询制度。

（2）设计阶段的监理工作制度

① 设计大纲、设计要求的编写及审核制度。

② 设计委托合同管理制度。

③ 设计咨询制度。

④ 设计方案评审制度。

⑤ 工程估算、概算审核制度。

⑥ 施工图纸审核制度。

⑦ 设计费用支付签署制度。

⑧ 设计协调会及会议纪要制度。

⑨ 设计备忘录签发制度等。

（3）施工招标阶段的监理工作制度

① 招标文件编制有关规定。

② 标底编制及审核制度。

③ 合同条件拟定及审核制度。

④ 组织招标的有关规定等。

（4）施工阶段的监理工作制度

① 施工图纸会审及设计交底制度。

② 施工组织设计审核制度。

③ 工程开工申请审批制度。

④ 工程材料，构件、成品、半成品质量检验制度。

⑤ 隐蔽工程、分项（部）工程质量验收制度。

⑥ 单位工程、单项工程质量验收制度。

⑦ 设计变更处理制度。

⑧ 工程质量事故处理制度。

⑨ 施工进度监督及报告制度。

⑩ 工程款支付签认制度。

⑪ 工程索赔签认制度。

⑫ 监理报告制度。

⑬ 工程竣工验收制度。

⑭ 监理日志和会议制度。

（5）项目监理机构内部工作制度

① 监理组织工作会议制度。

② 对外行文审批制度。

③ 监理工作日志制度。

④ 监理周报、月报制度。

⑤ 技术、经济资料及档案管理制度。

⑥ 监理费用预算制度。

6.3.1.12 **监理设施**

编制监理规划应根据监理目标拟定项目监理工作所需的监理设施，包括业主为项目监理机构提供的设施和项目监理机构自备的主要检测设备和工具等。

（1）业主应提供合同约定的满足监理工作需要的办公、交通、通信和生活设施，项目监理机构应妥善保管和使用业主提供的设施，并在完成监理工作后移交给业主。

（2）项目监理机构应根据工程项目类别、规模、技术复杂程度、工程项目所在地的环境条件，按委托监理合同的约定，配备满足监理工作需要的常规检测设备和工具。

6.3.2 监理规划的审核

在监理规划的编制工作完成后，须经过监理单位的技术主管部门的内部审核、技术负责人的审批，才能成为指导项目监理机构全面开展监理工作的有效指导文件。监理规划审核的内容主要包括：

6.3.2.1 **审核监理目标、范围和工作内容**

依据监理招标文件和委托监理合同，审核是否理解了业主对该工程的建设意图，监理范围、监理工作内容是否包括了全部委托的工作任务，监理目标是否与合同要求和建设意图相一致。

6.3.2.2 **审核项目监理机构的组织结构与人员配备**

（1）审核组织机构　在组织形式、管理模式等方面是否合理，是否结合了工程实施的具体特点，是否能够与业主的组织关系和承包方的组织关系相协调等。

（2）审核人员配备

a. 派驻监理人员的专业结构、监理人员的能力和水平满足工作要求的程度。

b. 监理人员数量满足工作要求的程度。

c. 专业人员不足时所采取的措施是否恰当。在大中型建设工程中，对于拟临时聘用的监理人员的综合素质应认真审核。

d. 审核派驻现场人员计划表。在大中型建设工程中，应审核各阶段现场监理人员的专业、数量计划是否与建设工程的进度计划相适应；还应平衡正在其他工程上执行监理业务的人员，是否能按预定计划参加本工程的监理工作。

6.3.2.3 **审核工作计划**

在工程进展中各个阶段的工作实施计划是否合理、可行，审查其在每个阶段中如何控制建设工程目标以及组织协调的方法。

6.3.2.4 **审核目标控制的方法和措施**

应重点审查目标控制的方法和措施，是否有效运用了组织、技术、经济、合同措施以保证目标的实现，所采用的方法是否科学、合理、有效。

6.3.2.5 审核监理工作制度

主要审查项目监理机构内部工作制度和外部（涉及业主方、设计方、承包商、材料与设备供应商等）工作制度是否健全。

每个建设项目都有其自身的特点，这种特点不仅反映在项目固有的技术与经济特性方面，而且还体现在项目的环境特征（组织环境、法律环境、技术环境、经济环境、社会与文化环境等）方面。建设项目固有的和外界赋予的特性，决定了其监理服务的个性。因此，监理人员在制订监理规划之前，应当充分地分析和研究项目的特点；在编制规划的过程中，明确与项目特点相一致的目标和工作内容，建立合理的组织机构，完善工作流程和管理制度，采用科学的方法和行之有效的措施；在实施规划的过程中，以科学的态度适时对其进行调整，使得监理规划能够指导项目监理机构为业主提供高质量、高效率的监理服务。

复习思考题

1. 建设项目监理规划有何作用?
2. 监理大纲、监理规划、监理实施细则之间有何联系与区别?
3. 建设工程监理规划一般包括哪些内容?
4. 建设工程监理规划编制的依据有哪些?
5. 审核监理规划都需要审核哪些内容?
6. 调查工程监理企业中监理规划的编制和使用现状，思考如何更有效地发挥监理规划的作用。

第7章　国外工程咨询相关情况介绍

导读： 国外工程咨询在工程建设中具有非常重要的作用，其发展历史也比较长，目前发达国家的工程咨询公司在国际市场占绝对竞争优势。本章介绍了国外工程咨询业的概况和发展特点。还重点介绍了在国际咨询工程师联合会（FIDIC）合同中咨询工程师的地位和作用，随着国际工程项目市场的演化，咨询工程师独立第三方的角色被渐渐淡化。针对不同的服务对象，工程咨询公司开展的业务范围也大大不同，服务的阶段可以涉及项目的全过程，也可以是其中的某一阶段。本章有助于学生了解国际工程咨询业的市场发展情况，准确判断我国监理等咨询行业的发展趋势。

7.1　国外工程咨询概述

7.1.1　国外工程咨询的含义

到目前为止，工程咨询在国际上还没有一个统一的、规范化的定义。尽管如此，综合各种关于工程咨询的表述，可将工程咨询定义为：

所谓工程咨询，是指适应现代经济发展和社会进步的需要，集中专家群体或个人的智慧和经验，运用现代科学技术和工程技术以及经济、管理、法律等方面的知识，为建设工程决策和管理提供的智力服务。

需要说明的是，如果某项工作的任务主要是采用常规的技术且属于设备密集型的工作，那么该项工作就不应列为咨询服务，在国际上通常将其列为劳务服务。例如，卫星测绘、地质钻探、计算机服务等就属于这类劳务服务。

工程咨询是智力服务，是知识的转让，可有针对性地向客户（Client）提供可供选择的方案、计划或有参考价值的数据、调查结果、预测分析等，亦可实际参与工程实施过程的管理，其作用可归纳为以下几个方面：

7.1.1.1　为决策者提供科学合理的建议

工程咨询本身通常并不包含决策，但它可以弥补决策者职责与能力之间的差距。根据决策者的委托，咨询者利用自己的知识、经验和已掌握的调查资料，为决策者提供科学合理的一种或多种可供选择的建议或方案，从而减少决策失误。这里的决策者既可以是各级政府机构，也可以是企业领导或具体建设工程的业主。

7.1.1.2　保证工程的顺利实施

由于建设工程具有一次性的特点，而且其实施过程中有众多复杂的管理工作，业主通常没有能力自行管理。工程咨询公司和人员则在这方面具有专业化的知识和经验，由他们负责工程实施过程的管理，可以及时发现和处理所出现的问题，大大提高工程实施过程管理的效率和效果，从而保证工程的顺利实施。

7.1.1.3　为客户提供信息和先进技术

工程咨询机构往往集中了一定数量的专家、学者，拥有大量的信息、知识、经验和先进技术，可以随时根据客户需要提供信息和技术服务，弥补客户在科技和信息方面的不足。从全社会来说，这对于促进科学技术和情报信息的交流和转移，更好地发挥科学技术作为生产力的作用，都起到十分积极的作用。

7.1.1.4　**发挥准仲裁人的作用**

由于相互利益关系的不同和认识水平的不同，在建设工程实施过程中，业主与建设工程的其他参与方之间，尤其是与承包商之间，往往会产生合同争议，需要第三方来合理解决所出现的争议。工程咨询机构是独立的法人，不受其他机构的约束和控制，只对自己咨询活动的结果负责，因而可以公正、客观地为客户提供解决争议的方案和建议。而且，由于工程咨询公司所具备的知识、经验、社会声誉及其所处的第三方地位，因而其所提出的方案和建议易于为争议双方所接受。

7.1.1.5　**促进国际间工程领域的交流与合作**

随着全球经济一体化的发展，境外投资的数额和比例越来越大，相应地，境外工程咨询（往往又称为国际工程咨询）业务亦越来越多。在这些业务中，工程咨询公司和人员往往表现出他们自己在工程咨询和管理方面的理念和方法以及所掌握的工程技术和建设工程组织管理的新型模式，这对促进国际间在工程领域技术、经济、管理和法律等方面的交流与合作无疑起到十分积极的作用，有利于加强各国工程咨询界的相互了解和沟通。另外，虽然目前在国际工程咨询市场中发达国家工程咨询公司占绝对主导地位，但他们境外工程咨询业务的拓展在客观上也有利于促进发展中国家工程咨询业务的水平。

7.1.2　国外工程咨询业概况

7.1.2.1　**工程咨询业发展简史**

工程咨询作为一个独立的行业，始于 19 世纪下半叶，它是近代工业化的产物，最初出现在建筑业中。

在工程咨询行业出现以前，港口、公路、铁路、桥梁和楼房等建筑工程设计主要由建筑承包商雇人来完成。第一次工业革命以后，机械、电气、土木建筑等工程技术迅速发展。1747 年法国建立了国立桥梁公路学校，世界上首次出现了正规化的工程教育。随后，英国、西班牙、葡萄牙、德国、荷兰、美国等也相继发展工程教育。各种实用的专业人才被培养出来，使得工程建筑由一种“技艺”发展成为一门应用学科。同时，传统的建筑业也发生了变化，根据职责不同逐步分化出设计师（咨询工程师）、承包商和业主，他们之间有了明显的分工。

这时，咨询人员多是个体的或小型的咨询公司。随着从业人员的增多，为了协调各方面和彼此之间的关系，开始出现行会组织。1918 年英国建筑师约翰·斯梅顿组织成立了第一个“土木工程师协会”，1852 年美国土木工程师协会成立，1904 年丹麦成立了国家咨询工程师协会，特别是 1907 年美国怀俄明州通过了第一个许可工业工程师作为专门职业的注册法，1913 年国际咨询工程师联合会成立。这些都表明工程咨询作为一个行业已经形成并进入规范化的发展阶段。同时，工程咨询的领域也从一般建筑工程扩展到工业、农业、交通运输等各个经济领域。

国际工程咨询业发展大致经历了三个阶段：①个体咨询时期。19 世纪 90 年代美国成立了一个土木工程师协会，独立承担从土木工程建设中分离出来的技术业务咨询。②合伙咨询时期。20 世纪个体咨询已从土木工程拓展到工业、农业、交通等领域，咨询形式也由个体独立咨询发展到合伙人公司。③综合咨询时期。第二次世界大战以后，工程咨询业发生了三大变化：从专业咨询发展到综合咨询，从工程技术咨询发展到战略咨询，从国内咨询发展到国际咨询，出现了一批国际著名的工程咨询公司，如兰德公司、麦肯锡公司、柏克德公司等。

由于科学技术和经济的飞速发展，各行各业使用咨询服务越来越普通，促使咨询业无论在数量和规模上都出现了新的飞跃。并且，由于经济的发展越来越突破民族经济和地缘经济的概念而变得日趋国际化，工程咨询服务也逐步走向国际化。随着国际经济技术交流与合作不断加强，发展中国家的工程咨询业也迅速崛起。

7.1.2.2 国际工程咨询业的现状和特点

综合考察世界各国工程咨询业的发展状况，可概括为下述几个特点。

(1) 发达国家工程咨询业有明显优势 主要发达国家的工程咨询业经过一个多世纪的发展，已成为相当成熟和发达的产业，其共同特点是专业领域宽，业务范围大；有较完善的行业法规；机构种类多，从业人员和公司数量多；技术水平高，市场竞争激烈，积极发展海外业务。例如，较早形成咨询业的美国1910年就成立了"美国咨询工程师协会"（1956年更名为咨询工程师理事会）。1973年，美国咨询工程师学会和美国咨询工程师协会合并成立了美国咨询工程师委员会（ACEC）。

第一次工业革命的发源地英国，于1913年成立"咨询工程协会"（简称ACE）。英国咨询业发展历史比较悠久，经验也丰富。工程咨询在英国已有160余年历史，在整个咨询业中占有重要地位，有900余家工程咨询公司，包括90多个专业，提供工程咨询全过程的各项服务。

德、法两国工程咨询业都有着悠久的历史，在本国和世界多数国家的建设中起着重要作用。目前，这两个国家的咨询机构的规模呈两极分布状态，趋势是向大型和小型公司发展。一是逐步发展成为大规模的综合性咨询机构，该部分机构相对较少。二是向具有某一专业技术特长的小型化咨询机构发展。两者各有利弊，主要是为适应不同客户的不同要求而产生的。对于大型项目而言，一方面是项目功能的多样化，另一方面是工程规模越来越大，对项目咨询承包企业的技术能力和抗风险能力的要求越来越高。对于这类项目，业主往往对几家咨询公司的联合体不太感兴趣，而是更信任大型的咨询公司。因为它们具有更多的经验，组织完备、规范，工作更有连贯性，并有足够的财力应付可能发生的风险。德国BGS设计顾问公司就属于此类型。

20世纪60年代才兴起的日本咨询业已进入稳步发展的阶段，特别是成立了"日本海外工程咨询公司协会"，着力开拓海外咨询业务。此外，澳大利亚和其他一些欧洲国家也都形成了能力较强的工程咨询行业，并参与国际市场竞争。

由于工程咨询业的市场容量大，利润高，国际咨询市场一直被发达国家垄断。美国《工程新闻记录》公布了2006年国际200强设计商的国籍分布及其相应的国际营业额（如表7-1所示）。该排名从国际市场的营业额入手分析，不包含国内市场经营情况，因而较能说明问题。

表7-1 2006年国际200强设计商国籍分布及其国际营业额

设计商国籍	企业个数	国际营业额/亿美元	国际营业额在200强中所占份额/%
美国	87	139.16	42.1
加拿大	10	30.72	9.3
英国	12	39.73	12
德国	7	4.29	1.3
法国	8	10.92	3.3
荷兰	8	34.83	10.5
澳大利亚	4	14.77	4.5
日本	12	9.38	2.8
中国	15	5.84	1.8
韩国	4	5.29	1.6
其他	13	11.87	3.6

(2) 国际工程市场竞争激烈　专业工程咨询公司、建筑与工程咨询公司、设计施工公司竞争激烈。发达国家咨询市场较为复杂，不仅专业工程咨询公司承揽国内外工程咨询项目，建筑与工程咨询公司、设计施工公司也开发工程咨询业务。由于后两者拥有强大的技术能力和资金实力，并以其业务综合性和开展全过程服务的优势投身于市场角逐，因而极富竞争性，营业额和社会声望均较专业工程咨询公司更胜一筹。

对于是否把设计施工公司列入工程咨询业，国际上历来有两种不同的意见。国际咨询工程师联合会（FIDIC）和欧洲工程咨询界均持反对态度。认为设计施工公司的超脱性和中立性差，不具备咨询业的基本属性。但是，与之相对立的观点认为，设计施工机构不同于按设计图纸承包工程的建筑施工企业，在实际业务活动中，以自身优势跻身于工程咨询界、承接工程咨询项目已成为事实。当代科技发展迅速，行业之间、学科之间的专业或业务交叉和渗透不可避免。

(3) 发展中国家的工程咨询业正在兴起　发展中国家随着民族解放、经济独立和高速发展，特别是联合国开发计划署（UNDP）等国际援助机构，世界银行、亚洲开发银行（ADB）等国际金融组织对这些国家和地区援助和贷款项目的实施，大大地促进了各国咨询业的形成和发展。这些国家的建设项目不仅为世界咨询业提供了市场，而且也为本国咨询业的产生和成长创造了条件。因为绝大多数国际咨询业务都有来自发达国家有经验的咨询工程师参加，它们带来了技术和经验，在完成咨询业务的同时，也培养和锻炼了当地的人员。发展中国家咨询业的共同特点是：虽然起步较晚，但发展迅速；重视与外国公司合作，学习发达国家的经验；作为当地公司参与国际机构在本国援助和贷款项目的咨询，并且积极开发国际业务。

(4) 国际交流日益频繁　国际间的合作与交流加强，工程咨询业务向国际化、规范化方向发展，国际业务不断增长。为此，国际咨询工程师联合会（FIDIC）通过一系列“政策声明”和“道德准则”来规范咨询工程师及其行业的行为，并制定了许多文件范本及业务指南。同时，国际发展援助机构和世行、亚行等国际和地区组织也制定了许多有关工程咨询业务的指导性文件、手册和合同范本，这些都大大促进了各国工程咨询业的规范化发展，尤其是为发展国际业务提供了技术基础。

7.1.2.3　国际工程咨询业的展望

工程咨询业的发展，特别是国际业务的发展与世界各国经济发展状况密切相关，并且在很大程度上受到了诸如国际社会大环境、发展战略和政策、世界经贸体制以及科技进步等因素的影响。

(1) 世界各国经济状况和发展战略将促进工程咨询业的发展　一般来说，建设项目的数量和规模，同国内外的经济状况有关。经济正在增长的国家，将在许多领域开创新的建设项目。经济没有实际增长，或者是经济倒退的国家，便不可能开展很多建设项目。在经济萧条时期则比经济发展时期更加需要改善经营管理的咨询服务。

长期存在的能源紧张将会波及很多国家，今后几十年内，全世界将其对石油和天然气的依赖逐步转向其他能源。并且改变相关的能源设备的性能和规模。减少失业和控制通货膨胀，将会极大地影响经济增长。高利率和信用贷款短缺，可能会妨碍私人和公共部门的发展。采取各种方式限制或降低税收的政策则有可能减少国家和地方政府的咨询项目。

世界经济的兴旺同世界各国巩固和改革金融及贸易体制的能力有密切关系；同应付人口激增所产生的问题（尤其在发展中国家）、同争夺有可能短缺的战略资源有密切关系；并同避免大规模的战争有密切关系。这些因素对整个咨询服务的未来市场和所需服务的性质都有很大影响。

另外，环境保护是一个潜力很大的市场。环境与发展是当今国际社会普遍关注的重大问题。1992年联合国环境与发展大会通过的《里约宣言》和《21世纪议程》体现了可持续发展的新思想，有效利用资源，加强环境和生态保护将成为各国经济发展的重要原则。为了实施可持续发展战略，保护人类生存环境，必须对大量的传统生产工艺和现在设施进行改造。这些都将给咨询业带来新的机遇，发展新的领域。

（2）一些国家和地区将出现新兴的国际工程咨询市场　亚太地区工程咨询存在潜力的两个主要领域是设施开发与工业开发项目。基础设施开发主要的投资领域是电力、交通、电信、供水和环保。亚太地区的工业项目主要是石油、天然气和石油化工方面。现在该地区就控制污染立法的浪潮也给工程咨询业带来了更多的机会，同时对污染控制技术及净化技术的需求也在不断增长。另一方面，该地区不少国家持续以远高于世界其他国家的速度发展经济，吸引了大量的国际投资，这是形成国际工程咨询市场的重要条件。

非洲、拉丁美洲也是不可忽视和极具潜力的市场。如非洲拥有丰富的自然资源，随着民族的不断独立，近年来经济也飞速发展。除世界银行和联合国的有关机构对非洲援助逐渐加强外，非洲开发银行和各国政府以及一些外资企业对非洲的投资也令世人瞩目。因此该地区对咨询服务的需求是大量和各种各样的。

（3）国际工程咨询业务出现新的趋势和特点　20世纪70年代以来，尤其是80年代以来，建设工程日趋大型化和复杂化，工程咨询和工程承包业务日趋国际化，与此同时，建设工程组织管理模式不断发展，出现了CM（Construction-Management）模式、项目总承包模式、EPC（Engineering-Procurement-Construction）模式等新型模式；建设工程投融资方式也在不断发展，出现了BOT（Build-Operate-Tranfer）、PFI（Private-Finance-Initiative）、TOT（Tranfer-Operate-Tranfer）、BT（Build-Tranfer）等方式。国际工程市场的这些变化使得工程咨询和工程承包业务也相应发生变化，两者之间的界限不再像过去那样严格分开，开始出现相互渗透、相互融合的新趋势。从工程咨询方面来看，这一趋势的具体表现主要是以下两种情况：①工程咨询公司与工程承包公司相结合，组成大的集团企业或采用临时联合方式，承接交钥匙工程（或项目总承包工程）；②工程咨询公司与国际大财团或金融机构紧密联系，通过项目融资取得项目的咨询业务。

从工程咨询本身的发展情况来看，总的趋势是向全过程服务和全方位服务方向发展。其中，全过程服务分为实施阶段全过程服务和建设项目全过程服务两种情况。全方位服务，则除了对建设项目三大目标的控制之外，全方位服务还可能包括决策支持、项目策划、项目融资或筹资、项目规划和设计、重要工程设备和材料的国际采购等。当然，真正能提供上述所有内容全方位服务的工程咨询公司是不多见的。但是，如果某工程咨询公司除了能提供常规的建设项目管理服务之外，还能提供其他一个或几个方面的服务，亦可归入全方位服务之列。

此外，还有一个不容忽视的趋势是以工程咨询为纽带，带动本国工程设备、材料和劳务的出口。这种情况通常是在全过程服务和全方位服务条件下才会发生。由于业主最先选定了工程咨询公司（一般是国际著名的有实力的工程咨询公司），出于对该工程咨询公司的信任，在不损害业主利益的前提下，业主会乐意接受该工程咨询公司所推荐的其所在国的工程设备、材料和劳务。

（4）技术变革和科技进步将对工程咨询业产生不可忽视的影响　当今世界科学技术迅速发展，高新技术研究开发不断取得新的突破并运用到生产上，出现新产品、新工艺。因此，技术变革对未来咨询项目的性质和规模都将产生影响。咨询工程师如果不能认识和适应这些变革就将被淘汰。技术的发展也增加了项目的规模和复杂性，项目的设计需要多种学科共同分担。特别是信息技术的高速发展，大大提高了工程咨询的效率，同时也对工程咨询提出了更高的要求。

为了降低成本，提高效益，在更大范围内提高承接复杂项目的能力，必须改进传统的咨询服务方式使咨询公司的组织机构和对整个项目的处理过程现代化，使之与科学技术的变革并驾齐驱。

在现代信息革命与经济发展相互促进的新时代，国际工程咨询业必将沿着客观规律继续发展，进而为科技进步、经济增长和社会繁荣做出新贡献。

7.2　咨询工程师

7.2.1　咨询工程师的概念

咨询工程师（Consulting Engineer）是以从事工程咨询业务为职业的工程技术人员和其他专业（如经济、管理）人员的统称。

国际上对咨询工程师的理解与我国习惯上的理解有很大不同。按国际上的理解，我国的建筑师、结构工程师、各种专业设备工程师、监理工程师、造价工程师、从事工程招标业务的专业人员等都属于咨询工程师；甚至从事工程咨询业务有关工作（如处理索赔时可能需要审查承包商的财务账簿和财务记录）的审计师、会计师也属于咨询工程师之列。因此，不要把咨询工程师理解为“从事咨询工作的工程师”。也许是出于以上原因，1990 年国际咨询工程师联合会（FIDIC）在其出版的《业主/咨询工程师标准服务协议书条件》（简称“白皮书”）中已用“Consultant”取代了“Consulting Engineer”。Consultant 一词可译为咨询人员或咨询专家，但我国对“白皮书”的翻译仍按原习惯译为咨询工程师。

另外，需要说明的是，由于绝大多数咨询工程师都是以公司的形式开展工作，所以，咨询工程师一词在很多场合也用于指工程咨询公司。例如，从“白皮书”的名称来看，业主显然不是与咨询工程师个人而是与工程咨询公司签订合同；从工程咨询合同（如“白皮书”）的具体条款来看，也有类似情况。因此，在阅读有关工程咨询的外文资料时，要注意鉴别咨询工程师一词的确切含义，应当说在大多数情况下不会产生歧义，但有时可能需要仔细琢磨才能准确把握其含义。

7.2.2　咨询工程师的地位和作用

FIDIC（国际咨询工程师联合会）编制的土木工程施工合同条件是国际工程界的经验总结，是一种行之有效的标准合同管理方法，已被大多数国际承包项目所采纳，有人甚至称之为土木工程行业的圣经。FIDIC 合同中咨询工程师是其中非常有特色的制度。以下我们探讨 FIDIC 合同中咨询工程师的地位和作用。

FIDIC 合同的使用条件是业主必须雇佣咨询工程师作为中间人，负责管理合同，所以 FIDIC 合同在执行中时刻离不开咨询工程师。咨询工程师可以是独立个人，或是咨询公司，或是业主机构中任命的有关职员，但其地位和作用均相同，都是根据合同条款的有关规定，对项目进行具体的合同管理、费用控制、进度跟踪和组织协调。

FIDIC 合同的框架关系是业主、咨询工程师与承包商之间的“三位一体”。咨询工程师虽然在 FIDIC 合同上签字，但在法律上并不是施工合同的当事人，只是作为鉴证方，处于中间人的地位，签订合同的主体方只有业主和承包商。尽管咨询工程师并不作为合同中业主与承包商双方的任何一方，但为了项目实施，他有权作为中间人根据合同条款做出自己的客观判断，对业主和承包商发出指令并约束双方，行使法律上准仲裁员的权利，甚至业主也无权影响并干涉咨询工程师的决定，因为若业主要求咨询工程师采取倾斜性的立场就属于违约。当然，如果合同双方中有一方执意不受咨询工程师决定的约束，则可以根据合同第 67 款（争端的解决）付诸仲裁。

从理论上讲，因为咨询工程师只是中间人，而并非合同的主体方，所以如果他偏离合同的标准也可以不承担任何法律和经济责任。因此，业主为了保护自身利益，通常在聘请咨询工程师前与其签订咨询委托合同，明确雇用咨询工程师的条件，同时规定咨询工程师的全部行为必须对业主负责，业主则为咨询工程师所提供的服务支付薪水。从这个意义上，可以说业主又是咨询工程师的主人。

在 1987 年的 FIDIC 合同中咨询工程师具有以下几方面的作用：

(1) 咨询工程师是设计者　为了保持项目的连续性，在国际招标的项目中，业主选择设计者时，原则是与施工监理综合考虑，尽量找同一咨询工程师负责设计和施工监理，一贯到底，以免日后出现设计与监理相互推诿责任的现象。

(2) 咨询工程师是施工监理　咨询工程师对施工中的安全、质量、进度、费用进行跟踪，控制承包商的施工行为，确保总目标的实现。咨询工程师管理合同的重要手段是对工程付款的控制。他有权并负责对施工进行验工计价和在最终付款时颁发的各项证书。

(3) 咨询工程师是准仲裁员　当业主与承包商意见不一时，首先是异议一方向咨询工程师书面记录争端，并要求做出准仲裁决定。咨询工程师一般是在听取其法律顾问的建议后，对有关争端做出准仲裁决定。

(4) 咨询工程师是业主的代理人　咨询工程师受聘于业主，为其监督管理工程的施工，是为业主具体管理项目的项目经理。

由此可见，1987 年的 FIDIC 合同很难做到对承包商绝对公平。咨询工程师是受业主委托并与其有合同关系的，自然要千方百计地为业主服务，作为业主的代理人负责项目管理。业主、咨询工程师和承包商三者的协调关系并非等边三角形，咨询工程师在这个三角关系中靠业主一侧更近些。因此，咨询工程师不可能是纯粹的“第三方”。

但是，随着国际工程市场的变化和发展，咨询工程师的地位也在逐渐发生变化。1999 年 FIDIC 的新版合同中，咨询工程师的独立地位被淡化了。咨询工程师受雇于业主并代表业主来管理承包商，成为业主方的一员，不是独立的第三方。但是合同规定工程师在决定时应公平处理，听取双方的意见。而原来版本合同中要求咨询工程师“行为无偏”的条款被删除了。

在 1999 年新版的 FIDIC 合同中，咨询工程师这一特殊角色，越来越向业主靠拢，中间人的地位难以维持了，甚至其准仲裁员的部分功能也被新出现的另一角色——争端裁定委员会（DAB）所取代。

7.2.3　咨询工程师的素质和道德准则

7.2.3.1　咨询工程师的素质

工程咨询是科学性、综合性、系统性、实践性均很强的职业。作为从事这一职业的主体，咨询工程师应具备以下素质才能胜任这一职业。

(1) 知识面宽　建设工程自身的复杂程度及其不同的环境和背景，以及工程咨询公司服务内容的广泛性，要求咨询工程师具有较宽的知识面。除了掌握建设工程的专业技术知识之外，还应熟悉与建设工程有关的经济、管理、金融和法律等方面的知识，对建设项目的管理过程有深入的了解，并熟悉项目融资、设备采购、招标咨询的具体运作和有关规定。

在工程技术方面，咨询工程师不仅要掌握建设工程的专业应用技术，而且要有较深的理论基础，并了解当前最新技术水平和发展趋势；不仅掌握建设工程的一般设计原则和方法，而且掌握优化设计、可靠性设计、功能-成本设计等系统设计方法；不仅熟悉工程设计各方面的技术要点和难点，而且熟悉主要的施工技术和方法，能充分考虑设计与施工的结合，从而保证顺利地建成工程。

(2) 精通业务　工程咨询公司的业务范围很宽，作为咨询工程师个人来说，不可能从事本公司所有业务范围内的工作。但是，每个咨询工程师都应有自己比较擅长的一个或多个业务领域，成为该领域的专家。对精通业务的要求，首先意味着要具有实际动手能力。工程咨询业务的许多工作都需要实际操作，如工程设计、项目财务评价、技术经济分析等，不仅要会做，而且要做得对、做得好、做得快。其次，要具有丰富的工程实践经验。只有通过不断的实践经验积累，才能提高业务水平和熟练程度，才能总结经验，找出规律，指导今后的工程咨询工作。此外，在当今社会，计算机应用和外语已成为必要的工作技能，作为咨询工程师也应在这两方面具备一定的水平和能力。

(3) 协调、管理能力强　工程咨询业务中有些工作并不是咨询工程师自己直接去做，而是组织、管理其他人员去做；不仅涉及与本公司各方面人员的协同工作，而且经常与客户、建设工程参与各方、政府部门、金融机构等发生联系，处理各种面临的问题。在这方面，需要的不是专业技术和理论知识，而是组织、协调和管理的能力。这表明，咨询工程师不仅要是技术方面的专家，而且要成为组织、管理方面的专家。

(4) 责任心强　咨询工程师的责任心首先表现在职业责任感和敬业精神，要通过自己的实际行动来维护个人、本公司、本职业的尊严和名誉；同时，咨询工程师还负有社会责任，即应在维护国家和社会公众利益的前提下为客户提供服务。

责任心并不是空洞、抽象的，它可以在实际的咨询工作中得到充分的体现。工程咨询业务往往由多个咨询工程师协同完成，每个咨询工程师独立完成其中某一部分工作。这时，咨询工程师的责任心就显得尤为重要。因为每个咨询工程师的工作成果都与其他咨询工程师的工作有密切联系，任何一个环节的错误或延误都会给该项咨询业务带来严重后果。因此每个咨询工程师都必须确保按时、按质地完成预定工作，并对自己的工作成果负责。

(5) 不断进取，勇于开拓　当今世界，科学技术日新月异，经济发展一日千里，新思想、新理论、新技术、新产品、新方法等层出不穷，对工程咨询不断提出新的挑战。如果咨询工程师不能以积极的姿态面对这些挑战，终将被时代所淘汰。因此，咨询工程师必须及时更新知识，了解、熟悉乃至掌握与工程咨询相关领域的新进展；同时，要勇于开拓新的工程咨询领域（包括业务领域和地区领域），以适应客户的新需求，顺应工程咨询市场发展的趋势。

7.2.3.2　咨询工程师的职业道德

国际上许多国家（尤其是发达国家）的工程咨询业已相当成熟，相应地制定了各自的行业规范和职业道德规范，以指导和规范咨询工程师的职业行为。这些众多的咨询行业规范和职业道德规范虽然各不相同，但基本上是大同小异，其中在国际上最具普遍意义和权威性的是 FIDIC 道德准则，其内容在本书第 2 章已经作了介绍，此处不再重复。

中国工程咨询行业 10 条职业道德准则，是注册咨询工程师（主要进行建设项目投资策划咨询）职业道德素质的主要内容。

① 遵守国家法律、法规和政策，认真执行行业自律性各项规定，珍惜职业声誉，自觉维护国家和社会的公共利益。

② 坚持诚信、公平、敬业、进取原则，尽职尽责，以高质量的服务赢得社会和客户的尊敬。

③ 廉洁自律，不得索取、收受委托合同约定之外的礼金和其他财物，不得利用职务之便谋取其他不正当的利益。

④ 坚持独立、客观、公正地出具工程咨询成果文件，杜绝欺诈、伪造、作假等行为，对可能产生的一切潜在利益冲突，都要告之业主，保证客户和社会的利益。

⑤ 承担能够胜任的任务。

⑥ 尊重同行，公平竞争，不得采取不正当手段损害、侵犯同行权益，防止无意、有意损害他人名誉和事业的行为。

⑦ 防止直接、间接争抢其他咨询工程师已受托的项目任务。在没有收到业主书面通知，也没有预先通知原来承办的咨询工程师之前，不要接手他人承担的项目任务。

⑧ 注册咨询工程师（投资）与委托方有利害关系应当回避，委托方有权要求其回避。

⑨ 对客户的技术和商务秘密，注册咨询工程师负有保密义务。

⑩ 接受国家和行业根据自律性规范对注册咨询工程师职业道德行为的监督和检查。

咨询工程师的职业道德规范或准则虽然不是法律，但是对咨询工程师的行为却具有相当大的约束力。不少国家的工程咨询行业协会都明确规定，一旦咨询工程师的行为违背了职业道德规范或准则，将终身不得再从事该职业。

7.3 工程咨询公司的服务对象和内容

7.3.1 工程咨询公司的概念

工程咨询公司是一个由独立的职业工程师组成的、在合同的基础上有偿地为业主进行某一专业领域服务的机构。工程咨询公司是服务性企业，其形式和规模多种多样，有个人开业或几个人的小公司，也有从业为几十人至几百人的公司，大型工程咨询公司可拥有数千人。国际上多数工程咨询公司的规模只有几十人，并且多采用有限责任公司和合伙人制公司的形式。不同工程咨询公司的业务范围差异很大，但多数咨询公司的专业特长限制在一个或若干个工程领域。从事国际业务的公司要比只为国内客户服务的公司所遇到的问题复杂得多，所以从事国际业务的公司多以大中型公司为主。

随着现代科学技术迅速发展和工程项目日趋复杂化，许多工程咨询任务都不是由一家公司或几个咨询工程师个人所能完成的，大多数大中型项目往往需要若干家公司来承担，并且还有来自科研机构和大学的不同学科的专家参与咨询工作，他们也充当工程咨询的角色。现在，国际工程咨询界越来越多地聘用咨询企业外部的咨询专家。

工程咨询公司的营业范围包括以下内容。

(1) 项目决策管理层次的咨询服务　包括：规划咨询，即重点研究地区或行业的投资规划等；项目评估、项目绩效评估、项目后评价等；宏观专题研究，从宏观上研究政府的地区或行业的发展目标、投资政策、产业结构、规模布局等问题等。

(2) 项目执行层次的咨询服务　包括：项目前期策划阶段编制投资机会研究报告；编制项目初步可行性研究报告（项目建议书）；编制项目可行性研究报告；对前期立项有关问题

进行专题研究等。项目准备阶段的资金筹措和融资咨询；进行工程的勘察和设计；采购和招标准备、评标；代表业主参加合同谈判和签订合同；编写项目开工报告等。项目实施阶段，代表业主实施项目管理、合同管理；以合同承包商的形式实施项目管理；担任项目工程监理；帮助业主建立项目管理信息系统，对项目进行检测评价等。项目完工阶段，编制开车运营方案，制定运营管理的规章制度；进行竣工验收准备；进行项目运营效益测算，项目总结评价，包括项目诊断评价等。

在项目执行层次的咨询服务还包括项目周期各个阶段，项目法人根据需要委托的各个方面的专题研究，如市场调查、厂址选择、技术论证、融资研究、概算调整、项目诊断等。

7.3.2　工程咨询公司的服务对象和内容

工程咨询公司的业务范围很广泛，其服务对象可以是业主、承包商、国际金融机构和贷款银行，工程咨询公司也可以与承包商联合投标承包工程。工程咨询公司的服务对象不同，相应的具体服务内容也有所不同。

7.3.2.1　为业主服务

为业主服务是工程咨询公司最基本、最广泛的业务，这里所说的业主包括各级政府（此时不是以管理者身份出现）、企业和个人。

工程咨询公司为业主服务既可以是全过程服务（包括实施阶段全过程和建设项目全过程），也可以是阶段性服务。

建设项目全过程服务的内容包括可行性研究（投资机会研究、初步可行性研究、详细可行性研究）、工程设计（概念设计、基本设计、详细设计）、工程招标（编制招标文件、评标、合同谈判）、材料设备采购、施工管理（监理）、生产准备、调试验收、后评价等一系列工作。在全过程服务的条件下，咨询工程师不仅是作为业主的受雇人开展工作，而且也代行了业主的部分职责。

所谓阶段性服务，就是工程咨询公司仅承担上述建设项目全过程服务中某一阶段的服务工作。一般来说，除了生产准备和调试验收之外，其余各阶段工作业主都可能单独委托工程咨询公司来完成。阶段性服务又分为两种不同的情况：一种是业主已经委托某工程咨询公司进行全过程服务，但同时又委托其他工程咨询公司对其中某一或某些阶段的工作成果进行审查、评价，例如对可行性研究报告、设计文件都可以采取这种方式。另一种是业主分别委托多个工程咨询公司完成不同阶段的工作，在这种情况下，业主仍然可能将某一阶段工作委托某一工程咨询公司完成，再委托另一工程咨询公司审查、评价其工作成果；业主还可能将某一阶段工作（如施工监理）分别委托多个工程咨询公司来完成。

工程咨询公司为业主服务既可以是全方位服务，也可以是某一方面的服务，例如，仅仅提供决策支持服务、仅仅承担施工质量监理、仅仅从事工程投资控制等。

7.3.2.2　为承包商服务

工程咨询公司为承包商服务主要有以下几种情况。

（1）为承包商提供合同咨询和索赔服务　如果承包商对建设工程的某种组织管理模式不了解，如CM模式、EPC模式，或对招标文件中所选择的合同条件体系很陌生，如从未接触过AIA合同条件和JCT合同条件，就需要工程咨询公司为其提供合同咨询，以便了解和把握该模式或该合同条件的特点、要点以及需要注意的问题，从而避免或减少合同风险，提高自己合同管理的水平。另外，当承包商对合同所规定的适用法律不熟悉甚至根本不了解，或发生了重大、特殊的索赔事件而承包商自己又缺乏相应的索赔经验时，承包商都可能委托工程咨询公司为其提供索赔服务。

（2）为承包商提供技术咨询服务　当承包商遇到施工技术难题，或工业项目中工艺系统设计和生产流程设计方面的问题时，工程咨询公司可以为其提供相应的技术咨询服务。在这种情况下，工程咨询公司的服务对象大多是技术实力不太强的中小承包商。

（3）为承包商提供工程设计服务　在这种情况下，工程咨询公司实质上是承包商的设计分包商，其具体表现又有两种方式：一种是工程咨询公司仅承担详细设计（相当于我国的施工图设计）工作。在国际工程招标时，在不少情况下仅达到基本设计（相当于我国的扩初设计），承包商不仅要完成施工任务，而且要完成详细设计。如果承包商不具备完成详细设计的能力，就需要委托工程咨询公司来完成。需要说明的是，这种情况在国际上仍然属于施工承包，而不属于项目总承包。另一种是工程咨询公司承担全部或绝大部分设计工作。其前提是承包商以项目总承包或交钥匙方式承包工程，且承包商没有能力自己完成工程设计。这时，工程咨询公司通常在投标阶段完成到概念设计或基本设计，中标后再进一步深化设计。此外，还要协助承包商编制成本估算、投标估价、编制设备安装计划、参与设备的检验和验收、参与系统调试和试生产，等。

7.3.2.3　为贷款方服务

这里所说的贷款方包括一般的贷款银行、国际金融机构（如世界银行、亚洲开发银行等）和国际援助机构（如联合国开发计划署、粮农组织等）。

工程咨询公司为贷款方服务的常见形式有两种：一是对申请贷款的项目进行评估。工程咨询公司的评估侧重于项目的工艺方案、系统设计的可靠性和投资估算的准确性，并核算项目的财务评价指标并进行敏感性分析，最终提出客观、公正的评估报告。由于申请贷款项目通常都已完成了可行性研究，因此工程咨询公司的工作主要是对该项目的可行性研究报告进行审查、复核和评估。二是对已接受贷款的项目的执行情况进行检查和监督。国际金融或援助机构为了了解已接受贷款的项目是否按照有关的贷款规定执行，确保工程和设备在国际招标过程中的公开性和公正性，保证贷款资金的合理使用、按项目实施的实际进度拨付，并能对贷款项目的实施进行必要的干预和控制，就需要委托工程咨询公司为其服务，对已接受贷款的项目的执行情况进行检查和监督，提出阶段性工作报告，以及时、准确地掌握贷款项目的动态，从而能作出正确的决策（如停贷、缓贷）。

7.3.2.4　联合承包工程

在国际上，一些大型工程咨询公司往往与设备制造商和土木工程承包商组成联合体，参与项目总承包或交钥匙工程的投标，中标后共同完成项目建设的全部任务。在少数情况下，工程咨询公司甚至可以作为总承包商，承担项目的主要责任和风险，而承包商则成为分包商。工程咨询公司还可能参与 BOT（Build-Operate-Tranfer）项目，甚至作为这类项目的发起人和策划公司。

虽然联合承包工程的风险相对较大，但可以给工程咨询公司带来更多的利润，而且在有些项目上可以更好地发挥工程咨询公司在技术、信息、管理等方面的优势。如前所述，采用多种形式参与联合承包工程，已成为国际上大型工程咨询公司拓展业务的一个趋势。

复习思考题

1. 工程咨询的作用有哪些？
2. 国际工程咨询业目前有哪些特点？

3. 在FIDIC合同中，咨询工程师的地位如何？其作用有哪些？

4. 咨询工程师应具备哪些素质？

5. 简述工程咨询公司的服务对象和内容。

6. 请了解以下国际知名工程咨询公司的经营业绩：

(1) BECHTEL；(2) JACOBS；(3) AMEC PLC；(4) FLUOR CORP.；(5) WSP GROUP PLC。

第8章　综合案例

8.1　综合案例使用说明

为进一步帮助学生理解和掌握本课程知识，灵活运用建设工程监理的理论与方法分析和解决实际问题，本书根据教学要求精选了六个综合案例，并对每一个案例的背景资料和所提出的问题给予了分析和解答。

综合案例注重项目监理机构如何开展监理工作，所涉及的知识点包括：建设工程监理规划的制订；项目监理机构的组织结构设计与监理工程师的岗位职责；建设工程参与各方所承担的责任及其相互关系的协调；建设工程投资、进度、质量目标控制的内容、方法和措施以及安全监理工作内容等。

在学习过程中，学生可以在每个章节的学习任务完成以后，根据每章的学习目的和要求，先通过练习复习思考题，巩固所学的知识点。在阶段性的学习任务完成之后，可开始阅读综合案例，经独立分析思考后，再与同学相互讨论案例中所提出的问题。学生还可以在任课教师的指导下，结合书本知识和所观察到的工程实际问题，自主地扩充综合案例的背景资料，提出新的问题，通过小组讨论、调查访问或现场观摩等多种形式，寻求答案，得出自己的见解。

在教学过程中，教师可根据本课程教学大纲，明确每章的教学目的和要求以及教学重点和难点。在讲授每章内容之前，向学生提出要求；在章节教学结束后，有针对性地要求学生复习和思考相关知识点；在阶段性的教学任务完成之后，可以组织学生以小组为单位进行综合案例分析和讨论。

应当认识到，任何一个综合案例都很难囊括关于建设工程监理的所有知识。对此，有条件的教师可以在教学过程中进一步收集相关资料，使案例的背景资料变得更加丰富，使提出的问题向深度和广度延伸和扩展；同时也可以要求学生围绕某一个主题收集相关信息，采用合作学习等方式，充分激发学生的学习热情，调动学生自觉参与小组学习的主动性，并在合作学习中培养学生树立团队意识、积极参与或管理项目团队、妥善处理团队内部和团队间的相互关系、有效地进行目标规划与目标控制等专业技能。

8.2　综合案例与分析

【案例1】

背景资料

某钢结构公路桥项目，业主将桥梁下部结构工程发包给甲施工单位，将钢梁制造、架设工程发包给乙施工单位。业主通过招标选择了某监理单位承担施工阶段监理任务。

监理合同签订后，总监理工程师组建了直线制监理组织机构，并提出了质量目标控制措施：

（1）熟悉质量控制依据和文件；

（2）确定质量控制要点，落实质量控制手段；

(3) 完善职责分工及有关质量监督制度，落实质量控制责任；

(4) 对不符合合同规定质量要求的，拒签付款凭证；

(5) 审查承包单位提交的施工组织设计和施工方案。

同时提出了项目监理规划编写的几点要求：

(1) 为使监理规划有针对性，要编写两份项目监理规划；

(2) 监理规划要把握项目运行内在规律；

(3) 监理规划的表达应规范化、标准化、格式化；

(4) 监理规划根据大桥架设进展，可分阶段编写，但编写完成后由监理单位审核批准并报业主认可后，一经实施，就不得再行修改；

(5) 授权总监理工程师代表主持编制监理规划。

问题

1. 根据该项目特点，选择项目监理机构的组织形式，并绘制其组织结构图。

2. 监理工程师在进行目标控制过程中应采取哪些方面的措施？上述总监理工程师提出的质量目标控制措施各属于哪一种措施？

3. 在总监理工程师提出的质量目标控制措施中，哪些是主动控制措施，哪些是被动控制措施？

4. 逐条回答总监理工程师提出的监理规划编制要求是否妥当，为什么？

【案例 2】

背景资料

某监理公司承担某项目施工阶段监理及设备采购监理工作。A 设计单位承包了该项目所有设计任务，B 施工单位承包所有施工任务。A 和 B 单位分别将幕墙工程的设计和施工任务分包给具有相应设计和施工资质的 C 公司，B 单位还将土方工程分包给 D 公司，主要设备由业主采购。

该项目总监理工程师组建了直线职能制监理组织机构，并分析了参建各方之间的关系。

在工程施工准备阶段，总监理工程师审查了施工总承包单位现场项目管理机构的质量保证体系，并指令专业监理工程师审查施工分包单位的资格，分包单位为此报送了企业营业执照和资质等级证书两份资料。

问题

1. 请根据案例中给定的条件，绘制该项目监理机构的组织结构图，并说明在监理工作中这种组织形式容易出现的问题，如何解决这些问题。

2. 以图的形式表示本案例中所给定的建设工程参与方之间的相互关系，按《合同法》注明是何种合同关系，或注明监理与被监理关系。

3. C 公司能否在幕墙工程变更设计单上以设计单位的名义签认？为什么？

4. 总监理工程师对总承包单位质量保证体系的审查应侧重于哪些方面？

5. 专业监理工程师对分包单位进行资格审查时，分包单位还应提供什么资料？

【案例 3】

背景资料

某工程项目在设计文件完成后，业主委托了一家监理单位协助业主进行施工招标和实施施工阶段监理。监理合同签订后，项目监理机构进行了以下工作：

为了使监理工作规范化进行，总监理工程师拟以工程项目建设条件、监理合同、施工合同、施工组织设计和各专业监理工程师编制的监理实施细则为依据，编制施工阶段监理规划。

在编制监理规划过程中，总监理工程师分析了工程项目规模和特点，拟按照以下步骤建立该项目监理组织机构：①组织结构设计；②确定管理层次；③确定监理工作内容；④确定监理目标；⑤制定监理工作流程。

监理规划中规定了各类监理人员的职责，其中包括：

（1）总监理工程师的职责

① 审核并确认分包单位资质；

② 审核签署对外报告；

③ 直接获取工程计量的原始数据，签署原始凭证；

④ 核查进场材料的质量证明文件及其质量情况，合格时予以签认；

⑤ 签发开工令。

（2）专业监理工程师的职责

① 主持建立监理信息系统，全面负责信息沟通工作；

② 对所负责控制的目标进行规划，建立实施控制的分系统；

③ 检查确认工序质量，进行检验；

④ 签发停工令、复工令；

⑤ 担任旁站工作，发现问题及时报告。

（3）监理员职责

① 检查承包单位投入工程的人力、材料、设备及其使用、运行状况，并做好检查记录；

② 检查施工单位人力、材料、设备、施工机械投入和运行情况，并做好记录；

③ 记好监理日志。

监理规划还就安全监理工作做了安排，制订了安全监理计划，其工作内容包括：

① 施工单位有关施工安全的工作文件的审查；

② 安全物资的监控；

③ 施工安全计划措施的制订；

④ 安全防护设施搭设、拆除及使用维护的监控；

⑤ 对重大危险源及与之相关的重点部位、过程和活动的监控；

⑥ 施工安全技术措施计划的实施；

⑦ 施工现场临时用电的监控；

⑧ 施工现场及毗邻区于地下管线、建（构）筑物等的专项防护的监控；

⑨ 施工现场消防安全的监控等。

施工招标前，监理单位编制了招标文件，其内容包括：①工程综合说明；②设计图纸和技术资料；③工程量清单；④施工方案；⑤主要材料与设备供应方式；⑥保证工程质量、进度、安全的主要措施；⑦特殊工程的施工要求；⑧施工项目管理机构；⑨合同条件等。

问题

1. 监理规划编制依据有何不妥？为什么？

2. 监理组织机构设置步骤有何不妥？应如何改正？

3. 常见的组织结构形式有哪几种？若想建立机构简单、权力集中、命令统一、职责分明、隶属关系明确的监理组织机构，宜选择哪一种组织结构形式？

4. 以上各监理人员的主要职责划分有哪几条不妥？如何调整？

5. 上述安全监理计划中，监理工作内容有哪些不妥？为什么？

6. 施工招标文件内容中有哪几条不正确？为什么？

【案例4】

背景资料

某监理单位承担了一个建设项目施工阶段的监理任务，该工程由甲施工单位总承包。甲施工单位选择了经建设单位同意并经监理单位进行资质审查合格的乙施工单位作为分包。施工过程中发生了以下事件。

事件1：专业监理工程师在熟悉图纸时发现，基础工程部分设计内容不符合国家有关工程质量标准和规范。总监理工程师随即致函设计单位要求改正，并提出设计变更方案。设计单位研究后，口头同意了总监理工程师的变更方案，总监理工程师随即将方案写成监理指令通知甲施工单位执行。

事件2：施工过程中，专业监理工程师发现乙施工单位施工的分包工程部分存在质量隐患，为此，总监理工程师同时向甲、乙两施工单位发出了整改通知。甲施工单位回函称：乙施工单位施工的工程是经建设单位同意进行分包的，所以本单位不承担该部分工程的质量责任。

事件3：专业监理工程师在巡视时发现，甲施工单位在施工中使用了未经报验的建筑材料，若继续施工，该部位将被隐蔽，因此立即向甲施工单位下达了暂停施工的指令。因甲施工单位的工作对乙施工单位有影响，乙施工单位也被迫停工。随后专业监理工程师指示甲施工单位将该材料进行检验，并报告了总监理工程师。总监理工程师对该工序停工予以确认，并在合同约定的时间内报告了建设单位。检验报告出来后，证实材料合格，可以使用，总监理工程师随即指令施工单位恢复了正常施工。

事件4：乙施工单位就上述停工所遭受的损失向甲施工单位提出补偿要求，而甲施工单位称：此次停工系执行监理工程师的指令，乙施工单位应向建设单位提出索赔。

事件5：对上述乙施工单位的索赔，建设单位称：本次停工系监理工程师失职造成，且事先未征得建设单位同意。因此，建设单位不承担任何责任，由于停工造成施工单位的损失应由监理单位承担。

问题

1. 请指出总监理工程师上述行为的不妥之处并说明理由。总监理工程师应如何正确处理？

2. 甲施工单位的答复是否妥当？为什么？总监理工程师签发的整改通知是否妥当？为什么？

3. 专业监理工程师是否有权签发本次暂停令？为什么？下达工程暂停令的程序有无不妥之处？请说明理由。

4. 甲施工单位的说法是否正确？为什么？乙施工单位的损失应由谁承担？

5. 建设单位的说法是否正确？为什么？

【案例5】

背景资料

某工程项目的施工招标文件中表明，该工程采用综合单价计价方式，工期为15个月。承包单位投标所报工期为13个月。合同总价确定为8000万元。合同约定：实际完成工程量超过估计工程量25%以上时允许调整单价；拖延工期每天赔偿金为合同总价的10‰，最高拖延工期赔偿限额为合同总价的10%；若能提前竣工，每提前1天的奖金按合同总价的10‰计算。承包单位开工前编制施工进度计划，并经总监理工程师认可（如图1所示）。

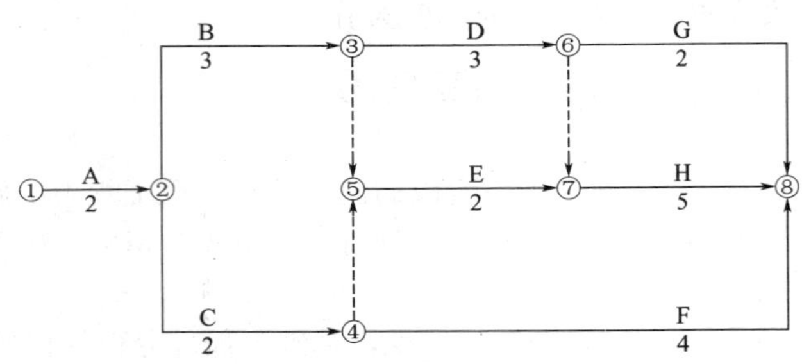

图1 某工程项目施工进度计划

施工过程中发生了以下4个事件，使承包单位实际用了15个月完成该项目的施工任务。

事件1：A、C两项工作为土方工程，工程量均为$16\times10^4m^3$，土方工程的合同单价为16元/m^3。实际工程量与估计工程量相等。施工按计划进行4个月后，总监理工程师以设计变更通知的形式发出新增土方工程N的指示。该工作的性质和施工难度与A、C工作相同，工程量为$32\times10^4m^3$。N工作在B和C工作完成后开始施工，且为H和G的紧前工作。总监理工程师与承包单位依据合同的约定协商后，确定土方变更单价为14元/m^3。承包单位按计划用4个月完成。3项土方工程均租用1台机械开挖，机械租赁费为1万元/(月·台)。

事件2：因设计变更等待新图纸，F工作被延误了1个月。

事件3：由于连续降雨累计1个月，使G工作实际完成时间为3个月，其中有0.5个月的日降雨量超过了当地30年气象资料记载的最大强度。

事件4：由于分包单位施工的H工作质量不合格，造成返工，使其实际完成时间为5.5个月。

由于以上事件，承包单位提出索赔要求如下：

(1) 顺延工期6.5个月。理由是：完成N工作4个月；变更设计图纸延误1个月；连续降雨属于不利的条件和障碍影响工期1个月；监理工程师未能很好地控制分包单位的施工质量应补偿工期0.5个月。

(2) N工作的费用补偿：16元/$m^3\times32\times10^4m^3$=512万元。

(3) 由于第5个月后才能开始N工作的施工，要求：补偿5个月的机械闲置费5月×1万元/(月·台)×1台=5万元。

问题

1. 请对以上施工过程中发生的4个事件进行合同责任分析。
2. 根据总监理工程师认可的施工进度计划，应给承包单位顺延多少工期？说明理由。
3. 确定应补偿承包单位的费用，并说明理由。
4. 分析承包单位应获得工期提前奖励还是承担拖延工期违约赔偿责任，并计算其金额。

【案例6】

背景资料

某实施监理的工程项目，采用以直接费为计算基础的全费用单价计价，混凝土分项工程的全费用单价为446元/m^3，直接费为350元/m^3，间接费费率为12%，利润率为10%，营业税税率为3%，城市维护建设税税率为7%，教育费附加费率为3%。施工合同约定：工程无预付款；进度款按月结算；工程量以监理工程师计量的结果为准；工程保留金按工程进度款的3%逐月扣留；监理工程师每月签发进度款的最低限额为25万元。

施工过程中，按建设单位要求设计单位提出了一项工程变更，施工单位认为该变更使混凝土分项工程量大幅减少，要求对合同中的单价作相应调整。建设单位则认为应按原合同单价执行，双方意见分歧，要求监理单位调整。经调整，各方达成如下共识：若最终减少的该混凝土分项工程量超过原先计划工程量的 15%，则该混凝土分项的全部工程量执行新的全费用单价，新全费用单价的间接费和利润调整系数分别为 1.1 和 1.2，其余数据不变。该混凝土分项工程的计划工程量和经专业监理工程师计量的变更后实际工程量如表 1 所示。

表 1　混凝土分项工程的计划工程量和实际工程量

月　份	1	2	3	4
计划工程量/m^3	500	1200	1300	1300
实际工程量/m^3	500	1200	700	800

问题

1. 如果建设单位和施工单位未能就工程变更的费用等达成协议，监理单位应如何处理？该项工程款最终结算时应以什么为依据？

2. 监理单位在收到争议调解要求后应如何进行处理？

3. 计算新的全费用单价，将计算方法和计算结果填入表 2 相应的空格中。

4. 每月的工程应付款是多少？总监理工程师签发的实际付款金额应是多少？

表 2　新的全费用单价表

序　号	费用项目	全费用单价/(元/m^3)	
		计 算 方 法	结　果
1	直接费		
2	间接费		
3	利润		
4	计税系数		
5	含税造价		

【案例 1】分析

1. 根据该项目特点，项目监理机构可选用直线制组织结构形式，如图 2 所示。

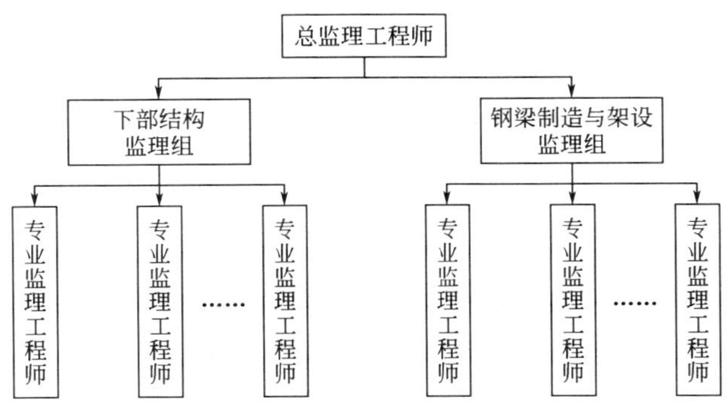

图 2　项目监理机构组织结构图

2. 监理工程师在进行目标控制过程中应采用组织措施、技术措施、经济措施、合同措施。

在总监理工程师提出的质量目标控制措施中，(1)、(2) 和 (5) 属于技术措施；(3) 属于组织措施；（4）属于经济措施。

3. 在总监理工程师提出的质量目标控制措施中，（1）、（2）、（3）、（5）属于主动控制措施；（4）属于被动控制措施。

4. 要求（1）不妥。1个委托监理合同，应编写1份监理规划。

要求（2）妥当。监理规划应遵循建设活动的内在规律。

要求（3）妥当。表达方式规范化、标准化、格式化，可使监理规划的编制内容完整、编制深度统一、形式简明且直观。

要求（4）不妥。按照动态规划的观点，项目监理机构应随着建设项目内部和外部环境条件的变化情况适时调整监理规划，并且按原审批程序报监理单位技术负责人审批，经业主认可。

要求（5）不妥。《建设工程监理规范》规定，总监理工程师不得将主持编制监理规划的工作授权给总监理工程师代表。

【案例2】分析

1. 根据案例中给定的条件，绘制该项目监理机构的组织结构如图3所示。这种组织结构形式易出现的问题是：横向部门之间彼此缺乏联系，职能部门与指挥部门易产生矛盾，信息传递路线长，不利于互通情报。

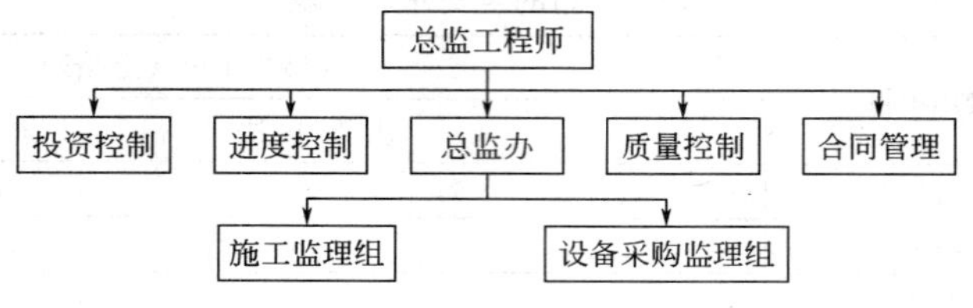

图3 项目监理机构组织结构图

2. 项目参与各方之间的关系如图4所示。

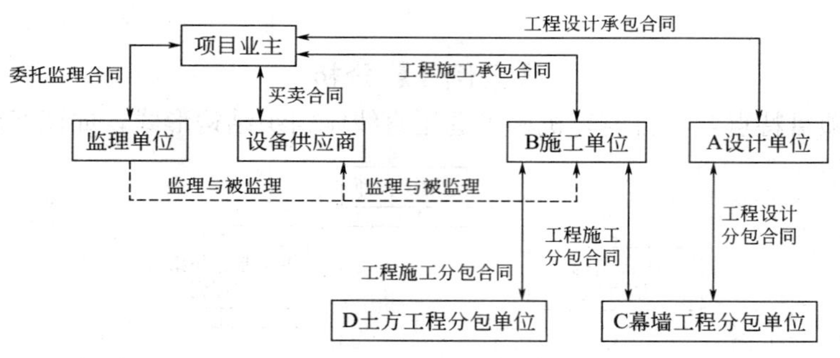

图4 项目参与各方关系图

3. 不能签认。因为C公司为设计分包单位，设计变更应通过设计总承包单位A办理。

4. 应侧重审查质量保证体系的组织机构；质量保证体系的有关管理制度；管理人员和特种作业人员的资格证、上岗证等。

5. 分包单位除了应报送企业营业执照和资质等级证书之外，还应同时保送分包单位业绩、拟分包工程内容和范围、专职管理人员和特种作业人员的资格证、上岗证等。

【案例3】分析

1. 监理规划编制依据中不包括施工组织设计和监理实施细则。施工组织设计是由工程承包单位编制的指导其全面开展施工活动的文件；监理实施细则是根据监理规划、针对建设工程中某一方面的监理工作而编写的操作性文件。

2. 步骤的顺序不对，另外“确定管理层次”属于“组织结构设计”中所包含的内容。

正确的步骤是：①确定监理目标；②确定监理工作内容；③设计组织结构（选择组织结构形式，确定管理层次和管理跨度，设置项目监理机构部门，制定岗位职责和考核标准，选派监理人员等）；④制定工作流程和信息流程。

3. 常见的组织结构形式有直线制、职能制，直线职能制和矩阵制。

项目监理机构选择直线制组织结构形式可以满足所提出的要求。

4. 各类监理人员职责划分存在以下问题：

（1）所列总监理工程师职责中，第③、④条不妥。其中第③条是监理员的职责；④条是专业监理工程师的职责。

（2）所列专业监理工程师职责中，第①、③、④、⑤条不妥。第③、⑤条应是监理员的职责；第①、④条应是总监理工程师的职责。

5. 本案例所列安全监理工作内容中，第③、⑥条不妥，它们属于施工单位所做的工作；除此之外的其他工作内容才属于安全监理工作内容。

6. 本案例所列招标文件的内容中，第④、⑥、⑧条不正确。因为④、⑥、⑧条应是施工单位编制的投标文件中所包含的内容。

【案例4】分析

1. 总监理工程师直接致函设计单位并提出设计更改方案不妥。

理由：在本案例中，监理单位承担了该工程施工阶段的监理任务，未提到承担设计阶段的监理任务。因此总监理工程师直接致函设计单位，并提出设计变更方案不妥。

正确处理：总监理工程师发现问题应向建设单位报告，由建设单位向设计单位提出变更要求。

2. （1）甲施工单位的答复不妥。

理由：分包单位的任何违约行为所导致的工程损害或给建设单位造成的损失，总承包单位承担连带责任。

（2）总监理工程师将整改通知单签发给乙施工单位的做法不妥。

理由：《建筑法》第二十九条规定：“建筑工程总承包单位按照总承包合同的约定对建设单位负责；分包单位按照分包合同的约定对总承包单位负责。总承包单位和分包单位就分包工程对建设单位承担连带责任”。

在本案例中，虽然乙施工单位的建设行为也属于被监理对象，但由于建设单位只与甲施工单位之间存在总承包合同关系，而与乙施工单位之间不存在合同关系，并且甲、乙施工单位之间在该项目有总分包合同关系，因此从合同管理的角度，总监理工程师应将整改通知单签发给总承包单位即甲施工单位，通过总承包单位对分包单位的建设行为进行监控。

3. （1）专业监理工程师无权签发工程暂停令。

理由：按照《建设工程监理规范》（GB 50319—2000）中“监理人员的职责”和“工程暂停及复工”的有关规定，只有总监理工程师具有签发工程暂停令的权力。

（2）下达工程暂停令的程序有不妥之处。

理由：专业监理工程师应报告总监理工程师，由总监理工程师根据暂停工程的影响范围和影响程度，确定工程项目停工范围，签发工程暂停令。

4. 不正确。

理由：乙施工单位与甲施工单位有合同关系，与建设单位没有合同关系。因此，乙施工单位的损失应由甲施工单位承担。

5. 不正确。

理由：《建设工程质量管理条例》第二十九条规定："施工单位必须按照工程设计要求、施工技术标准和合同约定，对建筑材料、建筑构配件、设备和商品混凝土进行检验，检验应当有书面记录和专人签字；未经检验或者检验不合格的，不得使用。"

在本案例中，甲施工单位在施工中使用了未经报验的建筑材料，违反了"条例"的规定；监理单位是在合同授权的范围内履行监理职责。显然，此次工程暂停给施工单位带来的损失，是由于甲施工单位违反规定造成的，不应由监理单位承担，而应有甲施工单位承担。

【案例 5】分析

1. 合同责任分析。

新增土方工程 N 是监理工程师下达的指令，不属于承包单位的责任。

因设计变更等待新图纸，使 F 工作延误了 1 个月，属于建设单位责任。

连续降雨累计时间 1 个月，使 G 工作延期了 1 个月。其中有 0.5 个月日降雨量超过了当地 30 年气象资料记载的最大强度，属于不可抗力；另有 0.5 个月的降雨属于有经验的承包单位应能够预期的风险，该风险应由承包单位承担。

H 工作质量不合格，造成返工而延误了 0.5 个月，属于承包单位的责任。

2. 增加 N 工作后（见图 5），网络进度计划中的关键工作变为 A、B、N、H，实际工期为 2+3+4+5.5=14.5（个月），比承包单位在投标书中承诺的合同工期 13 个月延长了 1.5 个月。其中 H 工作延误 0.5 个月属于承包单位的责任，不予顺延。因此，合同工期应顺延 1 个月。

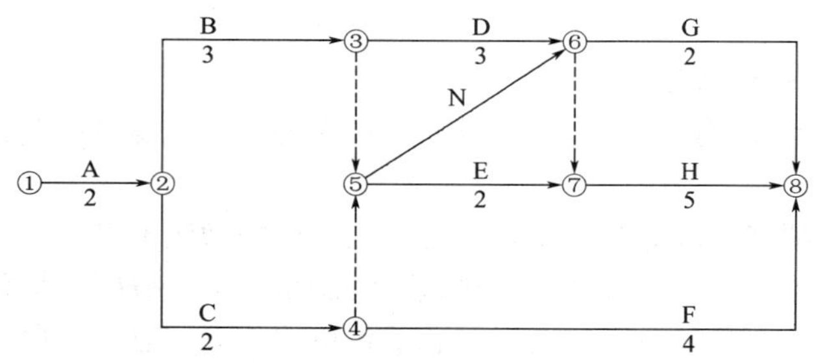

图 5　增加 N 工作后的网络图

另外，虽然 F 和 G 工作的实际工期分别比计划工期延长了 1 个月和 0.5 个月，且属于非承包单位的责任可以延期，但由于它们均不是关键工作，因而其延期对总工期不产生影响。

3. 机械闲置费不予补偿。

工程量清单中计划土方工程量为 $16+16=32\times10^4\text{m}^3$，新增土方工程量为 $32\times10^4\text{m}^3$，显然新增土方工程量已超过了估计工程量的 25%，应调整单价。

按原单价（16 元/m^3）计算的新增工程量为 $32\times25\%=8\times10^4\text{m}^3$，其余新增土方工程量（$24\times10^4\text{m}^3$）应按调整后的单价（14 元/$\text{m}^3$）计算，因此补偿土方工程款为：

$8\times10^4\text{m}^3\times16$ 元/$\text{m}^3+(32-8)\times10^4\text{m}^3\times14$ 元/$\text{m}^3=464$ 万元

应补偿承包单位的总费用为 464 万元。

4. 承包单位应承担超过合同工期的违约责任。

拖延工期赔偿费为：8000 万元×0.001/天×30 天＝240 万元，小于最高赔偿限额，最高赔偿限额＝8000 万元×0.1＝800 万。

【案例 6】分析

1. 如果建设单位和施工单位未能就工程变更的费用达成协议，监理机构应提出一个暂定的价格，作为临时支付工程进度款的依据。该项工程款最终结算时，应以建设单位和承包单位达成的协议为依据。

2. 监理机构接到合同争议的调解要求后应进行以下工作：

（1）及时了解合同争议的全部情况，包括进行调查和取证；

（2）及时与合同争议的双方进行磋商；

（3）在项目监理机构提出调解方案后，由总监理工程师进行争议调解；

（4）当调解未能达成一致时，总监理工程师应在施工合同规定的期限内提出处理该合同争议的意见；

（5）在争议调解过程中，除已达到了施工合同规定的暂停履行合同的条件之外，项目监理机构应要求施工合同的双方继续履行施工合同。

3. 全费用单价的计算方法和计算结果见表 3。

表 3　填充的新的全费用单价

序　号	费用项目	全费用单价/(元/m^3)	
		计 算 方 法	结　果
1	直接费		350.00
2	间接费	350×12%×1.1	46.20
3	利润	(350+46.2)×10%×1.2	47.54
4	计税系数	[1/(1－3%－3%×7%－3%×3%)－1]×100%	3.41%
5	含税造价	(350+46.2+47.54)×(1+3.41%)	458.87

4. (1) 1 月份工程量价款：500×446＝223000 元。

应签证的工程款为 223000×(1－3%)＝216310 元。

因低于监理工程师签发进度款的最低限额 25 万元，所以 1 月份不付款。

(2) 2 月份工程量价款：1200×446＝535200 元。

应签证的工程款为 535200×(1－3%)＝519144 元。

2 月份总监理工程师签发的实际付款金额为 519144＋216310＝735454 元。

(3) 3 月份工程量价款：700×446＝312200 元。

应签证的工程款为 312200×(1－3%)＝302834 元。

3 月份总监理工程师签发的实际付款金额为 302834 元。

(4) 到 4 月份为止，累计计划工程量 4300m^3，累计实际工程量 3200m^3，实际比计划少 1100m^3，超过计划工程量的 15%以上，因此全部工程量单价应按新的全费用单价计算。

4 月份工程量价款：800×458.87＝367096 元。

应签证的工程款为 367096×(1－3%)＝356083.12 元。

4 月份应增加的工程款：(500＋1200＋700)×(458.87－446)×(1－3%)＝29961.36 元。

4 月份总监理工程师签发的实际付款金额为 356083.12＋29961.36＝386044.48 元。

参考文献

[1] 中国建设监理协会．2007全国监理工程师培训考试教材：建设工程监理概论．第2版．北京：知识产权出版社，2007.

[2] 建设部工程质量安全监督与行业发展司，建设部政策研究中心．中国建筑业改革与发展研究报告（2007）——构建和谐与创新发展．北京：中国建筑工业出版社，2007.

[3] 建设部建筑市场管理司．全国建设工程项目管理工作座谈会经验交流材料汇编．北京：中国建筑工业出版社，2007.

[4] 金维兴，胡振，陆歆弘等．中国建筑业新的经济增长点和增长力．北京：中国建筑工业出版社，2008.

[5] 中国工程监理协会．建设工程监理规范（GB 50319—2000）．北京：中国建筑工业出版社，2000.

[6] 全国一级建造师执业资格考试用书编写委员会．建设工程法律法规选编．北京：中国建筑工业出版社，2004.

[7] 张向东，周宇．工程建设监理概论．北京：机械工业出版社，2005.

[8] 巩天真，张泽平．建设工程监理概论．北京：北京大学出版社，2006.

[9] 罗福州，徐勇戈，王春印．工程建设监理概论与质量控制．西安：西安地图出版社，2000.

[10] 王军，韩秀彬．建设工程监理概论．第2版．北京：机械工业出版社，2007.

[11] 阎文周，袁清泉．工程项目管理学．西安：陕西科学技术出版社，2006.

[12] 马健生．浅谈我国监理工程师的培养．河北建筑科技学院学报（社科版），2002，19（1）：60-61.

[13] 陈澄波．浅谈总监理工程师培养．建设监理，2000，（5）：49-50.

[14] 韦海民，郑俊耀．建设工程监理实务．北京：中国计划出版社，2006.

[15] 中华人民共和国建设部．工程监理企业资质管理规定（建设部令第158号），2007.

[16] 中华人民共和国发展与改革计划委员会，建设部．建设工程监理与相关服务收费管理规定（发改价格670号），2007.

[17] Reina，Peter，Tulacz，Gary J. The Top 200 International Design Firms. ENR：Engineering News-Record，2007，259（3）：28-31.

[18] 邝荣杰．论国内监理工程师与国际FIDIC合同下的咨询工程师的接轨．中国建材资讯，2006，（3）：70-72.

[19] 田威．FIDIC合同条件实用技巧．北京：中国建筑工业出版社，1996.

[20] 张水波，何伯森．FIDIC新版合同条件导读与解析．北京：中国建筑工业出版社，2003.

[21] 注册咨询工程师（投资）考试教材编写委员会．工程咨询概论．北京：中国计划出版社，2003.

[22] 徐大图．工程造价的确定与控制．北京：中国计划出版社，1997.

[23] 曹善琪．工业建设项目投资控制与监理手册．北京：中国物价出版社，1994.

[24] 黄如宝，刘贞平，李清立等．建设工程监理概论．北京：知识产权出版社，2003.

[25] 刘贞平，李清立，刘廷彦．工程建设监理概论．北京：中国建筑工业出版社，1997.

[26] 刘健新，贺铭．监理概论．北京：人民交通出版社，1999.

[27] 李清立，郝生跃．工程建设监理．北京：北方交通大学出版社，2003.

[28] 毛鹤琴，孙锡衡等．工程建设质量控制．北京：中国建筑工业出版社，1997.

[29] 张起森，武和平．工程质量监理．北京：人民交通出版社，1999.

[30] 中华人民共和国建设部．建筑工程施工质量验收统一标准（GB 50300—2001）．北京：中国建筑工业出版社，2001.

[31] 杨劲，刘金昌等．工程建设进度控制．北京：中国建筑工业出版社，1997.

[32] 胡兆同．工程进度监理．北京：人民交通出版社，1999.

[33] 全国造价工程师考试培训教材编写委员会．工程造价的确定与控制．北京：中国计划出版社，2000.

[34] 戚安邦，孙贤伟．建设项目全过程造价管理理论与方法．天津：天津人民出版社，2004.

[35] 杜晓玲，廖小建，陈红艳．工程量清单及报价快速编制技巧与实例．北京：中国建筑工业出版社，2003.

[36] 中国建设监理协会组织编写．建设工程监理概论．北京：知识产权出版社，2006.

[37] 执业资格考试命题分析小组．监理工程师执业考试案例分析．北京：化学工业出版社，2006.

[38] 李清立．建设工程监理案例分析．第2版．北京．清华大学出版社，2004.

[39] 徐占发．建设工程监理与案例．北京．中国建材工业出版社，2004.

[40] 何夕平．建设工程监理．合肥：合肥工业大学出版社，2005.

[41] 姜早龙．建设工程监理案例分析．大连：大连理工大学出版社，2006.

[42] 李世蓉，兰定筠．建设工程安全监理．北京：中国建筑工业出版社，2004.
[43] 杜荣军．建设工程安全管理10讲．北京：机械工业出版社，2005.
[44] 李世蓉，兰定筠．建设工程安全控制．北京：中国建筑工业出版社，2004.
[45] 全国一级建造师执业资格考试用书编写委员会．建设工程项目管理．北京：中国建筑工业出版社，2004.
[46] 建设部工程质量安全监督与行业发展司．建设工程安全生产法律法规．北京：中国建筑工业出版社，2004.
[47] 建设部建筑市场管理司．关于落实建设工程安全生产监理责任的若干意见（建市［2006］248号），2006.
[48] 蒲建明．建设工程监理手册．北京：化学工业出版社，2005.
[49] 工程建设监理编委会．工程建设监理．第2版．北京：机械工业出版社，2003.